21 世纪高等学校精品规划教材

数据结构（C 语言描述）

李素若　陈万华　游明坤　编著

中国水利水电出版社
www.waterpub.com.cn

内 容 提 要

本书结合编者多年教学经验，系统介绍了数据结构的基本概念和知识。在选材与编排上，本书的内容符合数据结构本科教学大纲要求，突出实用性和应用性，同时满足最新研究生考试大纲的要求。全书共 9 章，主要内容包括：绪论、线性表、栈和队列、串、数组和广义表、树、图、查找、排序等。全书条理清晰，概念清楚，逻辑推理严谨，内容详实，既注重数据结构和算法原理，又十分强调程序设计训练。书中算法均配有完整的 C 语言程序，程序结构清晰，构思精巧，且所有程序都已在 Dev-C++5.0 下编译通过并能正确运行，它们既是很好的学习数据结构和算法的示例，也是很好的程序设计示例。本书配套有《数据结构习题解答及上机指导》。

本书可作为普通高等院校计算机和信息技术等相关专业的学生使用的教材，也可供从事计算机工程与应用的科技工作者和其他希望学习数据结构的人员参考。

本书提供免费电子教案，读者可以从中国水利水电出版社网站以及万水书苑下载，网址为：http://www.waterpub.com.cn/softdown 或 http://www.wsbookshow.com/。

图书在版编目（ＣＩＰ）数据

数据结构：C语言描述 / 李素若，陈万华，游明坤
编著. -- 北京：中国水利水电出版社，2014.7（2018.2 重印）
21世纪高等学校精品规划教材
ISBN 978-7-5170-2061-5

Ⅰ．①数… Ⅱ．①李… ②陈… ③游… Ⅲ．①数据结构—高等学校—教材②C语言—程序设计—高等学校—教材 Ⅳ．①TP311.12②TP312

中国版本图书馆CIP数据核字(2014)第104788号

策划编辑：杨庆川　　责任编辑：陈 洁　　加工编辑：宋 杨　　封面设计：李 佳

书　　　名	21世纪高等学校精品规划教材 数据结构（C 语言描述）	
作　　　者	李素若　陈万华　游明坤　编著	
出版发行	中国水利水电出版社 （北京市海淀区玉渊潭南路 1 号 D 座　100038） 网址：www.waterpub.com.cn E-mail: mchannel@263.net（万水） 　　　　 sales@waterpub.com.cn 电话：（010）68367658（发行部）、82562819（万水）	
经　　　售	北京科水图书销售中心（零售） 电话：（010）88383994、63202643、68545874 全国各地新华书店和相关出版物销售网点	
排　　　版	北京万水电子信息有限公司	
印　　　刷	虎彩印艺股份有限公司	
规　　　格	184mm×260mm　　16 开本　　17.5 印张　　427 千字	
版　　　次	2014 年 7 月第 1 版　　2018 年 2 月第 2 次印刷	
印　　　数	3001—3500 册	
定　　　价	32.00 元	

前　　言

　　数据结构是普通高等院校计算机和信息技术等相关专业的一门主要的专业基础课，也是一门必修的核心课程。它不仅是计算机程序设计的理论基础，还是学习计算机操作系统原理、编译原理、数据库原理等课程的重要基础。

　　数据结构课程的主要任务是讨论数据的各种逻辑结构和数据在计算机中的存储表示，以及各种非数值运算的算法实现，其内容丰富、涉及面广，并且随着各种基于计算机的应用技术的发展而不断增加新的内容。通过学习，学生可以较全面地理解算法和数据结构概念，掌握各种数据结构和算法的实现方式，比较不同数据结构和算法特点，能够使用数据结构的基本分析方法来提高编写程序的能力和应用计算机解决实际问题的能力。

　　数据结构内容多、理论深、概念抽象。因此，在本书的编写中，编者结合自己的教学和编程实践经验，精选了基础理论内容，降低了概念的抽象性和理论难度。一方面力图用生动、通俗易懂的语言并结合编程实例来讲解各个知识点，便于读者理解和掌握；另一方面加强了数据结构设计、算法设计等实践应用环节。全书共9章，第1章主要讲述数据结构和算法的基本概念；第2～7章分别讲述线性表、栈和队列、多维数组和广义表、树和图这几种基本数据结构的特点、存储方法和基本运算，作为本书的重点，书中使用大量的篇幅来介绍这些基本数据结构的实际应用；第8章和第9章讲述查找和排序的基本原理与方法。另外，书中所涉及的有关概念及背景知识皆做出详细交代；对相关的定理和性质给出简单证明；对所有算法，都详细讨论其设计思想和实现方法，最后给出完整的C语言代码；书中所有算法和程序代码均在Dev-C++5.0环境下调试通过。

　　本书配套有《数据结构习题解答及上机指导》，内含与主教材各章内容相配合的习题解答参考和7套模拟考试试题和10个精心设计的实验，每个实验均包括实验目的、实验内容、实验说明、实验指导等，两本书配套使用可以更为全面地掌握数据结构这门课程。

　　本书第1～5章由李素若编写，第6、8、9章由陈万华编写，第7章由游明坤编写；全书由李素若负责审核和统稿；参加本书编写大纲讨论的教师还有严永松、胡玉荣、任正云、武永成、张牧等。

　　由于编者水平有限，加之时间仓促，书中难免有疏漏之处，敬请广大读者批评指正，以使本书质量得到进一步提高。

编　者

2014年4月

目 录

第1章 绪论

"数据结构"是计算机及相关专业的专业基础课程之一，是一门十分重要的核心课程。本课程主要研究数据结构的逻辑结构、存储结构以及定义在该结构上的操作及操作实现三个方面的内容。

本章主要介绍数据、数据元素、数据结构、数据的逻辑结构及数据的物理结构等基本概念；还将介绍算法的概念与特征、算法性能分析的方法等。通过本章的学习，读者应该掌握以下内容：

- 数据结构的概念；
- 数据类型和抽象数据类型；
- 算法和算法分析。

1.1 数据结构的概述

什么是数据结构？这是一个难以直接回答的问题。一般来说，用计算机解决一个具体问题时，大致需要经过下列几个步骤：首先要从具体问题中抽象出一个适当的数学模型，然后设计一个解此数学模型的**算法**（algorithm），最后编出程序，进行测试，调整直至得到最终解答。寻求数学模型的实质是分析问题，从中提取操作的对象，并找出这些操作对象之间含有的关系，然后用数学的语言加以描述。为了说明这个问题，我们首先举一个例子，然后再给出明确的含义。

假定有一个学生通讯录，记录了某校全体学生的姓名和相应住址，现在要写一个算法，要求当给定任何一个学生的姓名时，该算法能够查出该学生的住址。这样一个算法的设计将完全依赖于通讯录中的学生姓名及相应的住址是如何组织的，以及计算机是怎样存储通讯录中的信息的。

如果通讯录中的学生姓名是随意排列的，其次序没有任何规律，那么当给定一个姓名时，则只能在通讯录从头开始逐个与给定的姓名比较，顺序查对，直至找到所给定的姓名为止。这种方法相当费时间，效率很低。然而，若我们对学生通讯录进行适当的组织，按学生所在班级来排列，并且再造一个索引表，这个表用来登记每个班级学生姓名在通讯录中的起始位置，这样一来，情况将大为改善。这时，当要查找某学生的住址时，则可先从索引表中查到该学生所在班级的学生姓名是从何处起始的，然后就从此起始处开始查找，而不必去查看其他部分的姓名。由于采用了新的结构，于是就可以写出一个完全不同的算法。

上述的学生通讯录就是一个数据结构问题。由此看到，计算机算法与数据的结构密切相关，算法无不依附于具体的数据结构，数据结构直接关系到算法的选择和效率。

下面再对学生通讯录做进一步讨论。众所周知，当有新学生进校时，通讯录需要添加新学生的姓名和相应的住址；在学生毕业离校时，应从通讯录中删除毕业学生的姓名和住址。这就要求在已安排好的结构上进行插入（insert）和删除（delete）。对于一种具体的结构，如何实现插入和删除？是把要添加的学生姓名和住址插入到前头，还是末尾，或是中间某个合适的位置上？插入后，对原有的数据是否有影响？有什么样的影响？删除某学生的姓名和住址后，其他数据（学生的姓名和住址）是否要移动？若需要移动，则应如何移动？这一系列的问题说明，为适应数据的增加和减少的需要，还必须对数据结构定义一些运算。上面只涉及两种运算，即插入和删除运算。当然，还会提出一些其他可能的运算，如学生搬家后，住址变了，为适应这种需要，就应该定义修改（modify）运算等。

这些运算显然是由计算机来完成，这就要设计相应的插入、删除和修改的算法。也就是说，数据结构还需要给出每种结构类型所定义的各种运算的算法。

通过以上讨论，可以直观地认为：数据结构是研究程序设计中计算机操作的对象以及它们之间的关系和运算的一门学科。

1.2　基本概念和常用术语

本节将讲解与数据结构相关的一些重要的基本概念和常用术语。这些概念和术语将在后续章节中多次出现。

1. 数据

数据是描述客观事物的数值、字符以及能输入机器且能被处理的各种字符的集合，即计算机化的信息。换句话说，数据就是对客观事物采用计算机能够识别、存储及处理的形式所进行的描述。

在计算机科学中，数据的含义非常广泛，把一切能够输入到计算机中并能被计算机程序处理的信息，包括文字、表格、图像等，统称为数据。例如，一个学生成绩管理程序所要处理的数据，如表 1-1 所示。

表 1-1　学生成绩表

学号	姓名	数据结构	大学物理	高等数学	平均成绩
0232101	王刚	95	90	85	90
0232102	李娟	90	80	85	85
0232103	赵平	99	95	91	95
0232104	王强	86	70	84	80
0232105	张雪	92	91	84	89

2. 数据元素

数据元素也称为结点，它是组成数据的基本单位，是一个数据整体中相对独立的单元。例如，在表 1-1 中，为了便于处理，把其中的每一行（代表一个学生成绩）作为一个基本单位来考虑，故该数据由 5 个结点构成。

一般情况下，一个结点还可以分割成若干具有不同属性的字段（也称为数据项）。例如，在表 1-1 中，每个结点都由学号、姓名、数据结构、大学物理、高等数学和平均成绩 6 个字段构成。字段是构成数据的最小单位。

3. 数据对象

在数据结构中，将性质相同的数据元素的集合称为数据对象，它是数据的一个子集。上例：一个班级的学生成绩表可以看作一个数据对象。

4. 数据结构

数据结构由某一数据元素集合及该集合中所有数据元素之间的关系组成。具体来说，数据结构包含 3 个方面的内容，即数据的逻辑结构、数据的存储结构和对数据所施加的操作。例如，在表 1-1 中，除了有 5 个学生成绩的数据外，这 5 条记录还存在着一对一的关系（逻辑结构）以及这些记录在存储器中以怎样的方式进行存储（存储结构）。

根据数据结构中数据元素之间的结构关系的不同特征，通常将数据结构分为如下四种基本结构：

（1）集合结构（set）：数据元素的有限集合。数据元素之间除了"属于同一个集合"的关系之外没有其他关系。元素顺序是随意的。

（2）线性结构（linear）或称为序列（sequence）结构：数据元素的有序集合。数据元素之间形成一对一的关系。

（3）树形结构（tree）：树是层次结构，树中数据元素之间存在一对多的关系。

（4）图形结构（graph）：图中数据元素之间的关系是多对多的。

图 1-1 给出了上述四种基本结构的示意图。

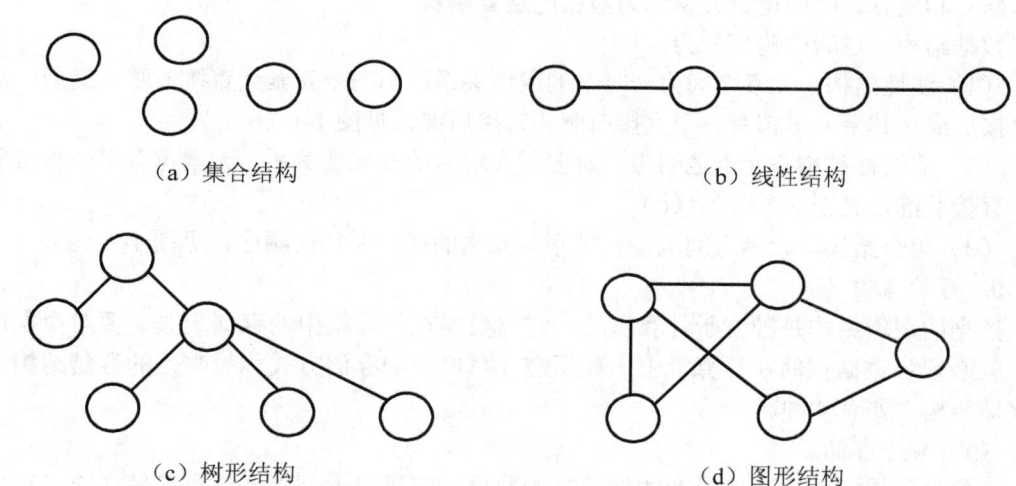

（a）集合结构　　　　　　　　　　　　（b）线性结构

（c）树形结构　　　　　　　　　　　　（d）图形结构

图 1-1　四种基本结构示意图

数据结构是一个二元组，其形式定义为：

Data_Structure=(D,S)

其中：D 是数据元素的有限集，S 是 D 上关系的有限集。下面举两个简单例子说明之。

【例 1-1】部门的上级领导下级的数据结构（见图 1-2）：a 领导 b，a 领导 c，b 领导 d，b 领导 e。可以如下定义其数据结构：

T=(D,R)

其中：D 是数据元素的集合 D={a,b,c,d,e}

R 是 D 上的关系集合 R={<a,b>,<a,c>,<b,d>,<b,e>}

【例1-2】一小组有 a,b,c 三个学生，一个导师 A 和一个辅导员 B，此小组的数据结构如图 1-3 所示。可以定义如下数据结构：

　　　　T=(D,R)

其中：D={A,B,a,b,c}

　　　R={P1,P2}

　　　P1={<A,a>,<A,b>,<A,c>}

　　　P2={<B,a>,<B,b>,<B,c>}

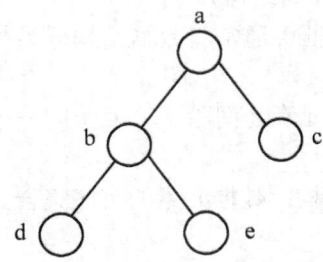

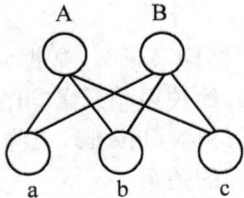

图1-2　部门上下级领导关系图　　　　图1-3　导师和辅导员与学生关系图

5．逻辑结构

结点和结点之间的逻辑关系称为数据的**逻辑结构**。

数据结构从逻辑结构划分为：

（1）线性结构。元素之间为一对一的线性关系，第一个元素无直接前驱，最后一个元素无直接后继，其余元素都有一个直接前驱和直接后继，见图 1-1（b）。

（2）非线性结构。元素之间为一对多或多对多的非线性关系，元素可有多个直接前驱或多个直接后继，见图 1-1（c）、（d）。

（3）集合结构。元素之间无任何关系，元素的排列无任何顺序，见图 1-1（a）。

6．存储结构

数据的逻辑结构是独立于计算机的，它与数据在计算机中的存储无关，要对数据进行处理，就必须将数据存储在计算机中。数据在计算机中的存储方式称为数据的**存储结构**。数据的存储结构主要有 4 种。

（1）顺序存储。

顺序存储通常用于存储具有线性结构的数据。将逻辑上相邻的结点存储在连续存储区域 M 的相邻的存储单元中，使得逻辑相邻的结点一定是物理位置相邻。这种映像通过物理上存储单元的相邻关系来体现结点间相邻的逻辑关系。

例如对于一个数据结构 B=(K,R)，其中：

　　　K={k1,k2,k3,k4,k5,k6,k7,k8,k9}

　　　R={r}

　　　r={<k1,k2>,<k2,k3>,<k3,k4>,<k4,k5>,<k5,k6>,<k6,k7>,<k7,k8>,<k8,k9>}

它的顺序存储方式如图 1-4 所示。

（2）链式存储。

链式存储方式是给每个结点附加一个指针段，一个结点的指针所指的是该结点的后继的存储地址，因为一个结点可能有多个后继，所以指针段可以是一个指针，也可以是多个指针。在链式存储中逻辑相邻的结点在连续存储区域 M 中可以不是物理相邻的。前面讲到，数据的存储结构一定要体现它的逻辑结构，这里是通过指针来体现的。

例如数据的逻辑结构 B=(K,R)，其中：

K={k1,k2,k3,k4,k5}

R={r}

r={<k1,k2>,<k2,k3>,<k3,k4>,<k4,k5>}

这是一个线性结构，它的链式存储如图 1-5 所示。很明显，在这种存储方式下，必须要知道开始结点的存储地址。

存储地址	M
1001	k_1
1002	k_2
1003	k_3
1004	k_4
1005	k_5
1006	k_6
1007	k_7
1008	k_8
1009	k_9

图 1-4 顺序存储的图示

存储地址	info	next
1000		
1001	k_1	1003
1002		
1003	k_2	1007
1004		
1005	k_4	1006
1006	k_5	∧
1007	k_3	1005
1008		

图 1-5 一个线性结构的链式存储的图示

例如数据的逻辑结构 B=(K,R)，其中：

K={k1,k2,k3,k4,k5}

R={r}

r={<k1,k2>,<k1,k3>,<k2,k4>,<k4,k5>}

这是一种树型结构，它的链式存储表示如图 1-6 所示。

存储地址	数据	指针1	指针2
1000	k_1	1001	1006
1001	k_2	1005	∧
1002			
1003	k_5	∧	∧
1004			
1005	k_4	1003	∧
1006	k_3	∧	∧
1007			
1008			

图 1-6 一个树型结构的链式存储的图示

（3）索引存储。

在线性结构中，设开始结点的索引号为 1，其他结点的索引号等于其前驱结点的索引号加 1，则每一个结点都有唯一的索引号，根据结点的索引号可确定该结点的存储地址。例如，一本书的目录就是各章节的索引，目录中每个章节后面标示的页码就是该章节在书中的位置。如果某本书的每个章节所占页码相同，那么可以由一个线性函数来确定每个章节在书中的位置。

（4）散列存储。

散列存储的思想是构造一个从集合 K 到存储区域 M 的函数 h，该函数的定义域为 K，值域为 M，K 中的每个结点 K_i 在计算机中的存储地址由 $h(K_i)$ 确定。

一个数据结构存储在计算机中，整个数据结构占的存储空间一定不小于数据本身所占的存储空间，通常把数据本身所占存储空间的大小与整个数据结构所在存储空间的大小之比称为数据结构的存储密度。显然，数据结构的存储密度不大于 1。顺序存储的存储密度为 1，链式存储的存储密度小于 1。

7．数据处理

数据处理是指对数据进行查找、插入、删除、合并、排序、统计以及简单计算等操作的过程。在早期，计算机主要用于科学和工程计算。20 世纪 80 年代以来，计算机主要用于各种非数值数据的处理。据有关统计资料表明，现在计算机用于数据处理的时间的比例达到 80%以上，而且随着时间的推移和计算机应用进一步的普及，计算机用于数据处理的时间比例必将进一步增大。

8．数据类型

数据类型是指程序设计语言中各变量可取的数据种类，它是高级程序设计语言中的一个基本概念，和数据结构的概念密切相关。一方面，在程序设计语言中，每一个数据都属于某种数据类型。类型明显或隐含地规定了数据的取值范围、存储方式以及允许进行的运算，可以认为，数据类型是在程序设计中已经实现了的数据结构。另一方面，在程序设计过程中，当需要引入某种新的数据结构时，总是借助编程语言所提供的数据类型来描述数据的存储结构。

9．算法

简单地说，算法就是解决特定问题的方法。特定问题可以是数值的，也可以是非数值的。

解决数值问题的算法称为数值算法。科学和工程计算方面的算法都属于数值算法，如求解数值积分、求解线性方程组、求解代数方程以及求解微分方程等。解决非数值问题的算法称为非数值算法。数据处理方面的算法都属于非数值算法，如各种排序算法、查找算法、插入算法、删除算法以及遍历算法等。数值算法和非数值算法并没有严格的区别。一方面，在数值算法中主要进行算术运算，而在非数值算法中主要进行比较和逻辑运算；另一方面，特定的问题可能是递归的，也可能是非递归的，因而解决它们的算法就有递归算法和非递归算法之分。从理论上讲，任何递归算法都可以通过循环或堆栈等技术转化为非递归算法。

1.3　数据抽象和抽象数据类型

1.3.1　数据抽象

抽象（abstraction）可以被理解为一种机制，其实质是抽取共同的和实质的东西，忽略非本质的细节。抽象可以使求解问题过程以自顶向下的方式分步进行：首先考虑问题的最主要方面，然后再逐步细化，进一步考虑问题的某些细节，并最终实现之。

在程序设计中，数据和运算是两个不可缺少的因素。所有的程序设计活动都是围绕着数据和其上的相关运算而进行的。从机器指令、汇编语言中的数据没有类型的概念，到现在的面向对象程序设计语言中抽象数据类型概念的出现，程序设计中的数据经历了一次次抽象，数据的抽象经历了三个发展阶段。

第一个发展阶段是从无类型的二进制数到基本数据类型的产生。

第二个发展阶段是从基本数据类型到用户自定义类型的产生。

第三个发展阶段是从用户自定义类型到抽象数据类型的出现。

抽象数据类型是用户自己定义类型的一个机制。数据和运算（即对数据的处理）是程序设计的核心，数据表示的复杂性决定了其上运算实现的复杂性，这也是整个系统复杂性的关键所在。60 年代末期出现的"软件危机"就是因为在软件开发中不能有效地控制数据表示，无法控制整个软件系统的复杂性，最终导致软件系统的失败。"软件危机"使人们认识到，在基于功能抽象的模块化设计方法中，模块间的连接是通过数据进行的，数据从一个模块传送到另一个模块，每一个模块在其上施加一定的操作，并完成一定的功能。尽管 Pascal、C 等语言的用户自定义类型机制使得用户可以将这些连接数据作为某种类型的对象直接处理，然而，由于这些用户自定义类型的表示细节是对外部公开的，没有任何保护措施，程序设计人员可以随意地修改这种类型对象的某些成分，添加一些不合法的操作，而处理这个数据对象的其他模块却一无所知，从而危害整个软件系统。这些不利因素将会给由多人合作进行的大型软件系统开发带来致命的危害。为了有效地控制大型程序系统的复杂性，必须从两个方面加以考虑：一方面是更新程序设计语言中的类型定义机制，使类型的内部表示细节对外界不可见，程序设计中不需要依赖于数据的某种具体表示；另一方面要寻求连接模块的新方法，尽可能缩小模块间的界面。面向对象程序设计语言 C++中的类就是实现抽象数据类型的机制。

1.3.2 抽象数据类型

抽象数据类型（Abstract Data Type，ADT）是指一个数学模型以及定义在该模型上的一组操作。抽象数据类型的定义仅取决于它的一组逻辑特性，而与其在计算机内部如何表示和实现无关，即不论其内部结构如何变化，只要它的数学特性不变，都不影响其外部的使用。

抽象数据类型是数据类型的进一步抽象，是大家熟知的基本数据类型的延伸和发展。众所周知，整数类型是整数值数据模型（或简单理解为整数）和加、减、乘、除四则运算等的统一体，人们在程序设计中大量使用整数类型及其相关的四则运算，而没有人去追究这些运算是如何实现的。如果人们问到此问题，有人可能会简单回答：计算机自动进行处理。实际上，每一种基本数据类型都有一组与其相关的运算，而这组运算的具体实现都被封装起来，人们不知道也确实不必去关心这些细节。试想一下，如果程序设计人员在程序设计中要考虑基本数据类型的相关运算是如何具体实现的，那将是多么繁杂和令人头痛的事情，程序中的错误也会增加许多。这其中就孕育着抽象数据类型的思想。将基本数据类型的概念进行延伸，程序设计人员可以在进行问题求解时，首先确定该问题所涉及的数据模型以及定义在该数据模型上的运算集合，然后求出从数据模型的初始状态到达目标状态所需的运算序列，就成为该问题的求解算法，这样做就是一种抽象，它使得用户不必去关心数据模型中的数据具体表示及相关运算的具体实现，这将大大提高软件开发中的开发效率和程序的正确性等。

抽象数据类型是与表示无关的数据类型，是一个数据模型及定义在该模型上的一组运算。对一个抽象数据类型进行定义时，必须给出它的名称及各运算的运算符名，即函数名，并且规定这些函数的参数性质。一旦定义了一个抽象数据类型及具体实现，程序设计中就可以像使用基本数据类型那样，十分方便地使用抽象数据类型。

1.3.3　抽象数据类型的描述和实现

抽象数据类型的描述包括给出抽象数据类型的名称、数据的集合、数据之间的关系和操作的集合等方面的描述。抽象数据类型的设计者根据这些描述给出操作的具体实现，抽象数据类型的使用者依据这些描述使用抽象数据类型。

抽象数据类型形式化定义可以用以下三元组表示：

ADT=(D,S,P)

其中，D 是数据对象，S 是 D 上的关系集，P 是对 D 的基本操作集。

抽象数据类型描述的一般形式如下：

ADT 抽象数据类型名称{

数据对象：

……

数据关系：

……

操作集合：

操作名 1：

……

操作名 n：

}ADT 抽象数据类型名称

抽象数据类型的具体实现依赖于程序设计语言。面向对象的程序设计语言中的"类"支持抽象数据类型、支持信息隐藏。本书设定读者使用 C 语言进行程序设计，书中使用 C 语言进行算法的描述和实现，而 C 语言在对抽象数据类型的支持上是欠缺的，一个抽象数据类型的不同实现，如一个使用顺序存储，一个使用链式存储，尽管在不同的实现中可以使同一操作对应的函数名相同，但是抽象数据类型的操作所对应的函数原型一般是不同的。因此，要用 C 语言完整地实现抽象数据类型是不现实的。本书采用介于伪码和 C 语言之间的类 C 语言作为描述工具，有时也用伪码描述一些只含抽象操作的抽象算法。这使得数据结构与算法的描述和讨论简明清晰，不拘于 C 语言的细节，又能容易转换成 C 或者 C++程序。

本书采用类 C 语言精选了 C 语言的一个核心子集，同时做了若干扩充修改，增强了语言的描述功能，以下对其做简要说明。

（1）预定义常量和类型。

```
#define TRUE 1
#define FALSE 0
#define OK 1
#define ERROR 0
```

```
#define INFEASIBLE -1
#define OVERFLOW -2
typedef in Status; //Status 是函数的类型，其值是函数结果状态代码
```
（2）数据结构的存储结构。
```
typedef ElemType first;
```
（3）基本操作的算法。
```
函数类型 函数名（函数参数表）{
//算法说明
语句序列
}//函数名
```
（4）赋值语句。
- 简单赋值：
变量名=表达式；
- 串联赋值：
变量名 1=变量名 2=…=变量名 k=表达式；
- 成组赋值：
（变量名 1，…，变量名 k）=（表达式 1，…，表达式 k）；
结构名=结构名；
结构名=（值 1，…，值 k）；
变量名[]=表达式；
变量名[起始下标…终止下标]=变量名[起始下标…终止下标]；
- 交换赋值：
变量名<-->变量名；
- 条件赋值：
变量名=条件表达式？表达式？表达式 T：表达式 F
（5）选择语句。
- if（表达式）语句；
- if（表达式）语句；
else　语句；
- switch（表达式）{
case　值 1：语句序列 1；break；
…
case　值 n：语句序列 n；break；
default：语句序列 n+1；break；
}
- switch{
case　条件 1：语句序列 1；break；
…
case　条件 n：语句序列 n；break；

default：语句序列 n+1；break；
　　}
（6）循环语句。
for（赋初值表达式；条件；修改表达式序列）语句；
while（条件）语句；
do{语句序列}while（条件）；
（7）结束语句。
return [表达式]；
return；//函数结束语句
break；//case 结束语句
exit（异常代码）；//异常结束语句
（8）输入和输出语句。
scanf（[格式串]，变量 1，…，变量 n）；
（9）注释。
//文字序列
（10）基本函数。
max（表达式 1，…，表达式 n）
min,abs,floor,ceil,eof,eoln
（11）逻辑运算。
&&与运算；||或运算

1.4　算法和算法分析

1.4.1　算法及性能标准

为了求解某问题，必须给出一系列的运算规则，这一系列的运算规则是有限的，表达了求解问题的方法和步骤，这就是一个算法。

一个算法可以用自然语言描述，也可以用高级程序设计语言描述，也可以用伪代码描述。本书采用 C 语言对算法进行描述。算法具有五个基本特征：

① 有穷性，算法的执行必须在有限步内结束。
② 确定性，算法的每一个步骤必须是确定的无二义性的。
③ 输入，算法可以有 0 个或多个输入。
④ 输出，算法一定有输出结果。
⑤ 可行性，算法中的运算都必须是可以实现的。
衡量一个算法的性能，主要有以下几个标准：
① 正确性（correctness）：算法的执行结果应当满足预先规定的功能和性能要求。
② 简明性（simplicity）：一个算法应当思路清晰、层次分明、简单明了、易读易懂。
③ 健壮性（robustness）：当输入不合法数据时，应能做适当处理，不至于引起严重后果。
④ 效率（efficiency）：有效使用存储空间，并有高的时间效率。

算法的正确性是指在合法的输入下，算法应实现预先规定的功能和计算精度要求。对于大型程序，无法"奢望"它是"完全正确"的，而且这一点也往往无法证实，但要求它是健壮的，其含义是当程序万一遇到意外时，能按某种预定的方式做出适当的处理。正确性和健壮性是相互补充的。正确的程序并不一定是健壮的，健壮的程序也并不一定绝对正确。一个可靠的程序应当能在正常情况下正确地工作，而在异常情况下，亦能做出适当的处理，这就是程序的可靠性。

1.4.2　算法时间复杂度和渐近时间复杂度

程序的运行时间不仅与问题实例的特征和算法自身的优劣有关，还与运行程序的计算机软、硬件环境相关。它依赖于编译程序所产生的目标代码的效率，以及运行程序的计算机的速度及其运行环境。一般来说，我们希望能对算法（程序）做**事前分析**（prior analysis），排除程序运行环境的因素来讨论算法的时间效率。当然这不是程序运行时间的实际值，而是算法运行时间的一种事前估计。算法的**事后测试**（posterior testing）是测试一个程序在所选择的输入数据下运行时实际需要的时间。

衡量算法效率的两种方法：事后统计法和事前分析估算法。相比之下前者的缺点是，必须在计算机上实际运行程序，容易由其他因素掩盖算法本质，例如，当程序执行很长时间仍未结束时，不易判别是程序错了还是确实需要那么长的时间；而后者的优点是，可以预先比较各种算法，以便均衡利弊而从中选优。

如何估算算法的时间效率？和算法执行时间相关的因素有：

（1）算法所用"策略"；

（2）算法所解问题的"规模"；

（3）编程所用"语言"；

（4）"编译"的质量；

（5）执行算法的计算机的"速度"。

显然，后三条受到计算机硬件和软件的制约，既然是"估算"，仅需考虑前两条。

定义：如果一个问题的规模是 n，解这一问题的某一算法所需要的时间为 T(n)，它是 n 的某一函数：则 T(n) 称为这一算法的"**算法时间复杂度**"。

一个算法的"运行工作量"通常随问题规模的增长而增长，因此比较不同算法的优劣时，主要应该以其"增长的趋势"为准则。假如，随着问题规模 n 的增长，算法执行时间的增长率和 f(n) 的增长率相同，则可记作：

$$T(n) = O(f(n))$$

称 T(n) 为**算法的（渐近）时间复杂度**。换句话说，当输入量 n 逐渐加大时，时间复杂性的极限情形称为算法的"渐近时间复杂度"。

我们常用 O 表示法表示时间复杂度，注意它是某一个算法的时间复杂度。O 只能表示有上界，由定义如果 $f(n)=O(n)$，那显然 $f(n)=O(n^2)$ 成立，它提供一个上界，但并不是上确界，但人们在表示时一般都习惯表示前者。

如何估算算法的时间复杂度呢？

任何一个算法都是由一个"控制结构"和若干"原操作"组成的，因此一个算法的执行时间可以看成是所有原操作的执行时间之和。

$\sum$(原操作(i)的执行次数×原操作(i)的执行时间)

则算法的执行时间与所有原操作的执行次数之和成正比。

从算法中选取一种对于所研究的问题来说是基本操作的原操作，假定所有原操作所用时间都一样，那么以该基本操作在算法中重复执行的次数作为算法时间复杂度的依据。这种衡量效率的办法所得出的不是时间量，而是一种增长趋势的量度。它与软硬件环境无关，只暴露算法本身执行效率的优劣。

在实际研究中，我们使用语句频度的数量级来衡量一个算法的时间复杂度。**语句频度**（frequency count）是指该语句重复执行的次数，下面举几个例子介绍时间复杂度的估算方法。

【例 1-3】 一般赋值语句的时间复杂度。

```
temp=i;
i=j;
j=temp;
```

解：以上三条单个语句的频度均为 1，该程序段的执行时间是一个与问题规模 n 无关的常数。算法的时间复杂度为常数阶，记作 T(n)=O(1)。如果算法的执行时间不随着问题规模 n 的增加而增长，即使算法中有上千条语句，其执行时间也不过是一个较大的常数。此类算法的时间复杂度是 O(1)。

【例 1-4】 二层 for 循环的时间复杂度。

```
sum=0;                    ①
    for(i=1;i<=n;i++)     ②
        for(j=1;j<=n;j++) ③
            sum++;        ④
```

解：语句 1 的频度是 1；语句 2 的频度是 n+1；语句 3 的频度是 n(n+1)；语句 4 的频度是 n^2。该程序的时间复杂度 $T(n)=2n^2+2n+2=O(n^2)$。

【例 1-5】 求下列程序的时间复杂度。

```
a=0;
b=1;                 ①
for(i=1;i<=n;i++)    ②
{
    s=a+b;           ③
    b=a;             ④
    a=s;             ⑤
}
```

解：语句 1 的频度是 1；语句 2 的频度是 n+1；语句 3 的频度是 n；语句 4 的频度是 n；语句 5 的频度是 n。T(n)=1+n+1+3n=4n+2=O(n)。

【例 1-6】 求下列程序的时间复杂度。

```
i=2;                 ①
while(i<=n)
    i=i*2;           ②
```

解：语句 1 的频度是 1；设语句 2 的频度是 f(n)，则 $2^{f(n)} \leq n$；$f(n) \leq \log_2 n$，取最大值 $f(n)=\log_2 n$。$T(n)=O(\log_2 n)$。

【例 1-7】 求下列程序的时间复杂度。

```
for(i=0;i<n;i++)
```

```
    {
        for(j=0;j<i;j++)
        {
            for(k=0;k<j;k++)
            x=x+2;
        }
    }
```

解： 当 i=m，j=k 时，内层循环的次数为 k；当 i=m 时，j 可以取 0，1，…，m-1，所以这里最内循环共进行了 0+1+…+m-1=(m-1)m/2 次，所以，i 从 0 取到 n，则循环共进行了 0+(1-1)*1/2+…+ (n-1)n/2=n(n+1)(n-1)/6 次，所以时间复杂度为 $O(n^3)$。

1.4.3　算法的空间复杂度

一个程序的**空间复杂度**（space complexity）是程序运行从开始到结束所需的存储量。

程序运行所需的存储空间包括两部分：

（1）**固定部分**（fixed space requirement）：这部分空间与所处理数据的大小和个数无关，或者说与问题的实例的特征无关。它主要包括程序代码、常量、简单变量、定长成分的结构变量所占的空间。

（2）**可变部分**（varible space requirement）：这部分空间大小与算法在某次执行中处理的特定数据的大小和规模有关。例如，将有 100 个元素的两个数组相加，与将有 10 个元素的两个数组相加，所需的存储空间显然是不同的。这部分存储空间包括数据元素所占的空间，以及算法执行所需的额外空间，如递归栈所用的空间。

对算法的空间复杂度的讨论类似于对时间复杂度的讨论，并且一般说来，空间复杂度的计算比起时间复杂度的计算来得容易。此外，应当注意的是空间复杂度一般按最坏情况来分析。

习题 1

一、简答题

1．简述下列术语的含义：数据、数据元素、逻辑结构、存储结构、线性数据结构和非线性数据结构。

2．什么是数据结构？有关数据结构的讨论应包括哪些方面？

3．讨论顺序存储结构和链式存储结构各自的特点、适用范围，并说明在实际应用中应如何选取数据存储结构。

4．什么是算法。算法的主要特点。

5．如何评价一个算法？

6．什么是算法的时间复杂度和空间复杂度？

二、选择题

1．数据结构被形式地定义为(K,R)，其中 K 是＿＿＿①＿＿＿的有限集，R 是 K 上＿＿＿②＿＿＿的有限集。

　　① A．算法　　　　　 B．数据元素　　　 C．数据操作　　　　 D．逻辑结构

　　② A．操作　　　　　 B．映像　　　　　 C．存储　　　　　　 D．关系

2．在数据结构中，从逻辑上可以把数据结构分成_____。

    A．动态结构和静态结构　　　　　　B．紧凑结构和非紧凑结构

    C．线性结构和非线性结构　　　　　　D．内部结构和外部结构

3．数据结构在计算机内存中的表示是指_____。

    A．数据的存储结构　　　　　　　　　B．数据结构

    C．数据的逻辑结构　　　　　　　　　D．数据元素之间的关系

4．在数据结构中，与所使用的计算机无关的是数据的_____结构。

    A．逻辑　　　　　　B．存储　　　　　　C．逻辑和存储　　　　D．物理

5．算法分析的目的是___①___，算法分析的两个主要方面是___②___。

    ①　A．找出数据结构的合理性　　　　B．研究算法中的输入和输出的关系

       C．分析算法的效率以求改进　　　D．分析算法的易读性和文档性

    ②　A．空间复杂度和时间复杂度　　　B．正确性和简明性

       C．可读性和文档性　　　　　　　D．数据复杂性和程序复杂性

6．在存储数据时，通常不仅要存储各数据元素的值，而且还要存储_____。

    A．数据的处理方法　　　　　　　　　B．数据元素的类型

    C．数据元素之间的关系　　　　　　　D．数据的存储方法

7．算法的计算量的大小称为计算的_____。

    A．效率　　　　　　B．复杂性　　　　　C．现实性　　　　　　D．难度

8．算法的时间复杂度取决于_____。

    A．问题的规模　　　　　　　　　　　B．待处理数据的初态

    C．A 和 B

9．下面说法错误的是_____。

（1）算法原地工作的含义是指不需要任何额外的辅助空间。

（2）在相同的规模 n 下，复杂度 O(n) 的算法在时间上总是优于复杂度 O(2n) 的算法。

（3）所谓时间复杂度是指最坏情况下，估算算法执行时间的一个上界。

（4）同一个算法，实现语言的级别越高，执行效率就越低。

    A．（1）　　　　　B．（1），（2）　　　C．（1），（4）　　　D．（3）

10．在下面的程序段中，对 x 的赋值语句的频度为_____。

```
for(i=1;i<=n;i++)
  for(j=1;j<=n;j++)
    x=x+1;
```

    A．O(2n)　　　　　B．O(n)　　　　　C．$O(n^2)$　　　　D．$O(\log_2 n)$

三、判断题

1．数据元素是数据的最小单位。　　　　　　　　　　　　　　　　　　　　　　（　　）

2．记录是数据处理的最小单位。　　　　　　　　　　　　　　　　　　　　　　（　　）

3．数据的逻辑结构是指数据的各数据项之间的逻辑关系。　　　　　　　　　　　（　　）

4．算法的优劣与算法描述语言无关，但与所用计算机有关。　　　　　　　　　　（　　）

5．健壮的算法不会因非法的输入数据而出现莫名其妙的状态。　　　　　　　　　（　　）

6. 算法可以用不同的语言描述，如果用 C 语言或 Pascal 语言等高级语言来描述，则算法实际上就是程序了。　（　　）

7. 程序一定是算法。　（　　）

8. 数据的物理结构是指数据在计算机内的实际存储形式。　（　　）

9. 数据结构的抽象操作的定义与具体实现有关。　（　　）

10. 在顺序存储结构中，有时也存储数据结构中元素之间的关系。　（　　）

11. 顺序存储方式的优点是存储密度大，且插入、删除运算效率高。　（　　）

12. 数据结构的基本操作的设置的最重要的准则是：实现应用程序与存储结构的独立。　（　　）

13. 数据的逻辑结构说明数据元素之间的顺序关系，它依赖于计算机的存储结构。　（　　）

四、填空题

1. 数据结构研究数据的_____和_____，以及它们之间的相互关系，并对与这种结构定义相应的_____，设计出相应的_____。

2. 对于给定的 n 个元素，可以构造出的逻辑结构有_____，_____，_____，_____四种。

3. 在线性结构中，第一个结点_____前驱结点，其余每个结点有且仅有_____个前驱结点；最后一个结点_____后续结点，其余每个结点有且仅有_____个后续结点。

4. 在树形结构中，树根结点没有_____结点，其余每个结点有且只有_____个前驱结点；叶子结点没有_____结点，其余每个结点的后续结点可以_____。

5. 一个数据结构在计算机中_____称为存储结构。

6. 通常，存储结点之间可以有_____、_____、_____、_____四种关联方式，称为四种基本存储方式。

7. 抽象数据类型的定义仅取决于它的一组_____，而与_____无关，即不论其内部结构如何变化，只要它的_____不变，都不影响其外部使用。

8. 数据结构中评价算法的两个重要指标是_____和_____。

9. 一个算法具有 5 个特性：_____、_____、_____、有零个或多个输入、有一个或多个输出。

10. 常见时间复杂性的量级有：常数阶 O(_____)、对数阶 O(_____)、线性阶 O(_____)、平方阶 O(_____)和指数阶 O(_____)。通常认为，具有指数阶量级的算法是_____，而量级低于平方阶的算法是_____。

五、确定下列各程序划线语句的执行次数，计算它们的渐近时间复杂度

1.
```
i=1; k=0;
do{
    k=k+10*i;i++;
}while(i<=n-1);
```

2.
```
i=1; x=0;
do{
    x++; i=2*i;
}while(i<n);
```

3.

```
for(int i=1; i<=n; i++)
    for(int j=1; j<=i; j++ )
        for (int k=1; k<=j; k++)
            x++;
```

4.

```
i=n;
while(i>0&&A[i]!=K)
    i--;
```

5.

```
x=n; y=0;
    while(x>=(y+l)*(y+1)) y++;
```

6.

```
fact(int n){
    if(n<=1) return(1);
else return(n*fact(n-1));}
```

第2章　线性表

　　线性表是最基本、最简单，也是最常用的一种数据结构。线性表中数据元素之间是一对一的关系，即除了第一个和最后一个数据元素之外，其他数据元素都是首尾相接的。线性表的逻辑结构简单，便于实现和操作。通过本章的学习，读者应该掌握以下内容：
- 线性表的逻辑结构；
- 线性表的顺序存储及运算实现；
- 线性表的链式存储及运算实现；
- 顺序表和链表的比较。

2.1　线性表的逻辑结构

2.1.1　线性表的定义

　　线性表是由 n（n≥0）个类型相同的数据元素组成的有限序列，通常表示为下列形式：

$$L = (a_1, \cdots, a_{i-1}, a_i, a_{i+1}, \cdots, a_n)$$

其中：L 为线性表名称，a_i 为组成该线性表的数据元素。

　　线性表中数据元素的个数称为线性表的长度，当 n=0 时，线性表为空，又称为空线性表。

　　设 a_i 是表中第 i 个元素，其中 i=1，…，n-1，称 a_i 是 a_{i+1} 的**直接前驱元素**，a_{i+1} 是 a_i 的**直接后继元素**。在线性表中，除 a_1 无直接前驱外，其余元素有且仅有一个直接前驱；除 a_n 无直接后继外，其余元素有且仅有一个直接后继。在不引起混淆的情况下，简称直接前驱为"**前驱**"，简称直接后继为"**后继**"。

　　数据元素的含义广泛，在不同的具体情况下，可以有不同的含义。

　　例如，英文字母表(A, B, C,…, Z)是一个长度为 26 的线性表，其中每个数据元素为一个字母。

　　再如，某公司 2000 年每月产值表(400,420,500,…,600,650)（单位：万元）是一个长度为 12 的线性表，其中每个数据元素为整数。

　　上述两例中的每一个数据元素都是不可分割的，在一些复杂的线性表中，每一个数据元素又可以由若干个数据项组成，在这种情况下，通常将数据元素称为记录（record）。例如，表 2-1 所示的某学校的学生成绩表就是一个线性表，表中每一个学生的成绩就是一个记录，每个记录包含 6 个数据项：学号、姓名、数据结构……

表 2-1　学生成绩表

学号	姓名	数据结构	大学物理	高等数学	平均成绩
0232101	王刚	95	90	85	90
0232102	李娟	90	80	85	85
0232103	赵平	99	95	91	95
0232104	王强	86	70	84	80
0232105	张雪	92	91	84	89

　　矩阵也是一个线性表，但它是一个比较复杂的线性表。在矩阵中，可以把每行看成是一个数据元素，也可以把每列看成是一个数据元素，而其中的每一个数据元素又是一个线性表。

　　线性表是一个相当灵活的数据结构，它的长度可根据需要增长或缩短，即对线性表的数据元素不仅可以进行访问，还可以进行插入和删除等。

2.1.2　线性表的 ADT 定义

线性表的抽象数据类型定义如下：

ADT　List{

数据元素：$D=\{a_i|a_i \in D_0, i=1,2,\cdots,n,\ n \geqslant 0,\ D_0$ 为某一数据对象$\}$

关系：$R1=\{<a_{i-1},a_i>|a_i, a_{i-1} \in D,\ i=2,\cdots,n\}$

基本操作：

（1）InitList(*L)。

操作前提：L 为未初始化线性表。

操作结果：将 L 初始化为空表。

（2）DestroyList(*L)。

操作前提：线性表 L 已存在。

操作结果：将 L 销毁。

（3）ClearList(*L)。

操作前提：线性表 L 已存在。

操作结果：将表 L 置为空表。

（4）EmptyList(L)。

操作前提：线性表 L 已存在。

操作结果：如果 L 为空表则返回真，否则返回假。

（5）ListLength(L)。

操作前提：线性表 L 已存在。

操作结果：如果 L 为空表则返回 0，否则返回表中的数据元素个数。

（6）Locate(L,e)。

操作前提：表 L 已存在，e 是给定的一个数据元素。

操作结果：返回线性表 L 中第一个与 e 相等的数据元素的位序，若这样的数据元素不存在，则返回 0。

（7）GetData(L,i,*e)。

操作前提：表 L 存在，且 i 值合法，即 $1 \leqslant i \leqslant ListLength(L)$

操作结果：用 e 返回线性表 L 中第 i 个数据元素的值。

（8）ListInsert (*L,i,e)。

操作前提：表 L 已存在，e 为合法数据元素值，且 $1 \leqslant i \leqslant ListLength(L)+1$。

操作结果：在 L 中第 i 个位置上插入新的数据元素 e，L 的长度加 1。

（9）ListDelete(*L,i,*e)。

操作前提：表 L 已存在且非空，$1 \leqslant i \leqslant ListLength(L)$。

操作结果：删除 L 的第 i 个数据元素，并用 e 返回其值，L 的长度减 1。

}ADT　List

上面我们定义了线性表的逻辑结构和基本操作。在计算机内，线性表有两种基本的存储结构：顺序存储结构和链式存储结构。下面分别讨论两种存储结构以及对应存储结构下实现各操作的算法。

2.2　线性表的顺序存储和实现

2.2.1　线性表顺序存储结构

在线性表的顺序存储结构中，其前后两个元素在存储空间中是紧邻的，且前驱元素一定存储在后继元素的前面。由于线性表的所有数据元素属于同一数据类型，所以每个元素在存储器中占用的空间大小相同，因此要在该线性表中查找某一个元素是很方便的。

假设线性表中的第一个数据元素的存储地址为 $Loc(a_1)$，每一个数据元素占 L 字节，则线性表中第 i 个元素 a_i 在计算机存储空间中的存储地址为：

$$Loc(a_i)=Loc(a_1)+(i-1)*L$$

线性表的顺序存储结构的特点是：线性表中逻辑上相邻的结点在存储结构中也相邻，如图 2-1 所示。只要确定了线性表存储的起始位置，就可以随机存取表中的任一数据元素。因此，线性表的顺序存储结构是一种随机存取的存储结构。

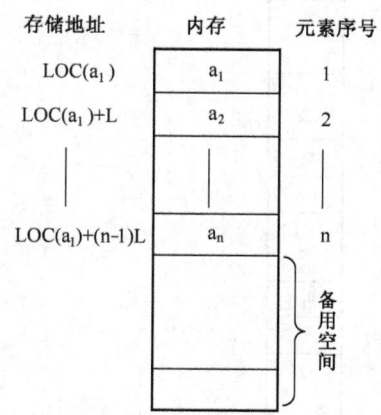

图 2-1　线性表的顺序存储结构示意图

由于程序语言中的向量（一维数组）也是采用顺序存储表示，故可以用向量这种数组类型来描述线性表的顺序存储。顺序表示的线性表也称为**顺序表**。

2.2.2   线性表在顺序存储结构下的运算

可以用 C 语言描述顺序表如下：

```
//线性表的顺序存储结构
#define ERROR 0
#define OK        1
#define   LIST_INIT_SIZE   100     //存储空间的初始分配量
typedef   struct{
     ElemType   elem[LIST_INIT_SIZE];      //存储空间基址
     int   length;                         //当前长度
     }SqList;
```

在顺序表中，线性表的有些运算很容易实现。例如，设 L 是指向某一顺序表的指针，则表的初始化操作是将表的长度置 0，即 L->length=0；求表长和取表中第 i 个结点的操作只需分别返回 L->length 和 L->data[i-1]即可。以下主要讨论插入和删除两种运算。

1．顺序表的插入操作

线性表的插入运算是指在表的第 i（1≤i≤n+1）个位置上，插入一个新结点 e，使长度为 n 的线性表：

$$(a_1,\cdots,a_{i-1},a_i,\cdots,a_n)$$

变为长度为 n+1 的线性表：

$$(a_1,\cdots,a_{i-1},e,a_i,\cdots,a_n)$$

用顺序表作为线性表的存储结构时，由于结点的物理顺序必须和结点的逻辑顺序保持一致，因此必须将表中位置 n，n-1，…，i 上的结点，依次后移到位置 n+1，n，…，i+1 上，空出第 i 个位置，然后在该位置上插入新结点 e。仅当插入位置 i=n+1 时，才无需移动结点，直接将 e 插入表的末尾。

其插入过程见图 2-2，具体算法描述如下：

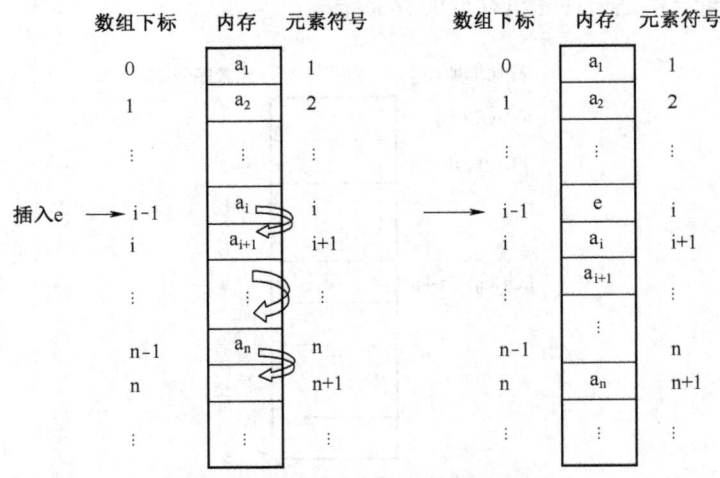

图 2-2   顺序表中插入结点的过程

【算法 2-1】
```
int ListInsert_Sq(SqList *L,int i,ElemType e)
{
    int j;
    if(i<1||i>L->length+1)              //非法位置，退出运行
        return ERROR;
    if(L->length>=LIST_INIT_SIZE)       //当前存储已满，退出运行
        return ERROR;
    for(j=L->length-1;j>=i-1;j--)
        L->elem[j+1]=L->elem[j];
    L->elem[i-1]=e;
    L->length++;
    return   OK;
}
```

现在分析算法 2-1 的时间复杂度。该问题的规模是表的长度 L->lengh，设它的值为 n。显然该算法的时间主要花费在 for 循环中的结点后移语句上，该语句的执行次数（即移动结点的次数）是 n-i+1。由此可看出，所需移动结点的次数不仅依赖于表的长度 n，而且还与插入位置 i 有关。当 i=n+1 时，由于循环变量的终值大于初值，结点后移语句将不执行，无需移动结点；若 i=1，则结点后移语句将循环执行 n 次，需移动表中所有结点。也就是说该算法在最好情况下的时间复杂度是 O(1)；在最坏时间下的复杂度是 O(n)。由于插入可能在表中任意位置上进行，因此需分析算法的平均性能。

在长度为 n 的线性表中插入一个结点，令 $E_{IS}(n)$ 表示移动结点次数的期望值（即移动结点的平均次数），在表中第 i 个位置上插入一个结点的移动次数为 n-i+1，故

$$E_{IS}(n) = \sum_{i=1}^{n+1} p_i(n-i+1)$$

式中，p_i 表示在表中第 i 个位置上插入一个结点的概率。不失一般性，假设在表中任意合法位置（$1 \leq i \leq n+1$）上插入结点的机会是均等的，则

$$p_1=p_2=\cdots=p_{n+1}=1/(n+1)$$

因此，在等概率插入的情况下：

$$E_{IS}(n) = 1/(n+1)\sum_{i=1}^{n+1}(n-i+1) = n/2$$

也就是说，在顺序表上做插入运算，平均要移动表中的一半结点。当表长 n 较大时，算法的效率相当低。虽然 $E_{IS}(n)$ 中 n 的系数较小，但就数量级而言，它仍然是线性阶的，因此算法的平均时间复杂度是 O(n)。

2. 顺序表的删除操作

线性表的删除运算是指将表的第 i（$1 \leq i \leq n$）个结点删去，使长度为 n 的线性表 $(a_1,\cdots,a_{i-1},a_i,\cdots,a_n)$，变成长度为 n-1 的线性表 $(a_1,\cdots,a_{i-1},a_{i+1},\cdots,a_n)$。

和插入运算类似，在顺序表上实现删除运算也必须移动结点，才能反映出结点间逻辑关系的变化。若 i=n，则只要简单地删除终端结点，无需移动结点；若 $1 \leq i \leq n-1$，则必须将表中位置 i+1，i+2，…，n 上的结点，依次前移到位置 i，i+1，…，n-1 上，以填补删除操作造成的空缺。其删除过程见图 2-3。

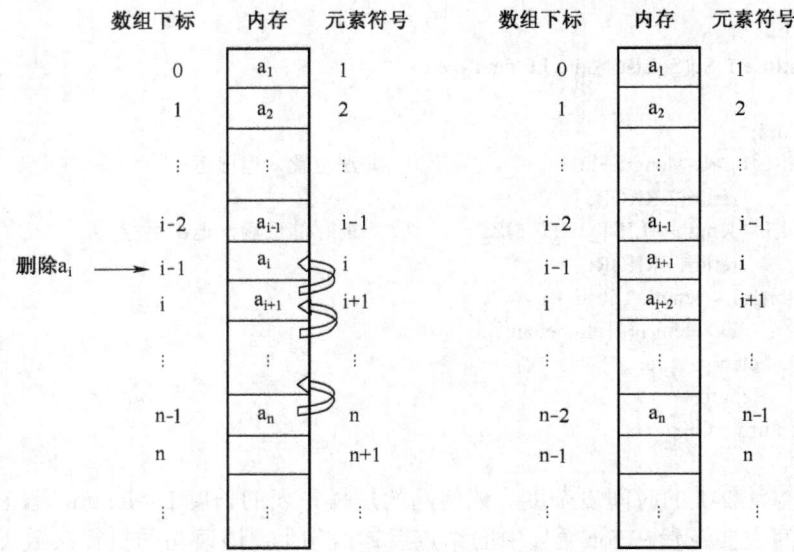

图 2-3　顺序表中删除结点的过程

【算法 2-2】
```
int ListDelete_Sq(SqList *L,int i,ElemType *e)
{
        int j;
        if(i<1||i>L->length)
            return ERROR;              //非法位置
        for(j=i;j<=L->length-1;j++)
            L->elem[j-1]=L->elem[j];   //结点前移
        *e=L->elem[i];                 //被删除元素的值赋给 e
        L->length--;
        return OK;
}
```

算法 2-2 的时间分析与算法 2-1 类似，结点的移动次数也是由表长 n 和位置 i 决定的。若 i=n，则由于循环变量的初值大于终值，前移语句将不执行，不需要移动结点；若 i=1 则前移语句将循环执行 n-1 次，需移动表中除开始结点外的所有结点。这两种情况下算法的时间复杂度分别是 O(1)和 O(n)。

删除算法的平均性能分析与插入算法相似。在长度为 n 的线性表中删除一个结点，令 $E_{DE}(n)$ 表示所需移动结点的平均次数，删除表中第 i 个结点的移动次数为 n-i，故：

$$E_{DE}(n) = \sum_{i=1}^{n+1} p_i(n-i)$$

式中，p_i 表示删除表中第 i 个结点的概率，在等概率的假设下：

$$p_1=p_2=\cdots=p_n=1/n$$

由此可得：

$$E_{DE}(n) = 1/n\sum_{i=1}^{n+1}(n-i) = (n-1)/2$$

即在顺序表上做删除运算，平均要移动表中约一半的结点，平均时间复杂度为 O(n)。

3．顺序表存储结构的特点

线性表的顺序存储结构中任意数据元素的存储地址可由公式直接导出，因此顺序存储结构的线性表可以随机存取其中的任意元素。

但是，顺序存储结构也有一些不方便之处，主要表现在：

（1）数据元素最大个数需要预先确定，使得高级程序设计语言编译系统需要预先分配相应的存储空间。

（2）插入与删除运算的效率很低。为了保持线性表中的数据元素的顺序，在插入操作和删除操作时需要移动大量数据。对于插入或删除操作很频繁的线性表来说，若线性表的数据元素占字节较多，这些操作将影响系统的运行速度。

（3）顺序存储结构的线性表的存储空间不便于扩充。当一个线性表分配顺序存储空间后，如果线性表的存储空间已满，但还需要插入新的元素，则会发生"上溢"错误。在这种情况下，如果在原线性表的存储空间后找不到与之连续的可用空间，则会导致运算的失败或中断。

2.3　线性表的链式存储和实现

从上一节的讨论中可见，线性表的顺序存储结构的特点是，逻辑关系上相邻的两个元素在物理位置上也相邻，因此可以随机存取表中任一元素，它的存储位置可用一个简单、直观的公式来表示。然而，从另一方面来看，这个特点也造成了这种存储结构的弱点：其一，在做插入或删除操作时，需移动大量元素；其二，在给长度变化较大的线性表预先分配空间时，必须按最大空间分配，使存储空间不能得到充分利用；其三，表的容量难以根据实际需要扩充。本节将讨论线性表的另一种表示方法——链式存储结构，由于它不要求逻辑上相邻的元素在物理位置上也相邻，因此它没有顺序存储结构所具有的弱点，但同时也失去了顺序表可随机存取的优点。

2.3.1　线性链表

线性表的链式存储结构特点是，用一组任意的存储单元来存放线性表的结点，这组存储单元既可以是连续的，也可以是不连续的，甚至是零散分布在内存中的任意位置上。链表中结点的逻辑次序和物理次序不一定相同。为了能正确表示结点间的逻辑关系，在存储每个结点值的同时，还必须存储指示其后继结点的地址（或位置）信息，这个信息称为**指针**（pointer）或**链**（link）。这两部分信息组成了链表中的结点结构，如图 2-4 所示。

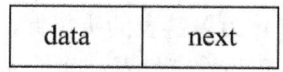

图 2-4　线性链表中的结点结构

图 2-4 中 data 域是数据域，用来存放结点的值；next 域是指针域（亦称链域），用来存放结点的直接后继的地址（或位置）。链表正是通过每个结点的链域将线性表的 n 个结点按其逻辑顺序链接在一起。由于上述链表的每个结点只有一个链域，故将这种链表称为**单链表**（single linked list）。

　　显然，单链表中每个结点的存储地址是存放在其前驱结点 next 域中，而开始结点无前驱，故应设头指针 head 指向开始结点。同时，由于终端结点无后继，故终端结点的指针域为"空"，即 NULL（图示中也可用∧表示）。例如，图 2-5 是线性表(ZHAO,QIAN,SUN,LI,ZHOU,WU,ZHENG,WANG)的单链表示意图。

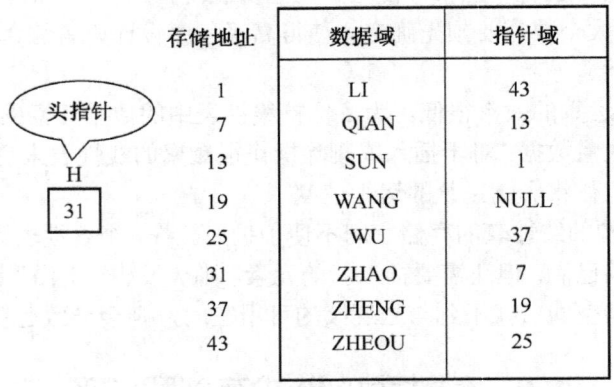

存储地址	数据域	指针域
1	LI	43
7	QIAN	13
13	SUN	1
19	WANG	NULL
25	WU	37
31	ZHAO	7
37	ZHENG	19
43	ZHEOU	25

图 2-5　单链表示意图

　　由于单链表只注重结点间的逻辑顺序，并不关心每个结点的实际存储位置，因此通常用箭头来表示链域中的指针，于是链表就可以直观地画成用箭头链接起来的结点序列。例如图 2-5 可以画成图 2-6 的形式。

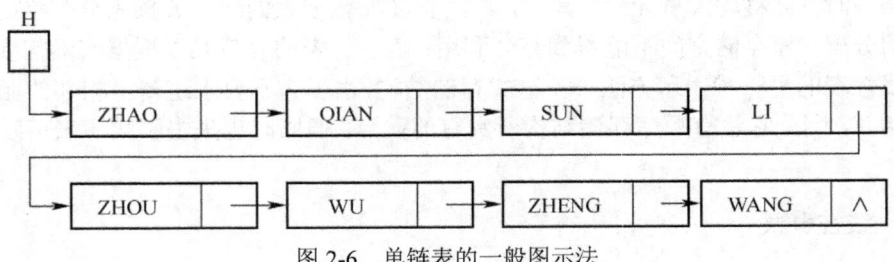

图 2-6　单链表的一般图示法

　　由上述可见，单链表可由头指针唯一确定，在 C 语言中可用"结构指针"来描述。

```
typedef struct LNode{
    ElemType data;
    struct LNode *next;
}LNode,*LinkList;
LinkList L,p;
```

　　假设 L 是 LinkList 型的变量，则 L 为单链表的头指针，它指向表中的第一个结点。若 L 为"空"（L==NULL），则表示的线性表为"空"表，其长度 n 为"零"。有时，在单链表的第一个结点之前附设一个结点，称之为**头结点**。头结点的数据域可以不存储任何信息，也可存储如线性表的长度等类的附加信息，头结点的指针域存储指向第一个结点的指针（即第一个元素结点的存储位置）。如图 2-7（a）所示，单链表的头指针指向头结点。若线性表为空表，则头结点的指针域为"空"，如图 2-7（b）所示。

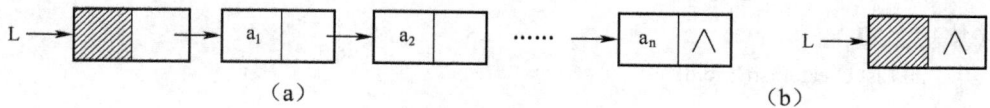

图 2-7 带头结点的单链表

在这里我们一定要严格区分指针变量和结点变量这两个概念。例如，以上定义的变量 p 是类型为 LNode *的指针变量，若 p 的值非空（p!=NULL），则它的值是类型为 LNode 的某一个结点的首地址。通常 p 所指的结点变量并非在变量说明部分明显地定义，而是在程序执行过程中，当需要时才产生，故称为动态变量。实际上，它是通过标准函数生成的，即：

        p=(LNode *)malloc(sizeof(LNode));

或

        p=(LinkList)malloc(sizeof(LNode));

函数 malloc 分配一个类型为 LNode 的结点变量的空间，并将其首地址放入指针变量 p 中。一旦 p 所指的结点变量不再需要，又可通过标准函数：

        free(p);

释放 p 所指的结点变量空间。

由于无法通过预先定义的标识符去访问这种动态的结点变量，而只能通过指针 p 来访问它，即用*p 作为该结点变量的名称来访问。p 和*p 之间的关系见图 2-8。根据所学的 C 语言程序设计的知识，可以得出以下关系：

- (*p)表示 p 所指向的结点；
- (*p).data⇔p->data 表示 p 指向结点的数据域；
- (*p).next⇔p->next 表示 p 指向结点的指针域。

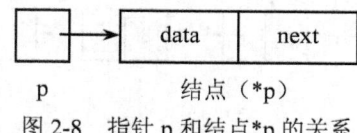

图 2-8 指针 p 和结点*p 的关系

1. 单链表的建立

假设线性表中结点的数据类型是字符，逐个输入这些字符的结点，并以换行符'\n'为输入结束符。动态建立带头结点的单链表的常用方法有如下两种。

（1）头插法建表。

从一个带头结点的空表开始，重复读入数据，生成新结点，将读入数据存放到新结点的数据域中，然后将新结点插入到当前链表的表头结点之后，直至读入结束标志为止。头插法建单链表是将链表右端看成固定，链表不断向左延伸得到的。头插法最先得到的是尾结点。图 2-9 表示在空链表 head 中依次插入 d、c、b 后，将 a 插入到当前链表表头时指针的修改情况。

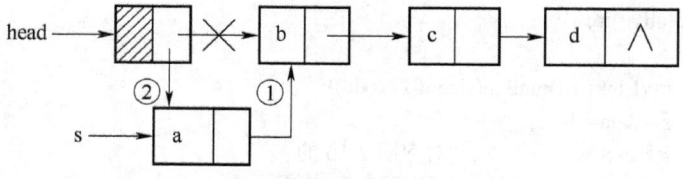

图 2-9 结点*s 插入到单链表 head 的头上

【算法 2-3】

```
LinkList CreateListH(void)
{
        char ch;
        LinkList head=(LinkList)malloc(sizeof(LNode));
        LinkList s;
        head->next=NULL;
        ch=getchar();
        while(ch!='\n')
        {
                s=(LinkList)malloc(sizeof(LNode));
                s->data=ch;
                s->next=head->next;//对应图 2-9 的①
                head->next=s;        //对应图 2-9 的②
                ch=getchar();
        }
        return head;
}
```

（2）尾插法建表。

头插法建立链表虽然算法简单，但生成的链表中结点的次序和输入的顺序相反。若希望二者次序一致，可采用尾插法建表。该方法是将新结点插入到当前链表的表尾上，为此必须增加一个尾指针 r，使其始终指向当前链表的尾结点。例如，在空链表 head 中插入 a、b、c 后，将 d 插入到当前链表的表尾，其指针修改情况如图 2-10 所示。

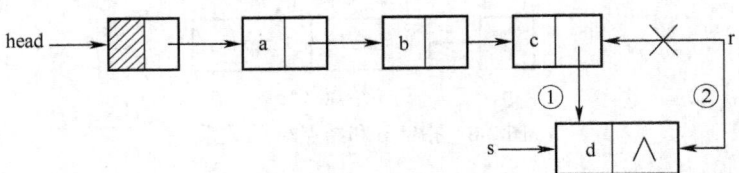

图 2-10　结点*s 插入到单链表 head 的尾上

【算法 2-4】

```
LinkList CreateListT(void)
{
        char ch;
        LinkList head=(LinkList)malloc(sizeof(LNode));
        LinkList s,r;
        r=head;
        ch=getchar();
        while(ch!='\n')
        {
                s=(LinkList)malloc(sizeof(LNode));
                s->data=ch;
                r->next=s;                //对应图 2-10 的①
                r=s;                      //对应图 2-10 的②
```

```
                    ch=getchar();
            }
            r->next=NULL;
            return head;
        }
```

2. 查找

（1）按序号查找。

在单链表中，由于每个结点的存储位置都放在其前一结点的 next 域中，所以即使知道被访问结点的序号 i，也不能像顺序表那样直接按序号 i 访问一维数组中的相应元素，实现随机存取，只能从链表的头指针出发，顺链域 next 逐个结点往下搜索，直至搜索到第 i 个结点为止。

算法描述： 设带头结点的单链表的长度为 n，要查找表中第 i 个结点，则需要从单链表的头指针 head 出发，从第一个结点（head->next）开始顺着链域扫描，用指针 p 指向当前扫描到的结点，初值指向第一个结点（head->next），用 j 做记数器，累计当前扫描过的结点数（初值为 0），当 j=i 时，指针 p 所指的结点就是要找的第 i 个结点。

【算法 2-5】

```
    LinkList GetNode(LinkList head,int i)  //在带头结点的单链表 head 中查找第 i 个结点，若找到（1≤i≤n），则返回该结点的存储位置，否则返回 NULL
    {
        int j;
        LinkList p;
        p=head;j=0;                //从头结点开始扫描
        while( p->next && j<i)
        {
            p=p->next;             //扫描下一结点
            j++;                   //已扫描结点计数器
        }
        if(i==j)
            return p;              //找到了第 i 个结点
        else
            return NULL;           //找不到，i≤0 或 i>n
    }
```

算法中，while 语句的终止条件是搜索到表尾或者满足 j≥i，其频度最多为 i，它和被搜索的位置有关。在等概率假设下，平均时间复杂度为：

$$\sum_{i=0}^{n} i/(n+1) = 1/(n+1) \times \sum_{i=1}^{n} i = n/2 = O(n)$$

（2）按值查找。

算法描述： 按值查找是指在单链表中查找是否有结点值等于 e 的结点，若有的话，则返回首次找到其值为 e 的结点的存储位置，否则返回 NULL。查找过程从单链表的头指针指向的第一个结点出发，顺着链逐个将结点的值与给定值 e 做比较。

【算法 2-6】

```
    LinkList LocateNode(LinkList head,ElemType e)  //在带头结点的单链表 head 中查找其结点值等于 e 的结点，若找到则返回该结点的位置，否则返回 NULL
```

```
    {
        LinkList p;
        p=head->next;              //从开始结点比较，p 初始值指向第一个结点
        while(p && p->data!=e)     //直到 p 为 NULL 或 p->data 等于 e 停止
            p=p->next;
        return p;                  //若 p=NULL，则查找失败
    }
```

该算法的执行时间与查找值 e 有关,其平均时间复杂度分析类似于按序号查找,也为 $O(n)$。

3. 插入

算法描述：要在带头结点的单链表 head 中的第 i 个数据元素前插入一个值为 e 的新结点，首先在单链表中找到第 i-1 个结点并由指针 p 指示，然后申请一个新的结点并由指针 s 指示，其数据域的值为 e，并修改第 i-1 个结点的指针使其指向 s，然后使 s 结点的指针域指向第 i 个结点。插入结点的过程如图 2-11 所示。

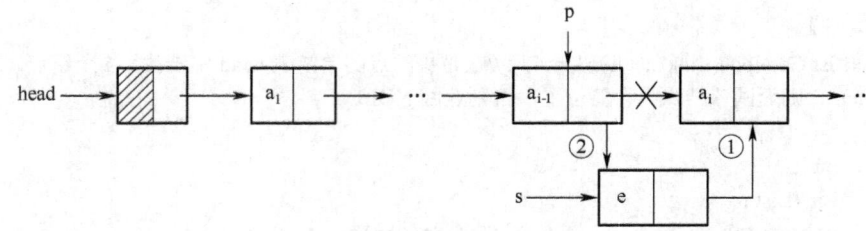

图 2-11　在单链表第 i 个结点前插入一个结点的过程

【算法 2-7】

```
    int InsertList(LinkList head,int i,ElemType e)   //在带头结点的单链表 L 中的第 i 个位置插入值为 e 的
    新结点
    {
        LinkList p,s;
        p=GetNode(head,i-1);          //寻找第 i-1 个结点，并返回指针
        if(p==NULL)
            return ERROR;             //插入位置不合理
        s=(LinkList)malloc(sizeof(LNode));
        s->data=e;
        s->next=p->next;              //对应图 2-11 中的①
        p->next=s;                    //对应图 2-11 中的②
        return OK;
    }
```

当单链表中有 n 个结点时，则前插操作的插入位置有 n+1 个，即 $1 \leq i \leq n+1$。当 i=n+1 时，则认为是在单链表的尾部插入一个结点。因此，用 i-1 做实参调用 GetNode 时可完成插入位置的合法性检查。算法的时间复杂度主要耗费在查找操作 GetNode()函数上，故时间复杂度也为 $O(n)$。

4. 删除

算法描述：欲在带头结点的单链表 head 中删除第 i 个结点，则首先要找到第 i-1 个结点并使 p 指向第 i-1 个结点，而后删除第 i 个结点并释放结点空间，删除过程如图 2-12 所示。

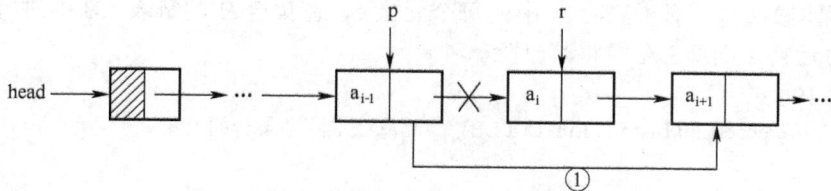

图 2-12 在单链表中将第 i 个结点删除的过程

【算法 2-8】

```
int DeleteList(LinkList head,ElemType *e,int i)    //在带头结点的单链表 L 中删除第 i 个元素，并将删
除的元素保存到变量*e 中
{
    LinkList p,r;
    p=GetNode(head,i-1);    //找第 i-1 个结点，并返回指针
    if(p==NULL || p->next==NULL)   //i<1 或 i>n 时删除位置有错
        return ERROR;
    r=p->next;
    p->next=r->next;
    *e=r->data;
    free(r);
    return OK;
}
```

设单链表的长度为 n，则删去第 i 个结点仅当 1≤i≤n 时是合法的。算法的时间复杂度主要耗费在查找操作 GetNode()函数上，故时间复杂度也为 O(n)。

【例 2-1】编写一个算法，求单链表的长度。

算法描述： 可以采用"数"结点的方法来求出单链表的长度，用指针 p 依次指向各个结点，从第一个结点开始"数"，一直"数"到最后一个结点（p->next=NULL）。

【算法 2-9】

```
int ListLength(LinkList head)    //本算法用来求带头结点的单链表 head 的单链表的长度
{
    int j;
    LinkList p;
    p=head->next;
    j=0;    //用来存放单链表的长度
    while(p!=NULL)
    {
        p=p->next;
        j++;
    }
    return j;
}
```

【例 2-2】如果以单链表表示集合，假设集合 A 用单链表 LA 表示，集合 B 用单链表 LB 表示，设计算法求两个集合的差，即 A-B。

算法思想： 由集合运算的规则可知，集合的差 A-B 中包含所有属于集合 A 而不属于集合

B 的元素。具体做法是：对于集合 A 中的每个元素 e，在集合 B 的链表 LB 中进行查找，若存在与 e 相同的元素，则从 LA 中将其删除。

【算法 2-10】

```
void Difference(LinkList LA,LinkList LB)    //此算法求两个集合的差集
{
    LinkList    pre,p,q,r;
    pre=LA;p=LA->next;    //p 指向 LA 表中的某一结点，而 pre 始终指向 p 的前驱
    while(p!=NULL)
    {
        q=LB->next;
        while(q!=NULL && q->data!=p->data)    //依次扫描 LB 中的结点，看有否
            q=q->next;                        //与 LA 中*P 结点的值相同的结点
        if(q!=NULL)
        {
            r=p;
            pre->next=p->next;
            p=p->next;
            free(r);
        }
        else
        {
            pre=p;
            p=p->next;
        }
    }
}
```

2.3.2 循环链表

循环链表（circular linked list）是单链表的另一种形式，它是一个首尾相接的链表。其特点是将单链表最后一个结点的指针域由 NULL 改为指向头结点或线性表中的第一个结点，从而得到单链形式的循环链表，并称为循环单链表。类似地，还有多重链的循环链表。在循环单链表中，表中所有结点被链在一个环上，多重循环链表则是将表中的结点链在多个环上。为了使某些操作方便实现，在循环单链表中也可设置一个头结点。这样，空循环链表仅由一个自成循环的头结点表示。带头结点的单循环链表如图 2-13 所示。

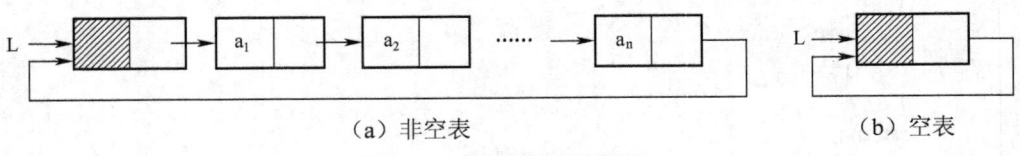

（a）非空表　　　　　　　　　　　　　　　（b）空表

图 2-13 单循环链表示意图

带头结点的循环单链表的各种操作的实现算法与带头结点的单链表的实现算法类似，差别仅在于算法中的循环条件不是 p!=NULL 或 p->next !=NULL，而是 p!=L 或 p->next!=L。

在循环单链表中附设尾指针有时比附设头指针会使操作变得更简单。如在用头指针表示

的循环单链表中，找开始结点 a_1 的时间复杂度是 O(1)，然而要找到终端结点 a_n，则需要从头指针开始遍历整个链表，其时间复杂度是 O(n)。如果用尾指针 rear 来表示循环单链表，则查找开始结点和终端结点都很方便，它们的存储位置分别是 rear->next->next 和 rear，显然，查找时间复杂度都是 O(1)。因此，实际使用中多采用尾指针表示循环单链表，如图 2-14 所示。

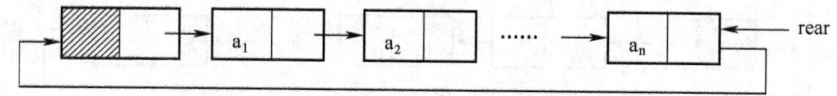

图 2-14　带尾指针 rear 的单循环链表

【例 2-3】有两个带头结点的循环单链表 LA、LB，编写一个算法，将两个循环单链表合并为一个循环单链表，其头指针为 LA。

算法思想：先找到两个链表的尾，并分别由指针 p、q 指向它们，然后将第一个链表的尾与第二个链表的第一个结点链接起来，并修改第二个链表的尾 q，使它的链域指向第一个链表的头结点，如图 2-15 所示。

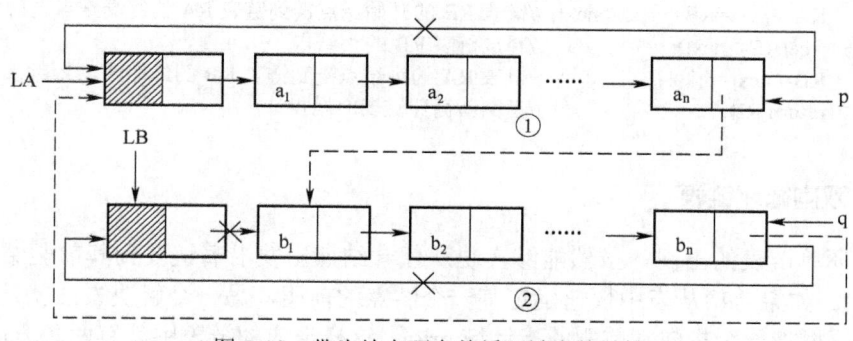

图 2-15　带头结点两个单循环链表的链接

【算法 2-11】

```
LinkList ConnectH(LinkList LA,LinkList LB)   //此算法将两个采用头指针的循环单链表的首尾连接
起来
{
    LinkList p,q;
    p=LA;
    q=LB;
    while(p->next!=LA)
        p=p->next;              //找到表 LA 的表尾，用 p 指向它
    while(q->next!=LB)
        q=q->next;              //找到表 LB 的表尾，用 q 指向它
    q->next=LA;                 //修改表 LB 的尾指针，使之指向表 LA 的头结点
    p->next=LB->next;           //修改表 LA 的尾指针，使之指向表 LB 中的第一个结点
    free(LB);
    return(LA);
}
```

采用上面的方法，需要遍历链表，找到表尾，其执行时间是 O(n)。若在尾指针表示的单循环链表上实现，则只需要修改指针，无需遍历，其执行时间是 O(1)，如图 2-16 所示。

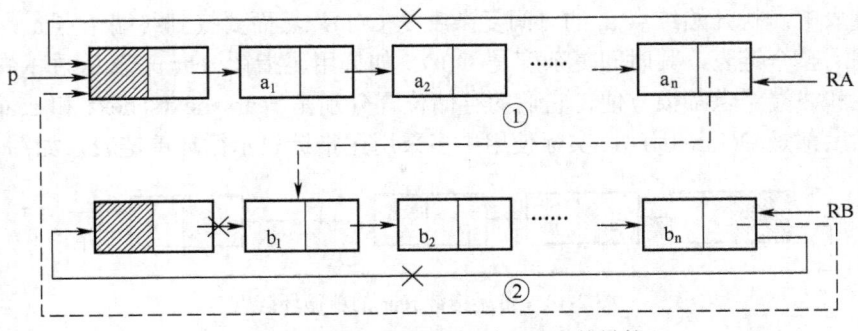

图 2-16　带尾结点两个单循环链表的链接

【算法 2-12】

```
LinkList ConnectR(LinkList RA,LinkList RB)   //此算法将两个采用尾指针的循环链表首尾连接起来
{
    LinkList p;
    p=RA->next;                   //保存链表 RA 的头结点地址
    RA->next=RB->next->next;      //链表 RB 的开始结点链到链表 RA 的终端结点之后
    free(RB->next);               //释放链表 RB 的头结点
    RB->next=p;                   //链表 RA 的头结点链到链表 RB 的终端结点之后
    return RB;                    //返回新循环链表的尾指针
}
```

2.3.3　双向循环链表

单向循环单链表的出现，虽然能够实现从任一结点出发沿着链找到其前驱结点，但时间耗费是 O(n)。如果希望从表中快速确定某一个结点的前驱，另一个解决方法就是在单链表的每个结点中再增加一个指向其前驱的指针域 prior，这样形成的链表中就有两条方向不同的链，称之为**双（向）链表**（double linked list）。双链表的结构定义如下：

```
typedef struct DuLNode{
    ElemType data;
    struct DuLNode *prior,*next;
}DuLNode,*DuLinkList;
```

与单链表类似，双链表一般也是由头指针唯一确定的，增加头结点也能使双链表的某些运算变得方便。同时双向链表也可以有循环表，称为双向循环链表，其结构如图 2-17 所示。

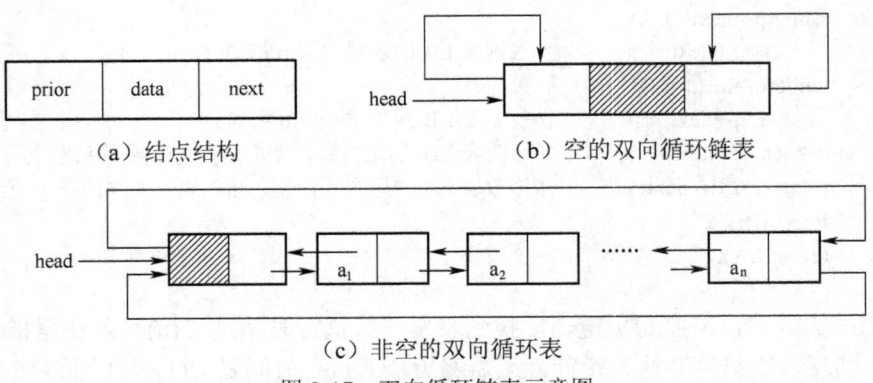

（a）结点结构　　　　　　　　　（b）空的双向循环链表

（c）非空的双向循环表

图 2-17　双向循环链表示意图

由于在双向链表中既有前向链又有后向链，寻找任一个结点的直接前驱结点与直接后继结点变得非常方便。设指针 p 指向双链表中的某一结点，则有下式成立：

p->prior->next=p=p->next->prior

在双向链表中，那些只涉及后继指针的算法，如求表长度、取元素、元素定位等，与单链表中相应的算法相同，但对于前插和删除操作则涉及到前驱和后继两个方向的指针变化，因此与单链表中的算法不同。

1. 双向链表的插入操作

算法描述：欲在双向链表第 i 个结点（指针 p 所指）之前插入一个的新的结点（指针 s 所指），则指针的变化情况如图 2-18 所示。

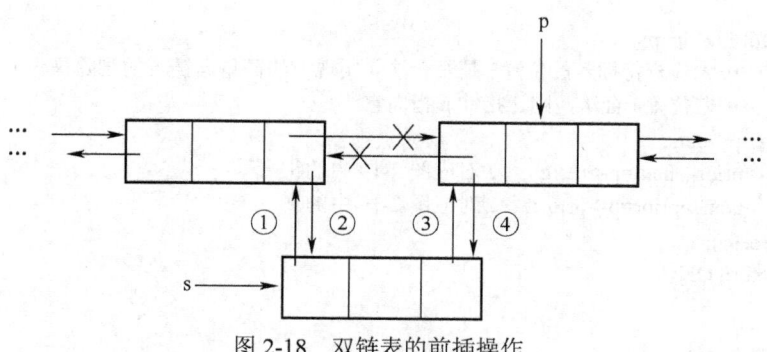

图 2-18　双链表的前插操作

【算法 2-13】

```
int DInserLinkList(DuLinkList L,int i,ElemType e)
{
    DuLinkList s,p;
    //……先检查待插入的位置 i 是否合法（实现方法同单向链表的前插操作）
    //……若位置 i 合法，则让指针 p 指向它
    s=(DuLinkList)malloc(sizeof(DuLNode));
    if(s)
    {
        s->data=e;
        s->prior=p->prior;      //对应图 2-18 中的①
        p->prior->next=s;       //对应图 2-18 中的②
        s->next=p;              //对应图 2-18 中的③
        p->prior=s;             //对应图 2-18 中的④
        return OK;
    }
    else
        return ERROR;
}
```

2. 双向链表的删除操作

算法描述：欲删除双向链表中的第 i 个结点，则指针的变化情况如图 2-19 所示。

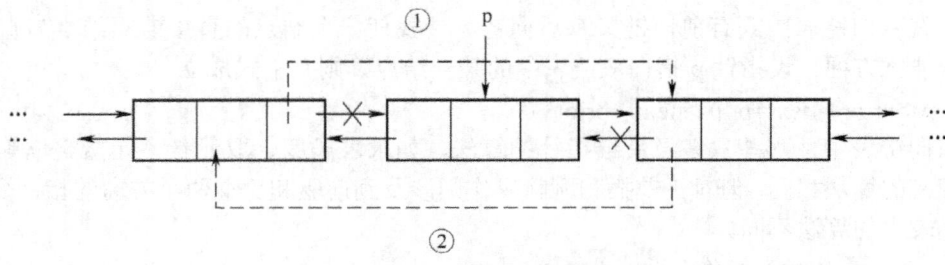

图 2-19　双向链表的删除操作

【算法 2-14】
```
int DDeletelinkList(DuLinkList L,int i,ElemType *e)
{
        DuLinkList p;
        //……先检查待插入的位置 i 是否合法（实现方法同单向链表的删除操作）
        //……若位置 i 合法，则让指针 p 指向它
        *e=p->data;
        p->prior->next=p->next;        //对应图 2-19 中的①
        p->next->prior=p->prior;        //对应图 2-19 中的②
        free(p);
        return OK;
}
```

2.3.4　循环链表

1．基于空间的考虑

顺序表的存储空间是静态分配的，在程序执行之前必须明确规定它的存储规模。若线性表的长度 n 变化较大，则存储规模难以预先确定。估计过大将造成空间浪费，估计太小又将使空间溢出的机会增多。在静态链表中，初始存储池虽然也是静态分配的，但若同时存在若干个结点类型相同的链表，则它们可以共享空间，使各链表之间能够相互调节余缺，减少溢出机会。动态链表的存储空间是动态分配的，只要内存空间尚有空闲，就不会产生溢出。因此，当线性表的长度变化较大，难以估计其存储规模时，采用动态链表作为存储结构较好。

在链表中的每个结点，除了数据域外，还要额外设置指针域（或光标），从存储密度来讲，这是不经济的。所谓**存储密度**（storage density）是指结点数据本身所占的存储量与整个结点结构所占的存储量之比，即：

存储密度=结点数据本身所占的存储量/结点结构所占的存储总量

一般地，存储密度越大，存储空间的利用率就高。显然，顺序表的存储密度为 1，而链表的存储密度小于 1。例如单链表的结点的数据均为整数，指针所占空间和整型量相同，则单链表的存储密度为 50%。因此若不考虑顺序表中的备用结点空间，则顺序表的存储空间利用率为 100%，而单链表的存储空间利用率为 50%。由此可知，当线性表的长度变化不大，易于事先确定其大小时，为了节约存储空间，宜采用顺序表作为存储结构。

2．基于时间的考虑

顺序表是由向量实现的，它是一种随机存取结构，对表中任一结点都可以在 O(1)时间内直接地存取，而链表中的结点，需从头指针起顺着链找才能取得。因此，若线性表的操作主要是进行查找，很少做插入和删除时，采用顺序表做存储结构为宜。

在链表中的任意位置上进行插入和删除，都只需要修改指针。而在顺序表中进行插入和删除，平均要移动表中近一半的结点，尤其是当每个结点的信息量较大时，移动结点的时间开销就相当可观。因此，对于频繁进行插入和删除的线性表，宜采用链表做存储结构。若表的插入和删除主要发生在表的首尾两端，则采用尾指针表示的单循环链表为宜。

3. 基于语言的考虑

对于没有提供指针类型的高级语言，若要采用链表结构，则可以使用光标实现的静态链表。虽然静态链表在存储分配上有不足之处，但它和动态链表一样，具有插入和删除方便的特点。

值得指出的是：即使是对那些具有指针类型的语言，静态链表也有其用武之地。特别是当线性表的长度不变，仅需改变结点之间的相对关系时，静态链表比动态链表可能更方便。

2.4　一元多项式的表示及相加

对于符号多项式的各种操作，实际上都可以利用线性表来处理。比较典型的是关于一元多项式的处理。在数学上，一个一元多项式 $P_n(x)$ 可按升幂的形式写成：

$$P_n(x)=p_0+p_1x+p_2x^2+p_3x^3+\cdots+p_nx^n$$

它实际上可以由 n+1 个系数唯一确定。因此，在计算机中，可以用一个线性表 P 来表示：

$$P=(p_0,p_1,p_2,\cdots,p_n)$$

其中每一项的指数隐含在其系数的序号中。

假设 $Q_m(x)$ 是一个一元多项式，则它也可以用一个线性表 Q 来表示，即：

$$Q=(q_0,q_1,q_2,\cdots,q_m)$$

若假设 m<n，则两个多项式相加的结果 $R_n(x)=P_n(x)+Q_m(x)$，也可以用线性表 R 来表示：

$$R=(p_0+q_0,p_1+q_1,p_2+q_2,\cdots,p_m+q_m,p_{m+1},\cdots,p_n)$$

我们可以采用顺序存储结构来实现，顺序表的方法，使得多项式的相加的算法定义十分简单，即 p[0]存系数 p_0，p[1]存系数 p_1……p[n]存系数 p_n，对应单元的内容相加即可。但是在通常的应用中，多项式的指数有时可能会很高并且变化很大，例如：

$$R(x)=1+5x^{10000}+7x^{20000}$$

若采用顺序存储，则需要 20001 个空间，而存储的有用数据只有三个，这无疑是一种浪费。若只存储非零系数项，则必须存储相应的指数信息才行。

假设一元多项式 $P_n(x)=p_1x^{e1}+p_2x^{e2}+\cdots+p_mx^{em}$，其中 p_i 是指数为 ei 的项的系数（且 0≤e1≤e2≤…≤em=n），若只存非零系数，则多项式中每一项由两项构成（指数项和系数项），用线性表来表示，即：

$$((p_1,e1),(p_2,e2),\cdots(p_m,em))$$

采用这样的方法存储，在最坏情况下，即 n+1 个系数都不为零，则比只存储系数的方法多存储一倍的数据。对于非零系数多的多项式则不宜采用这种表示。

对于线性表的两种存储结构，一元多项式也有两种存储表示方法。在实际应用中，可以视具体情况而定。下面给出用单链表实现一元多项式相加运算的方法。

（1）用单链表存储多项式的结点结构如下：

```
typedef struct PolyNode
{
    int coef;
    int exp;
    struct PolyNode *next;
}PolyNode,*PolyList;
```

（2）通过键盘输入一组多项式的系数和指数，以输入系数 0 为结束标志，并约定建立多项式链表时，总是按指数从小到大的顺序排列。

算法描述： 从键盘接受输入的系数和指数，用尾插法建立一元多项式的链表。

【算法 2-15】

```
PolyList PolyCreate()
{
    PolyList head, rear, s;
    int c,e;
    head=(PolyList)malloc(sizeof(PolyNode));   //建立多项式的头结点
    rear=head;                 //rear 始终指向单链表的尾，便于尾插法建表
    scanf("%d,%d",&c,&e);     //键入多项式的系数和指数项
    while(c!=0)                //若 c=0，则代表多项式的输入结束
    {
        s=(PolyList)malloc(sizeof(PolyNode));   //申请新的结点
        s->coef=c;
        s->exp=e;rear->next=s;    //在当前表尾做插入
        rear=s;
        scanf("%d,%d",&c,&e);
    }
    rear->next=NULL;   //将表的最后一个结点的 next 置 NULL，以示表结束
    return(head);
}
```

（3）图 2-20 所示为两个多项式的单链表，分别表示多项式 $A(x)=7+3x+9x^8+5x^{17}$ 和多项式 $B(x)=8x+22x^7-9x^8$。

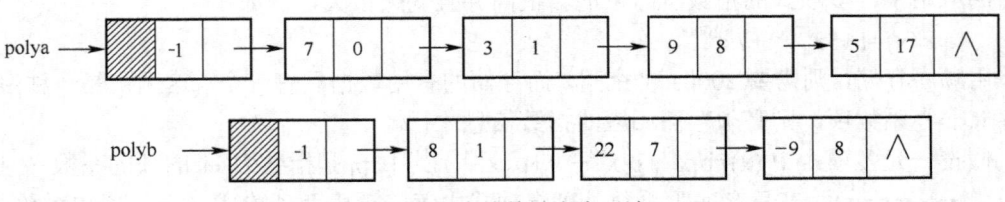

图 2-20　多项式的单链表表示法

多项式相加的运算规则是：两个多项式中所有指数相同的项的对应系数相加，若和不为零，则构成"和多项式"中的一项；所有指数不相同的项均复制到"和多项式"中。以单链表作为存储结构，并且"和多项式"中的结点无需另生成，则可看成是将多项式 B 加到多项式 A 中，由此得到下列运算规则（设 p、q 分别指向多项式 A，B 的一项，比较结点的指数项）。

（1）若 p->exp<q->exp，则结点 p 所指的结点应是"和多项式"中的一项，令指针 p 后移。

（2）若 p->exp>q->exp，则结点 q 所指的结点应是"和多项式"中的一项，将结点 q 插

入在结点 p 之前，且令指针 q 在原来的链表上后移。

（3）若 p->exp=q->exp，则将两个结点中的系数相加，当和不为零时修改结点 p 的系数域，释放 q 结点；若和为零，则和多项式中无此项，从 A 中删去 p 结点，同时释放 p 和 q 结点。

【算法 2-16】

```
void PolyAdd(PolyList polya,PolyList polyb)  //此函数用于将两个多项式相加，然后将和多项式存放
在多项式 polya 中，并将多项式 ployb 删除
{
    PolyList p,q,pre,temp;
    int sum;
    p=polya->next;   //令 p 指向 polya 多项式链表中的第一个结点
    q=polyb->next;   //令 q 指向 polyb 多项式链表中的第一个结点
    pre=polya;       //pre 指向和多项式的尾结点
    while(p!=NULL && q!=NULL)//当两个多项式均未扫描结束时
    {
        if(p->exp<q->exp)//如果 p 指向的多项式项的指数小于 q 的指数,将 p 结点加入到和多项式中
        {
            pre->next=p;pre=pre->next;
            p=p->next;
        }
        else if(p->exp==q->exp)//若指数相等，则相应的系数相加
        {
            sum=p->coef+q->coef;
            if(sum!=0)
            {
                p->coef=sum;pre->next=p;pre=pre->next;
                p=p->next;temp=q;q=q->next;free(temp);
            }
            else //若系数和为零，则删除结点 p 与 q，并将指针指向下一个结点
            {
                temp=p->next;free(p);p=temp;
                temp=q->next;free(q);q=temp;
            }
        }
        else
        {
            pre->next=q;pre=pre->next;    //将 q 结点加入到和多项式中
            q=q->next;
        }
    }
    if(p!=NULL)      //多项式 A 中还有剩余，则将剩余的结点加入到和多项式中
        pre->next=p;
    else             //否则，将 B 中的结点加入到和多项式中
        pre->next=q;
}
```

假设 A 多项式有 M 项，B 多项式有 N 项，则上述算法的时间复杂度为 O(M+N)。图 2-21 所示为图 2-20 中两个多项式的和，其中孤立的结点代表被释放的结点。

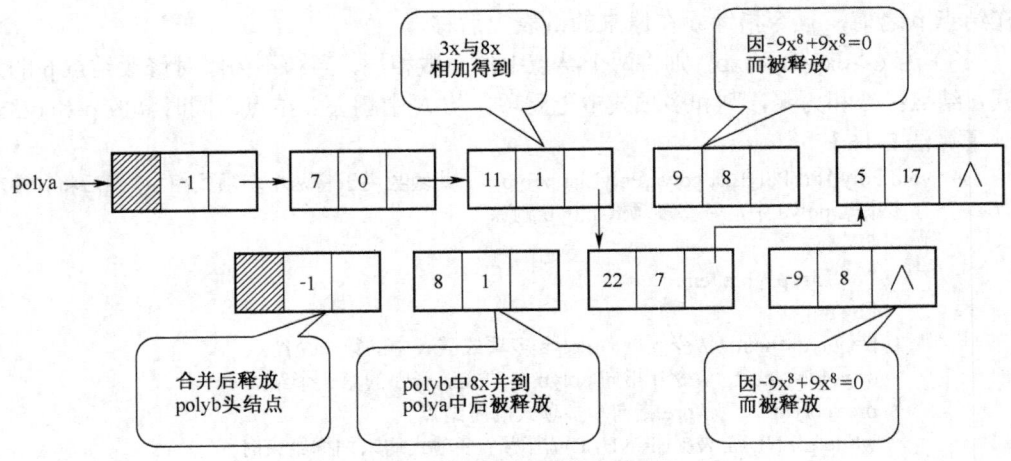

图 2-21　多项式相加得到的多项式和

通过对多项式加法的介绍，我们可以将其推广到实现两个多项式的相乘，因为乘法可以分解为一系列的加法运算。

一、选择题

1. 下述_____是顺序存储结构的优点。

　　A．存储密度大　　　　　　　　　　　B．插入运算方便

　　C．删除运算方便　　　　　　　　　　D．可方便地用于各种逻辑结构的存储表示

2. 下面关于线性表的叙述中，_____是错误的。

　　A．线性表采用顺序存储，必须占用一片连续的存储单元

　　B．线性表采用顺序存储，便于进行插入和删除操作

　　C．线性表采用链式存储，不必占用一片连续的存储单元

　　D．线性表采用链式存储，便于插入和删除操作

3. 线性表是具有 n 个_____的有限序列（n>0）。

　　A．表元素　　　　　B．字符　　　　　C．数据元素

　　D．数据项　　　　　E．信息项

4. 若某线性表最常用的操作是存取任一指定序号的元素和在最后进行插入和删除运算，则利用_____存储方式最节省时间。

　　A．顺序表　　　　　　　　　　　　　B．双链表

　　C．带头结点的双循环链表　　　　　　D．单循环链表

5. 若线性表中有 n 个元素，算法_____在单链表上实现要比在顺序表上实现效率更高。

　　A．删除所有值为 x 的元素　　　　　　B．在最后一个元素的后面插入一个新元素

　　C．顺序输出前 k 个元素　　　　　　　D．交换其中某两个元素的值

6. 某线性表中最常用的操作是在最后一个元素之后插入一个元素和删除第一个元素，则采用_____存

储方式最节省运算时间。

　　A．单链表　　　　　　　　　　　　B．仅有头指针的单循环链表

　　C．双链表　　　　　　　　　　　　D．仅有尾指针的单循环链表

7．设一个链表最常用的操作是在末尾插入结点和删除尾结点，则选用_____最节省时间。

　　A．单链表　　　　　　　　　　　　B．单循环链表

　　C．带尾指针的单循环链表　　　　　D．带头结点的双循环链表

8．静态链表中指针表示的是_____。

　　A．内存地址　　　B．数组下标　　　C．下一元素地址　　　D．左、右孩子地址

9．链表不具有的特点是_____。

　　A．插入、删除不需要移动元素　　　B．可随机访问任一元素

　　C．不必事先估计存储空间　　　　　D．所需空间与线性长度成正比

10．若长度为 n 的线性表采用顺序存储结构，在其第 i 个位置插入一个新元素的算法的时间复杂度为_____（1≤i≤n+1）。

　　A．O(0)　　　　　　B．O(1)　　　　　　C．O(n)　　　　　　D．O(n^2)

11．对于顺序存储的线性表，访问结点和增加、删除结点的时间复杂度分别为_____。

　　A．O(n) O(n)　　　B．O(n) O(1)　　　C．O(1) O(n)　　　D．O(1) O(1)

12．线性表($a_1,a_2,\cdots,a_n$)以链式方式存储时，访问第i位置元素的时间复杂度为_____。

　　A．O(i)　　　　　　B．O(1)　　　　　　C．O(n)　　　　　　D．O(i-1)

13．非空的循环单链表 head（头指针）的尾结点指针 p 满足_____。

　　A．p->next==head　　　　　　　　　B．p->next==NULL

　　C．p==NULL　　　　　　　　　　　D．p==head

14．在一个单链表中，已知指针 q 所指结点是指针 p 所指结点的前驱结点，若在 q 和 p 之间插入结点 s，则执行_____。

　　A．s->next=p->next;p->next=s;　　　B．p->next=s->next;s->next=p;

　　C．q->next=s;s->next=p;　　　　　　D．p->next=s;s->next=q;

15．在一个单链表中，若删除指针 p 所指结点的后续结点，则执行_____。

　　A．p->next=p->next->next;　　　　　B．p=p->next;p->next=p->next->next;

　　C．p->next=p->next　　　　　　　　D．p=p->next->next

16．在双向链表指针 p 所指的结点前插入指针 s 所指的新结点的操作为_____。

　　A．p->prior=s;s->next=p;p->prior->next=s;s->prior=p->prior;

　　B．p->prior=s;p->prior->next=s;s->next=p;s->prior=p->prior;

　　C．s->next=p;s->prior=p->prior;p->prior=s;p->prior->next=s;

　　D．s->next=p;s->prior=p->prior;p->prior->next=s;p->prior=s;

二、判断题

1．链表中的头结点仅起到标识的作用。　　　　　　　　　　　　　　　　　（　　　）

2．顺序存储结构的主要缺点是不利于插入或删除操作。　　　　　　　　　　（　　　）

3．线性表采用链表存储时，结点和结点内部的存储空间可以是不连续的。　（　　　）

4．顺序存储方式插入和删除结点时效率太低，因此它不如链式存储方式好。　（　　　）

5．对任何数据结构，链式存储结构一定优于顺序存储结构。　　　　　　　　　　（　　）

6．顺序存储方式只能用于存储线性结构。　　　　　　　　　　　　　　　　　　（　　）

7．集合与线性表的区别在于是否按关键字排序。　　　　　　　　　　　　　　　（　　）

8．所谓静态链表就是一直不发生变化的链表。　　　　　　　　　　　　　　　　（　　）

9．线性表的特点是每个元素都有一个前驱和一个后继。　　　　　　　　　　　　（　　）

10．取得线性表的第 i 个元素的时间同 i 的大小有关。　　　　　　　　　　　　（　　）

11．线性表只能用顺序存储结构实现。　　　　　　　　　　　　　　　　　　　　（　　）

12．线性表就是顺序存储的表。　　　　　　　　　　　　　　　　　　　　　　　（　　）

13．为了很方便的插入和删除数据，可以使用双向链表存放数据。　　　　　　　　（　　）

14．顺序存储方式的优点是存储密度大，且插入、删除运算效率高。　　　　　　　（　　）

15．链表是采用链式存储结构的线性表，进行插入、删除操作时，在链表中比在顺序存储结构中效率高。
　　　　　　　　　　　　　　　　　　　　　　　　　　　　　　　　　　　　（　　）

三、填空题

1．当线性表的元素总数基本稳定，且很少进行插入和删除操作，但要求以最快的速度存取线性表中的元素时，应采用_____存储结构。

2．线性表 L=(a_1,a_2,…,a_n) 用数组表示，假定删除表中任一元素的概率相同，则删除一个元素平均需要移动元素的个数是_____。

3．设单链表的结点结构为(data,next)，next 为指针域，已知指针 px 指向单链表中 data 为 x 的结点，指针 py 指向 data 为 y 的新结点，若将结点 y 插入结点 x 之后，则需要执行以下语句_____、_____。

4．在一个长度为 n 的顺序表中第 i 个元素（1≤i≤n）之前插入一个元素时，需向后移动_____个元素。

5．在单链表中设置头结点的作用是_____。

6．对于一个具有 n 个结点的单链表，在已知的结点*p 后插入一个新结点的时间复杂度为_____，在给定值为 x 的结点后插入一个新结点的时间复杂度为_____。

7．根据线性表的链式存储结构中每一个结点包含的指针个数，将线性链表分成_____和_____；根据指针的连接方式，链表又可分成_____和_____。

8．在双向循环链表中，向 p 所指的结点后插入指针 f 所指的结点，其操作是_____、_____、_____、_____。

9．链式存储的特点是利用_____来表示数据元素之间的逻辑关系。

10．顺序存储结构是通过_____表示元素之间的关系的；链式存储结构是通过_____表示元素之间的关系的。

11．对于双向链表，在两个结点之间插入一个新结点需修改的指针共_____个，单链表为_____个。

12．循环单链表的最大优点是_____。

13．已知指针 p 指向单链表 L 中的某结点，则删除其后继结点的语句是_____、_____、_____。

14．带头结点的双循环链表 L 为空表的条件是_____。

四、编程题

1．已知两个顺序表 La 和 Lb 中的元素递增有序，试利用顺序表的基本操作实现将 La 与 Lb 合并为一个新的顺序表 Lc，且 Lc 中的元素亦递增有序。

2．已知一个顺序表 L 中的元素递增有序，编写一个算法，将元素 e 插入到顺序表中，且插入 e 后该表仍保持递增有序。

3．已知一个顺序表 L 中的数据元素为整数类型，编写一个算法，将该表中的所有奇数排在偶数之前，即表的前面为奇数，后面为偶数。

4．编写一个算法，实现顺序表就地逆置操作，即在原顺序表存储空间上将元素按位序逆转。

5．编写一个算法，实现带头结点的单链表就地逆置操作，即利用原链表结点空间实现逆转。

6．编写一个算法，计算带头结点的单链表 L 中数据域值为 x 的结点个数。

7．编写一个算法，将带有头结点单链表 L 中数据域值最小的那个结点移到链表的最前面。

8．L1 与 L2 分别为两单链表头结点地址指针，且两表中数据结点的数据域均为一个字母。设计把 L1 中与 L2 中数据相同的连续结点顺序完全倒置的算法。

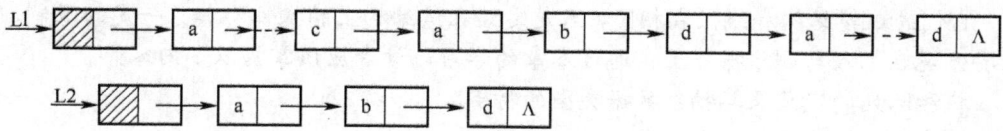

9．设线性表 A=($a_1,a_2,\cdots,a_m$)，B=($b_1,b_2,\cdots,b_n$)，试写一个按下列规则合并 A、B 为线性表 C 的算法，使得：当 m≤n 时，C=($a_1,b_1,\cdots,a_m,b_m,b_{m+1},\cdots,b_n$)；或者当 m>n 时，C=($a_1,b_1,\cdots,a_n,b_n,a_{n+1},\cdots,a_m$)。

线性表 A、B、C 均以单链表作为存储结构，且 C 表利用 A 表和 B 表中的结点空间构成。注意：单链表的长度值 m 和 n 均未显式存储。

10．已知有单链表表示的线性表中含有三类字符的数据元素（如字母字符、数字字符和其他字符），试编写算法来构造三个以循环链表表示的线性表，使每个表中只含同一类的字符，且利用原表中的结点空间作为这三个表的结点空间，头结点可另辟空间。

第3章 栈和队列

栈与队列是程序设计中最常用的两种重要的数据结构。栈与队列是两种操作受限的特殊线性表，它们的逻辑结构和线性表相同，只是定义在该结构上的操作附加了一定的限制，这种限制主要体现在插入与删除操作上。通过本章的学习，读者应该掌握以下内容：

- 栈和队列的定义及其抽象数据类型的特点；
- 顺序栈和链栈的存储和实现；
- 循环队列和链队列的存储和实现；
- 栈和队列的基本应用；
- 递归算法执行过程中栈的状态变化过程。

3.1 栈

3.1.1 栈的定义

栈（stack）是限定只能在表的一端进行插入和删除操作的线性表。在表中，允许插入和删除的一端称作**栈顶**（top），不允许插入和删除的另一端称作**栈底**（bottom）。

通常称往栈顶插入元素的操作为"入栈"，称删除栈顶元素的操作为"出栈"。因为后入栈的元素先于先入栈的元素出栈，故被称为是一种"后进先出"的结构。在图 3-1（a）所示的栈中，元素是以 a_1，a_2，a_3，…，a_n 的顺序进栈的，而出栈的次序却是 a_n，…，a_3，a_2，a_1。栈的修改是按后进先出的原则进行的。因此，栈又称为**后进先出**的线性表，简称 LIFO（Last In First Out）表。在日常生活中也可以见到很多"后进先出"的例子，如：一叠书或一叠盘子，若规定从这叠物体中取出一件或放入一件都只能在顶端进行，那它就是一个栈；又如：在单轨的铁路上，从南方来的火车要驶向北方，从北方来的火车要驶向南方，如何保证南来北往的火车安全行驶而不出事故呢？它们的调度工作正是利用了栈的后进先出的原理。图 3-1（b）是铁路调度栈的示意图。

3.1.2 栈的 ADT 定义

栈的基本操作除了在进栈（栈顶插入）、出栈（删除栈顶）外，还有建立栈（栈的初始化）、判空、判满及取栈顶元素等运算。

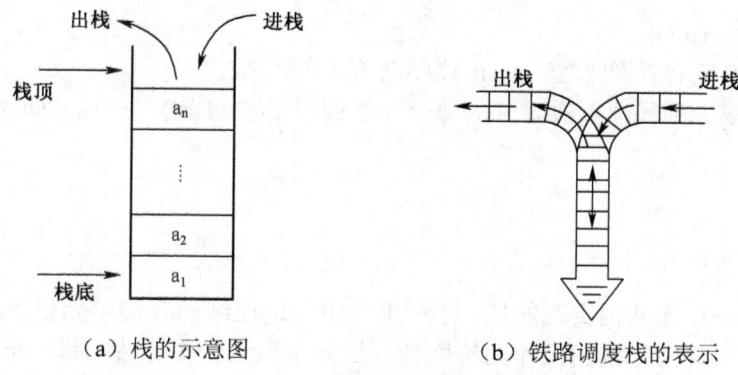

（a）栈的示意图　　　　（b）铁路调度栈的表示

图 3-1　两种栈结构意图

下边给出栈的抽象数据类型定义：

ADT Stack{

数据对象： D={$a_i \in$ ElemSet,i=1,2,···,n,　n≥0}

数据关系： R1={<a_{i-1},a_i>|a_{i-1},$a_i \in$D,　i=2,···,n}，约定 a_n 端为栈顶，a_1 端为栈底。

基本操作：

InitStack(*S)

操作结果：构造一个空栈 S。

DestroyStack(*S)

初始条件：栈 S 已存在。

操作结果：栈 S 被销毁。

ClearStack(*S)

初始条件：栈 S 已存在。

操作结果：将 S 清为空栈。

StackEmpty(S)

初始条件：栈 S 已存在。

操作结果：若栈 S 为空栈，则返回 TRUE，否则返回 FALSE。

StackLength(S)

初始条件：栈 S 已存在。

操作结果：返回栈 S 中的元素个数，即栈的长度。

GetTop(S,*e)

初始条件：栈 S 已存在且非空。

操作结果：用 e 返回 S 的栈顶元素。

Push(*S,e)

初始条件：栈 S 已存在。

操作结果：插入元素 e 为新的栈顶元素。

Pop(*S,*e)

初始条件：栈 S 已存在且非空。

操作结果：删除 S 的栈顶元素，并用 e 返回其值。

StackTraverse(S,visit())

初始条件：栈 S 已存在且非空，visit()为元素的访问函数。

操作结果：从栈底到栈顶依次对 S 的每个元素调用函数 visit()，一旦 visit()失败，则操作失败。

}ADT Stack

3.1.3　顺序栈

顺序栈是用顺序存储结构实现的栈，即利用一组地址连续的存储单元依次存放自栈底到栈顶的数据元素，同时由于栈的操作的特殊性，还必须附设一个位置指针 top（栈顶指针）来动态地指示栈顶元素在顺序栈中的位置。通常以 top=-1 表示空栈。顺序栈的存储结构定义如下：

```
#define Stack_Size 100
#define OK 1
#define ERROR 0
typedef struct Stack
{
        ElemType    elem[Stack_Size];    //用来存放栈中元素的一维数组
        int    top;                      //用来存放栈顶元素的下标
}SqStack;
SqStack *S;
```

设 S 是 SqStack 类型的指针变量。若栈底位置在向量的低端，即 S->data[0]元素，那么栈顶指针 S->top 是正向增长的，即进栈时需将 S->top 加 1，出栈时需将 S->top 减 1。因此，S->top<0 表示空栈，S->top=Stack_Size-1 表示栈满。当栈满时再做进栈必定产生空间溢出，简称**上溢**；当栈空时再做退栈运算也将产生溢出，简称**下溢**。上溢是一种出错状态，应该设法避免之；下溢则可能是正常现象，因为栈在程序中使用时，其初态或终态都是空栈，所以下溢常常用来作为程序控制转移的条件。图 3-2 说明了在顺序栈中做进栈和退栈运算时，栈中元素和栈顶指针的关系。

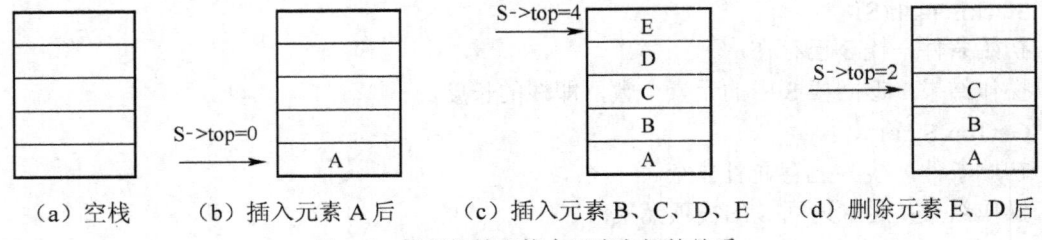

（a）空栈　　（b）插入元素 A 后　　（c）插入元素 B、C、D、E　　（d）删除元素 E、D 后

图 3-2　栈顶指针和栈中元素之间的关系

顺序栈基本运算的算法如下：

（1）初始化栈。

【算法 3-1】

```
    int InitStack(SqStack **S)//创建一个空栈由指针 S 指出
    {
```

```
        if ((*S=(SqStack *)malloc(sizeof(SqStack)))==NULL)
            return ERROR;
        (*S)->top=-1;
        return OK;
    }
```

（2）入栈操作。

【算法 3-2】

```
    int Push(SqStack *S,ElemType e)//将元素 e 插入到栈 S 中，作为 S 的新栈顶
    {
        if(S->top>=Stack_Size-1)//栈满
            return ERROR;
        else
        {
            S->top++;
            S->elem[S->top]=e;
            return OK;
        }
    }
```

（3）出栈操作。

【算法 3-3】

```
    int Pop(SqStack *S,ElemType *e)//若栈 S 不为空，则删除栈顶元素
    {
        if(S->top<0)
            return ERROR;//栈空
        else
        {
            *e=S->elem[S->top];
            S->top--;
            return OK;
        }
    }
```

（4）取栈顶元素操作。

【算法 3-4】

```
    int GetTop(SqStack *S,ElemType *e)//若栈 S 不为空，则返回栈顶元素
    {
        if(S->top==-1)
            return ERROR;//栈空
        else
        {
            *e= S->elem[S->top];
            return OK;
        }
    }
```

（5）判断栈空操作。

【算法 3-5】

```
int StackEmpty(SqStack S)//栈 S 为空时，返回为 OK；非空时，返回为 ERROR
{
    if(S.top==-1)
        return   OK;
    else
        return   ERROR;
}
```

（6）置栈空操作。

【算法 3-6】

```
void SetEmpty(SqStack *S)//将栈 S 的栈顶指针 top 置为-1
{
    S->top=-1;
}
```

3.1.4 多栈共享邻接空间

栈的应用非常广泛，经常会出现在一个程序中需要同时使用多个栈的情况。若使用顺序栈，会因为对栈空间大小难以准确估计，从而产生有的栈溢出、有的栈空间还很空闲的情况。为了解决这个问题，可以让多个栈共享一个足够大的数组空间，通过利用栈的动态特性来使其存储空间互相补充，这就是多栈的共享技术。

在栈的共享技术中最常用的是两个栈的共享技术：它主要利用了栈"栈底位置不变，而栈顶位置动态变化"的特性。首先为两个栈申请一个共享的一维数组空间 Stack[M]，将两个栈的栈底分别放在一维数组的两端，分别是 0，M-1。由于两个栈顶动态变化，这样可以形成互补，使得每个栈可用的最大空间与实际使用的需求有关。由此可见，两栈共享要比两个栈分别申请 M/2 的空间利用率高。两栈共享的数据结构定义如下：

```
#define M 100
typedef struct
{
    ElemType Stack[M];
    int top[2];   //top[0]和 top[1]分别为两个栈顶指示器
}DqStack;
```

两个栈共享空间的示意如图 3-3 所示。下面给出两个栈共用时的初始化、进栈和出栈操作的算法。

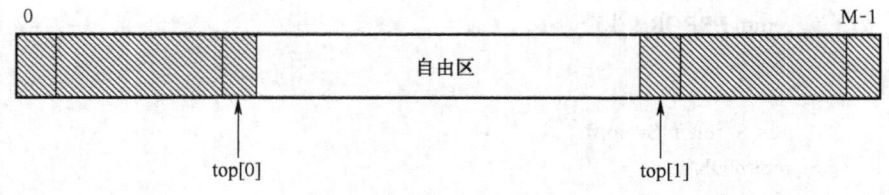

图 3-3   两个栈共享邻接空间

（1）初始化操作。

【算法 3-7】

```
int InitDupStack(DqStack **S)
{
    if((*S=(DqStack *)malloc(sizeof(DqStack)))==NULL)
        return ERROR;
    (*S)->top[0]=-1;
    (*S)->top[1]=M;
    return OK;
}
```

（2）入栈操作。

【算法 3-8】

```
int Push(DqStack *S, ElemType x, int i)//把数据元素 x 压入 i 号堆栈
{
    if(S->top[0]+1==S->top[1])//栈已满
        return ERROR;
    switch(i)
    {
    case 0:
        S->top[0]++;
        S->Stack[S->top[0]]=x;
        break;
    case 1:
        S->top[1]--;
        S->Stack[S->top[1]]=x;
        break;
    default://参数错误
        return ERROR;
    }
    return OK;
}
```

（3）出栈操作。

【算法 3-9】

```
int Pop(DqStack *S, ElemType *x, int i)//从 i 号堆栈中弹出栈顶元素并送到 x 中
{
    switch(i)
    {
    case 0:
        if(S->top[0]==-1) return ERROR;
        *x=S->Stack[S->top[0]];
        S->top[0]--;
        break;
    case 1:
        if(S->top[1]==M) return ERROR;
        *x=S->Stack[S->top[1]];
```

```
            S->top[1]++;
            break;
        default:
            return ERROR;
        }
        return OK;
    }
```

3.1.5　链栈

　　栈也可以采用链式存储结构表示，这种结构的栈简称为链栈。在一个链栈中，栈底就是链表的最后一个结点，而栈顶总是链表的第一个结点。因此，新入栈的元素即为链表新的第一个结点，只要系统还有存储空间，就不会有栈满的情况发生。一个链栈（不带头结点）可由栈顶指针 top 唯一确定，当 top 为 NULL 时，是一个空栈。链栈示意图如图 3-4 所示。

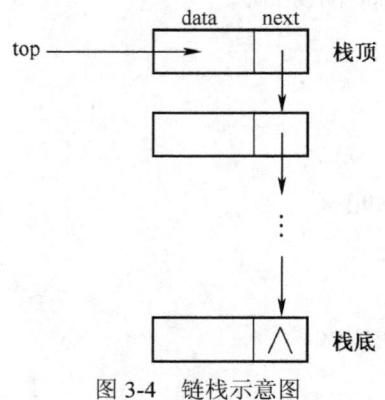

图 3-4　链栈示意图

　　链栈的类型说明如下：

```
    typedef struct StackNode
    {
        ElemType data;
        struct StackNode *next;
    }StackNode;
    typedef struct
    {
        StackNode *top;    //栈顶指针
    }LinkStack;
```

　　第二个类型定义中的结构只包含一个栈指针，该结构定义可省略而直接用 top 指针来定义栈。但是进、退栈操作要频繁修改 top 指针本身，而 C 的函数调用中缺乏 C++那样的引用调用，所以必须使用指针的指针作为参数才能在函数体中修改实参指针 top 本身，这种用法较难。因此，上述定义较为方便，并且若要记录栈中元素个数时，亦可将此属性放在 LinkStack 类型中定义。

　　下面给出链栈上实现的基本运算，但因为链栈中的结点是动态分配的，可以不考虑上溢，所以无需定义 StackFull 运算。

（1）初始化链栈。

【算法 3-10】

```
void InitLinkStack(LinkStack *S)
{
    S->top=NULL;
}
```

（2）判断栈空。

【算法 3-11】

```
int LinkStackEmpty(LinkStack *S)
{
    return S->top==NULL;
}
```

（3）入栈操作。

【算法 3-12】

```
void Push(LinkStack *S,ElemType x)//将元素 x 插入链栈头部
{
    StackNode *p=(StackNode *)malloc(sizeof(StackNode));
    p->data=x;
    p->next=S->top;
    S->top=p;
}
```

（4）出栈操作。

【算法 3-13】

```
int Pop(LinkStack *S,ElemType *x)
{
    StackNode *p=S->top;        //保存栈顶指针
    if(LinkStackEmpty(S))        //栈空
        return ERROR;
    *x=p->data;
    S->top=p->next;
    free(p);
    return OK;
}
```

（5）取栈顶元素。

【算法 3-14】

```
int GetTop(LinkStack *S,ElemType *x)
{
    if(LinkStackEmpty(S))
        return ERROR;
    *x=S->top->data;
    return OK;
}
```

3.1.6 栈的应用举例

由于栈的操作具有后进先出的固有特性，致使栈成为程序设计中的有用工具。反之，从本节的举例中可以发现，凡应用问题求解的过程具有"后进先出"的天然特性，则求解的算法中也必然需要利用"栈"。

本节将从简到繁列举以下五个利用栈求解的例子。

1. 数制转换

假设要将十进制数 N 转换为 d 进制数，一个简单的转换算法是重复下述两步，直到 N 等于零：

X=N mod d（其中 mod 为求余运算）

N=N div d（其中 div 为整除运算）

在上述计算过程中，第一次求出的 X 值为 d 进制数的最低位，最后一次求出的 X 值为 d 进制数的最高位，所以上述算法是从低位到高位顺序产生 d 进制数各个数位上的数。

下面以 d=2 为例给出上述算法：输入任意一个非负十进制整数，打印输出与其相应的二进制数。由于上述计算过程是从低位到高位顺序产生二进制数各个数位上的数，而打印输出时应从高位到低位进行，恰好与计算过程相反。根据这个特点，我们可以利用栈来实现，即将计算过程中依次得到的二进制数码按顺序进栈，计算结束后，再顺序出栈，并按出栈序列打印输出。这样即可得到给定的十进制数对应的二进制数。这是利用栈先进后出特性的最简单的例子。当然，本例用数组直接实现也完全可以，但用栈实现时，逻辑过程更清楚。

【算法 3-15】

```
void Conversion(int N)//对于任意的一个非负十进制数 N，打印出与其等值的二进制数
{
    LinkStack S;//使用链栈来完成
    int x;
    InitLinkStack(&S);
    while(N>0)
    {
        x=N%2;
        Push(&S, x);//将转换后的数字压入栈 S
        N=N/2;
    }
    while(S.top!=NULL)//栈不为空
    {
        Pop(&S,&x);
        printf("%d",x);
    }
}
```

2. 括号匹配检验

假设表达式中允许包含两种括号：圆括号和方括号，其嵌套的顺序随意，如([ ]())或[([ ][ ])]等为正确的匹配，[( ])或([ ]()或（()））均为错误的匹配。

现在的问题是，如何检验一个给定表达式中的括号是否正确匹配？

　　检验括号是否匹配的方法可用"期待的急迫程度"这个概念来描述。即后出现的"左括号"，它等待与其匹配的"右括号"出现的"急迫"心情要比先出现的左括号高。换句话说，对"左括号"来说，后出现的比先出现的"优先"等待检验，对"右括号"来说，每个出现的右括号要去找在它之前"最后"出现的那个左括号去匹配。显然，必须将先后出现的左括号依次保存，为了反映这个优先程度，保存左括号的结构用栈最合适。这样对出现的右括号来说，只要"栈顶元素"相匹配即可。如果在栈顶的那个左括号正好和它匹配，就可将它从栈顶删除。例如考虑下列括号序列：

```
[   (   [   ]   [   ]   )   ]
1   2   3   4   5   6   7   8
```

　　当计算机接受了第一个括号后，它期待着与其匹配的第八个括号的出现，然而等来的却是第二个括号，此时第一个括号"["只能暂时靠边，而迫切等待与第二个括号相匹配的第七个括号")"的出现，类似地，因等来的是第三个括号"["，其期待匹配的程度较第二个括号更急迫，则第二个括号也只能靠边，让位于第三个括号，在接受了第四个括号之后，第三个括号的期待得到满足，消解之后，第二个括号的期待匹配就成为当前最急迫的任务了⋯⋯依次类推。

　　那么，什么样的情况是"不匹配"的情况呢？上面列举的三种错误匹配从"期待匹配"的角度描述即为：

　　（1）来的右括号非是所"期待"的；

　　（2）来的是"不速之客"；

　　（3）直到结束，也没等来所"期待"的。

　　这三种情况对应到栈的操作即为：

　　（1）和栈顶的左括号不相匹配；

　　（2）栈中并没有左括号等在哪里；

　　（3）栈中还有左括号没有等到和它相匹配的右括号。

在以上分析的基础上就可以写出检验括号匹配的算法了。

【算法 3-16】

```
void  BracketMatch(char  *str)//str[]中为输入的字符串，利用堆栈技术来检查该字符串中的括号是否
匹配
{
    LinkStack S;                //使用链栈来完成
    int i;char ch;
    InitLinkStack(&S);
    for(i=0;str[i]!='\0';i++)      //对字符串中的字符逐一扫描
    {
        switch(str[i]){
        case '(':
        case '[':
        case '{':
            Push(&S,str[i]);
            break;
        case ')':
```

```
                    case ']':
                    case '}':
                        if(S.top==NULL)
                        {
                            printf("\n 右括号多余!");
                            return;
                        }
                        else
                        {
                            GetTop(&S,&ch);
                            //判断两个括号是否匹配
                            if((ch=='('&& str[i]==')')||(ch=='['&&str[i]==']')||
                                (ch=='{'&&str[i]=='}'))
                                Pop(&S,&ch);        //已匹配的左括号出栈
                            else
                            {
                                printf("\n 对应的左右括号不同类!");
                                return;
                            }
                        }
                    }
                }
            }
        if(S.top==NULL)
            printf("\n 括号匹配!");
        else
            printf("\n 左括号多余!");
    }
```

3. 表达式求值问题

任何一个表达式都是由操作数（operand）、运算符（operator）和界限符（delimiter）组成，其中，操作数可以是常数也可以是被说明为变量或常量的标识符；运算符可以分为算术运算符、关系运算符和逻辑运算符等三类；基本界限符有左右括号和表达式结束符等。为了叙述简洁，在此仅限于讨论只含二元运算符的算术表达式。可将这种表达式定义为：

表达式=操作数 运算符 操作数
操作数=简单变量 | 表达式
简单变量=标识符 | 无符号整数

由于算术运算的规则是：先乘除后加减、先左后右和先括号内后括号外，则对表达式进行运算不能按其中运算符出现的先后次序进行。那么怎么办？其中一个方法是先将它转换成另一种形式。

假设二元表达式是由（第一）操作数（S1）、运算符（OP）和（第二）操作数（S2）三部分依次联接而成；其中的操作数可以是简单变量，也可以是表达式；而简单变量可以是标识符，也可以是无符号整数，即 Exp=S1+OP+S2。根据运算符所在位置不同，对这种二元表达式可以有三种不同的标识方法：

● OP+S1+S2 为表达式的前缀表示法（简称前缀式）；

- S1+OP+S2 为表达式的中缀表示法（简称中缀式）；
- S1+S2+OP 为表达式的后缀表示法（简称后缀式）。

例如：

若 a×b+(c-d/e)×f 则它的

前缀式为： +×ab×-c/def

中缀式为： a×b+c-d/e×f

后缀式为： ab×cde/-f×+

综合比较它们之间的关系可得下列结论：

（1）三式中的"操作数之间的相对次序相同"；

（2）三式中的"运算符之间的的相对次序不同"；

（3）中缀式丢失了括号信息，致使运算的次序不确定；

（4）前缀式的运算规则为：连续出现的两个操作数和在它们之前且紧靠它们的运算符构成一个最小表达式；

（5）后缀式的运算规则为：运算符在式中出现的顺序恰为表达式的运算顺序，每个运算符和在它之前出现且紧靠它的两个操作数构成一个最小表达式。

以下就分别对"如何按后缀式进行运算"和"如何将原表达式转换成后缀式"两个问题进行讨论。

如何按后缀式进行运算？可以用两句话来归纳它的求值规则："先找运算符，后找操作数"，例如 c-a*b+d 的后缀表达式为 cab*-d+，运算时自左向右进行扫描，碰到第一个运算符"*"，就把前两个运算对象取出来进行运算（a*b）；再碰到第二个运算符"-"，又把前两个运算对象取出来运算（c 减去 a*b）；再碰到第三个运算符"+"时，又把前两个运算符结果取出来进行运算……，直到整个表达式算完为止。

从这个例子的运算过程可见，运算过程为：对后缀式从左向右"扫描"，遇见操作数则暂时保存，遇见运算符即可进行运算；此时参加运算的两个操作数应该是在它之前刚碰到的两个操作数，并且先出现的是第一操作数，后出现的是第二操作数。由此可见，在运算过程中保存操作数的数据结构应该是个栈。

如何由原表达式转换成后缀式？

先分析一下"原表达式"和"后缀式"两者中运算符出现的次序有什么不同。

例一

原表达式： a×b/c×d-e+f

后缀式： ab×c/d×e-f+

例二

原表达式： a+b×c-d/e×f

后缀式： abc×+de/f×-

例一原表达式中运算符出现的先后次序恰为运算的顺序，自然在后缀式中它们出现的次序和原表达式相同。但例二原表达式中运算符出现的先后次序不应该是它的运算顺序。按照算术运算规则，先出现的"加法"应在它之后出现的"乘法"完成之后进行，应该在后面出现的"减法"之前进行；同理，后面一个"乘法"应后于在它之前出现的"除法"进行，而先于在它之前的"减法"进行。

为了简单说明问题，我们先引进一个运算符的"优先数"的概念，给每个运算符赋以一个优先数的值，如表 3-1 所示。

表 3-1 运算符优先级表

运算符	#	(	+	-	*	/
优先级	-1	0	1	1	2	2

其"#"为结束符。容易看出，优先数反映了算术运算中的优先关系，即优先数"高"的运算符应优先于优先数"低"的运算符进行运算。

也就是说，对原表达式中出现的每一个运算符是否即刻进行运算取决于在它后面出现的运算符，如果它的优先数"高或等于"后面的运算，则它的运算先进行，否则就得等待在它之后出现的所有优先数高于它的"运算"都完成之后再进行。

显然，保存运算符的数据结构应该是个栈，从栈底到栈顶的运算符的优先数是从低到高的，因此它们运算的先后应是从栈顶到栈底的。

因此，从原表达式求得后缀式的规则为：

（1）设立运算符栈；

（2）设表达式的结束符为"#"，预设运算符栈的栈底为"#"；

（3）若当前字符是操作数，则直接发送给后缀式；

（4）若当前字符为运算符且优先数大于栈顶运算符，则进栈，否则退出栈顶运算符发送给后缀式；

（5）若当前字符是结束符，则自栈顶至栈底依次将栈中所有运算符发送给后缀式；

（6）"("对它前后的运算符起隔离作用，则若当前运算符为"("时进栈；

（7）")"可视为自相应左括号开始的表达式的结束符，则从栈顶起，依次退出栈顶运算符发送给后缀式直至栈顶字符为"("止。

【算法 3-17】

```
int In(char c)//若 c 是运算符返回 1；是空格返回-1；是数字返回 0
{
    switch(c)
    {
        case '#':
        case ')':
        case '+':
        case '-':
        case '*':
        case '/':
        case '(': return 1;
        case ' ': return -1;
        default : return 0;
    }
}
```

【算法 3-18】

```
int Precede(char c,char ch)//运算符 c 的优先级大于或等于 ch 返回 1；否则返回 0
{
    char OP[6]={'#','(','+','-','*','/'};
    int GP[6]={-1,0,1,1,2,2},i,j;

    for(i=0;i<6;i++)
        if(c==OP[i])break;
    for(j=0;j<6;j++)
        if(ch==OP[j])break;
    if(GP[i]>=GP[j])
        return 1;
    else
        return 0;
}
```

【算法 3-19】

```
void TransForm(char *suffix, char *exp)
{//从合法的表达式字符串 exp 求得其相应的后缀式 suffix
    SqStack *S;            //使用顺序栈
    char *p,ch,c;
    int i=0,temp;
    InitStack(&S);
    Push(S,'#');
    p=exp;ch=*p;
    while(!StackEmpty(*S))
    {
        temp=In(ch);
        if(temp==0||temp==-1)
            suffix[i++]=ch;//直接发送给后缀式
        else
        {
            switch(ch)
            {
            case '(':
                Push(S,ch);
                break;
            case ')'://从 "(" 到 ")" 构成一个表达式
                Pop(S,&c);
                while (c!='(')
                {
                    suffix[i++]=c;
                    Pop(S,&c);
                }
                break;
            default:
```

```
                    while(GetTop(S,&c) && Precede(c,ch))
                    {
                        suffix[i++]=c;
                        Pop(S,&c);
                    }
                    if(ch!='#')Push(S,ch);
            }//switch
        }//else
        if(ch!='#'){p++; ch=*p;}
    }//while
    suffix[i]=0;
}//transform
```

说明：

（1）算法 3-19 的功能是从合法的表达式字符串求得其相应的后缀表达式字符串，其中采用的是顺序栈，栈中数据元素类型是字符型，压入或弹出的是运算符，称该栈为符号栈。

（2）原表达式字符串作为输入参数，后缀表达式字符串作为输出参数，其格式有以下要求：

- 每个操作数以空格作为结束符；
- 表达式字符串以"#"作为结束符；
- 表达式中运算符仅限表 3-1 中所列的运算符。

（3）算法 3-17 的功能是判断该字符是运算符，或者是空格，或者是数字。

（4）算法 3-18 的功能是判断两个运算法的优先级，如果前面运算符优先级大于或等于后面运算符优先级返回 1，否则返回 0。

（5）算法 3-19 的时间复杂度为 O(n)，其中 n 为表达式字符串的长度。

3.1.7　栈与递归的实现

1.　递归的概念

递归（recursive）是一个数学概念，也是一种有用的程序设计方法。在程序设计中为处理重复性计算，最常用的办法是组织迭代循环，除此之外还可以采用递归计算，特别是在非数值计算领域中更是如此。递归本质上也是一种循环的程序结构，它把"较复杂"的计算逐次归结为"较简单"的情形的计算，一直归结到"最简单"的情形的计算并得到计算结果为止。许多问题都可以采用递归方法来编写程序。一般来说，递归程序结构简洁而清晰，易于分析。数据结构也可以采用递归方式来定义。线性表、数组、字符串和树等数据结构原则上都可以进行递归定义。

栈非常重要的一个应用是在程序设计语言中用于实现递归。**递归**是指在定义自身的同时又出现了对自身的调用。如果一个函数在其定义体内直接调用自己，则称为**直接递归函数**；如果一个函数经过一系列的中间调用语句，通过其他函数间接调用自己，则称为**间接递归函数**。

2.　递归定义

说明递归定义的一个例子是斐波那契级数。它的定义可将递归表示成：

$$Fib(n) = \begin{cases} 0 & 若 n = 0 \\ 1 & 若 n = 1 \\ Fib(n-1) + Fib(n-2) & 其他情况 \end{cases}$$

Ackerman 函数：

$$Ack(m,n) = \begin{cases} n+1 & 若 m = 0 \\ Ack(m-1,1) & 若 n = 0 \\ Ack(m-1, Ack(m,n-1)) & 其他情况 \end{cases}$$

3. 递归算法

根据斐波那契级数的递归定义，我们可以很自然地写出计算 Fib 的递归算法。为了便于在表达式中直接引用，将它设计成一个函数过程，用 C 语言描述如下：

【算法 3-20】

```
long Fib(long n)
{
        if(n<=1)
                return n;
        else
                return Fib(n-2)+Fib(n-1);
}
```

函数 Fib(n) 中又调用了函数 Fib(n-1) 和 Fib(n-2)。这种在函数体内调用自己的做法称为**递归调用**。包含递归调用的函数称为**递归函数**。从实现方法上讲，递归调用与调用其他函数没有什么区别。设有一个函数 P，它调用函数 Q(x)，P 被称为**调用函数**（calling function），而 Q 则被称为**被调函数**（called function）。在调用函数 P 中，使用 Q(a) 来引起被调函数 Q 执行，这里的 a 是**实在参数**（actual parameter），x 称为**形式参数**（formal parameter）。当被调函数是 P 本身时，P 是递归函数。有时，递归调用还可以是间接的。对于间接递归调用，在这里我们不做进一步讨论。

4. 递归数据结构

数据结构原则上都可以采用递归的方法定义，但是习惯上，许多数据结构并不采用递归方式，而是直接定义，如线性表、字符串和一维数组等。其原因是：这些数据结构直接定义更自然、更直截了当。对于第 5、6 章中将要讨论的广义表和树，通常给出的是它们的递归定义。使用递归方式定义的数据结构常称为递归数据结构。

5. 递归实现

在程序设计中，经常会碰到多个函数的嵌套调用。和汇编程序设计中主程序和子程序之间的链接和信息交换相类似，在高级语言编制的程序中，调用函数和被调用函数之间的链接和信息交换也是由编译程序通过栈来实施的。

当一个函数在运行期间调用另一个函数时，在运行该被调用函数之前，需先完成三件事：

（1）将所有的实在参数、返回地址等信息传递给被调用函数保存；

（2）为被调用函数的局部变量分配存储区；

（3）将控制转移到被调用函数的入口。

而从被调用函数返回调用函数之前，应该完成：

（1）保存被调函数的计算结果；

（2）释放被调函数的数据区；

（3）依照被调函数保存的返回地址将控制转移到调用函数。

当多个函数嵌套调用时，由于函数的运行规则是后调用先返回，因此各函数占有的存储管理应实行"栈式管理"。

一个递归函数的运行过程类似于多个函数的嵌套调用，差别仅在于"调用函数和被调用函数是同一个函数"。为了保证"每一层的递归调用"都是对"本层"的数据进行操作，在执行递归函数的过程中需要一个"递归工作栈"。它的作用是：①将递归调用时的实在参数和函数返回地址传递给下一层执行的递归函数；②保存本层的参数和局部变量，以便从下一层返回时重新使用它们。

递归算法的优点是明显的：程序结构简洁而清晰，且易于分析，因而许多高级语言都提供了递归机制。但递归函数也有明显缺点，它往往既费时又费空间。

首先，系统实现递归需要有一个**系统栈**（system stack），用于在程序运行时处理函数调用。系统栈是一块特殊的存储区。当一个函数被调用时，系统创建一个**活动记录**（activation record），也称为**栈帧**（stack frame），并将其置于栈顶。所以，系统栈的元素是栈帧。当一个函数调用另一个函数时，调用函数的局部变量和参数将加到它的栈帧中。一旦一个函数运行结束，将从栈顶弹出调用函数的活动记录，其中保存着被中断的调用函数的运行数据，以及程序中断的位置（返回地址），使得调用函数的程序从中断处恢复执行。假定 main 函数调用函数 f1，图 3-5（a）表明了调用之前的系统栈，而图 3-5（b）是 f1 被调用之后的系统栈。由此可见递归的实现是费空间的。

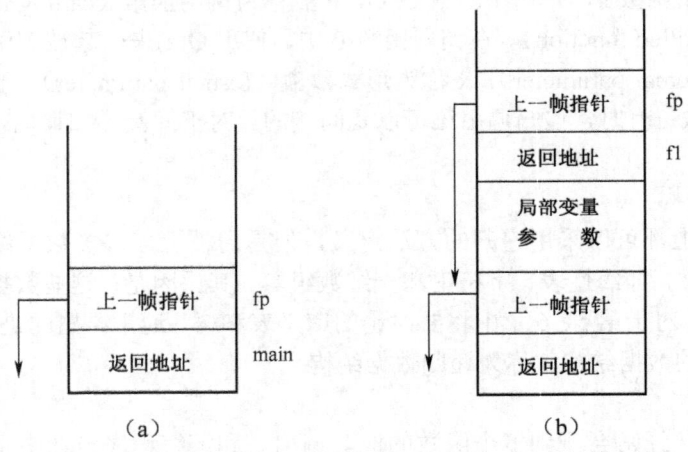

图 3-5   系统栈示意图

其次，递归是费时的。除了上面提到的当函数递归调用发生时，调用函数的局部变量、形式参数和返回地址需进栈，返回时需出栈，递归过程中的重复计算也是费时的主要原因。我们用所谓的**递归树**（recursive tree）来描述函数 Fib 执行时的调用关系。假定在主函数 main 中调用 Fib(5)，这一执行过程可以用图 3-6 所示的递归树描述。从图中可见，Fib(5)需分别调用 Fib(4)和 Fib(3)，Fib(4)又分别调用 Fib(3)和 Fib(2)，……。其中，Fib(0)被调用了三次，Fib(1)被调用了五次，Fib(2)被调用了三次，Fib(3)被调用了两次。所以许多计算工作是重复的，当然也是费时的。

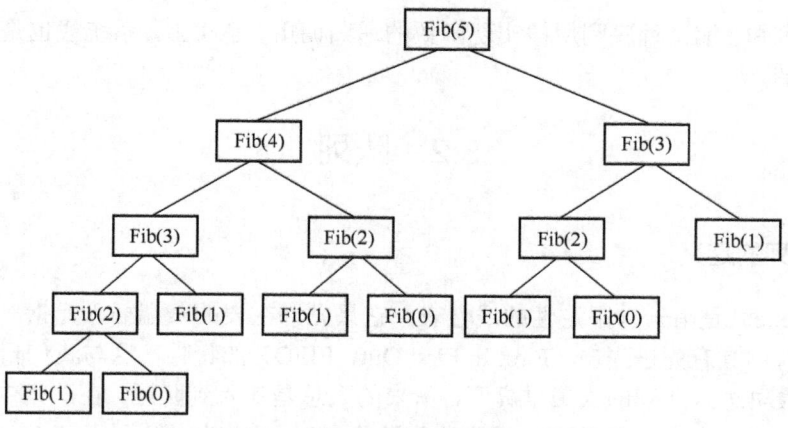

图 3-6　执行 Fib(5)的递归树

　　正是因为递归算法的上述缺点，所以如果可能，我们常常将递归改为非递归，即采用循环方法来解决同一问题。如果一个递归函数的递归调用语句是递归函数的最后一句可执行语句，则称这样的递归为**尾递归**（tail recursion）。尾递归函数可以容易地被改为**迭代函数**（iteration function）。因为当递归调用返回时，总是返回到上一层递归调用语句的下一语句处，在尾递归的情况下，正好返回函数的末尾，因此不再需要栈来保存返回地址。此外，除了返回值和引用值外，其他的参数和局部变量值都不再需要，因此可以不用栈，直接用循环形式得到非递归函数，从而提高程序的执行效率。

　　用下面一个例子来说明这一问题。递归函数 PrintArray 按照从 n 到 0 的次序输出有 n+1 个元素的一维整数数组 list 中的所有元素。

【算法 3-21】

```
void PrintArray(int list[],int n)
{
    if(n>=0)
    {
        printf("%d",list[n]);
        PrintArray(list,--n);
    }
}
```

　　第一个语句显示数组元素 list[n]，第二个语句是递归调用，它实现显示 list[n-1]，…，list[0] 的功能，所以两个语句实现了对数组元素（list[n]，list[n-1]，…，list[0]）的显示。上述是尾递归程序，消去尾递归很简单，只需首先计算新的 n 值，n=n-l 即--n，然后程序转到函数的开始处执行就可以了，可以使用 while 语句来实现。该程序改为迭代函数写成如下形式：

【算法 3-22】

```
void PrintArray(int list[],int n)
{
    while(n>=0)
    {
        printf("%d",list[n]);
        --n;
    }
}
```

　　由上讨论可知，编译程序利用栈实现函数的递归调用。事实上，系统栈也是实现一般函数嵌套调用的基础。

3.2　队列

3.2.1　队列的定义

　　队列（Queue）是另一种限定性的线性表，它只允许在表的一端插入元素，而在另一端删除元素，所以队列具有先进先出（First In First Out，FIFO）的特性。这与我们日常生活中的排队是一致的，最早进入队列的人最早离开，新来的人总是加入到队尾。在队列中，允许插入的一端称为**队尾**（rear），允许删除的一端则称为**队头**（front）。假设队列为 $q=(a_1,a_2,\cdots,a_n)$，那么 a_1 就是队头元素，a_n 则是队尾元素。队列中的元素是按照 a_1，a_2，$\cdots$，a_n 的顺序进入的，退出队列也必须按照同样的次序依次出队，也就是说，只有在 a_1，a_2，$\cdots$，a_{n-1} 都离开队列之后，a_n 才能退出队列。图 3-7 是队列的示意图。

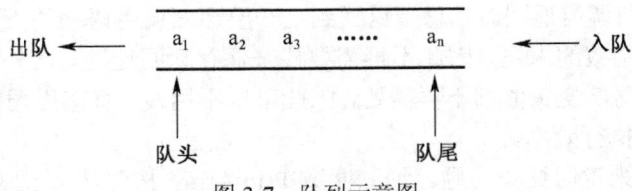

图 3-7　队列示意图

　　队列在程序设计中也经常出现。一个最典型的例子就是操作系统中的作业排队。在允许多道程序运行的计算机系统中，同时有几个作业运行。如果运行的结果都需要通过通道输出，那就要按请求输出的先后次序排队。凡是申请输出的作业都从队尾进入队列。

3.2.2　队列的 ADT 定义

　　下面给出队列的抽象数据类型定义：

ADT Queue{

数据对象：$D=\{a_i|a_i\in ElemSet，i=1,2,\cdots,n，n\geq0\}$

数据关系：$R=\{<a_{i-1},a_i>|a_{i-1},a_i\in D，i=2,\cdots,n\}$，约定其中 a_1 端为队列头，a_n 端为队列尾。

基本操作：

InitQueue(**Q)

操作结果：构造一个空队列 Q。

DestroyQueue(*Q)

初始条件：队列 Q 已存在。

操作结果：队列 Q 被销毁，不再存在。

ClearQueue(*Q)

初始条件：队列 Q 已存在。

操作结果：将 Q 清为空队列。

QueueEmpty(Q)

初始条件：队列 Q 已存在。

操作结果：若 Q 为空队列，则返回 TRUE，否则返回 FALSE。

QueueLength(Q)

初始条件：队列 Q 已存在。

操作结果：返回 Q 的元素个数，即队列的长度。

GetHead(Q,*e)

初始条件：Q 为非空队列。

操作结果：用 e 返回 Q 的队头元素。

EnQueue(*Q,e)

初始条件：队列 Q 已存在。

操作结果：插入元素 e 为 Q 的新的队尾元素。

DeQueue(*Q,*e)

初始条件：Q 为非空队列。

操作结果：删除 Q 的队头元素，并用 e 返回其值。

QueueTraverse(Q,visit())

初始条件：队列 Q 已存在且非空，visit() 为元素的访问函数。

操作结果：依次对 Q 的每个元素调用函数 visit()，一旦 visit() 失败则操作失败。

}ADT Queue

3.2.3 顺序队列

1．顺序队列

队列的顺序存储结构称为**顺序队列**（sequential queue），顺序队列实际上是运算受限的顺序表，和顺序表一样，顺序队列也必须用一个向量空间来存放当前队列中的元素。由于队列的队头和队尾的位置是变化的，因而要设置两个指针 front 和 rear，分别用于指示队头元素和队尾元素在向量空间中的位置。图 3-8 是队列的顺序存储示意图。

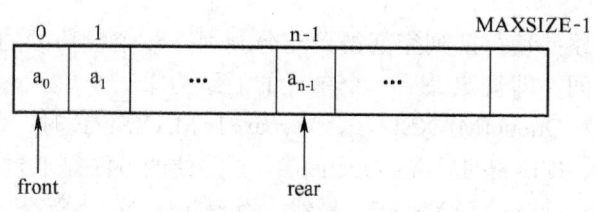

图 3-8　队列顺序存储

顺序队列的的存储结构定义如下：

```
#define MAXSIZE 100      //最大队列长度
typedef struct{
    ElemType data[MAXSIZE];
    int front,rear;//队头、队尾指针
}SqQueue;
```

在实际编程过程中，通常设队头指针指向队列的第一个元素，队尾指针指向队尾元素的前一个位置。front 和 rear 的初值在队列初始化时均应置为 0。入队时将新元素插入 rear 所指的位置，然后将 rear 加 1。出队时，删去 front 所指的元素，然后将 front 加 1 并返回被删元素。由此可见，当头尾指针相等时队列为空。在非空队列里，头指针始终指向队头元素，而尾指针始终指向队尾元素的下一个位置。

按照上述思想建立的空队及入队、出队示意图如图 3-9 所示，设 MAXSIZE=4。

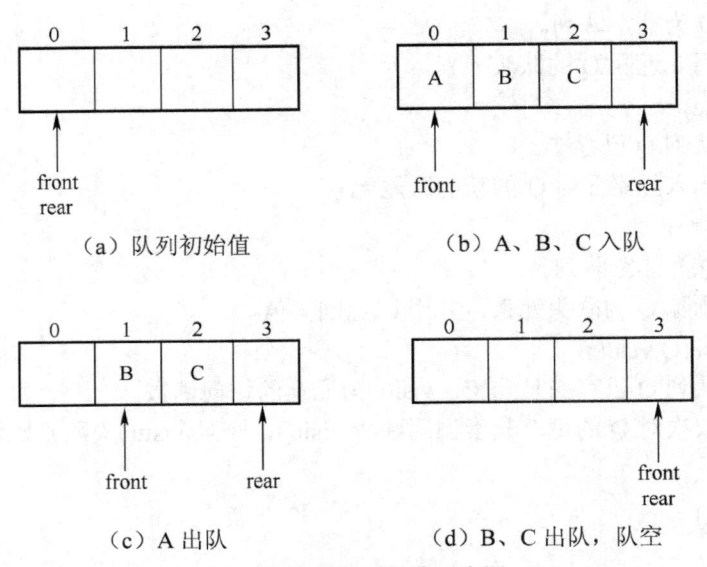

图 3-9   顺序队列操作示意图

和栈类似，队列中亦有上溢和下溢现象。此外，顺序队列中还存在**假上溢**现象。因为在入队和出队操作中，头尾指针只增加不减小，致使被删元素的空间永远无法重新利用。因此，尽管队列中实际的元素个数远远小于向量空间的规模，但也可能由于尾指针已超越向量空间的上界而不能做入队操作，该现象称为假上溢。

2. 循环队列

为了解决假溢出现象并使得队列空间得到充分利用，一个较巧妙的办法是将顺序队列的数组看成一个环状的空间，即规定最后一个单元的后继为第一个单元，我们形象地称之为**循环队列**。假设队列数组为 Queue[MAXSIZE]，当 rear+1=MAXSIZE 时，令 rear=0，即可求得最后一个单元 Queue[MAXSIZE-1]的后继：Queue[0]。更简便的办法是通过数学中的取模（求余）运算来实现：rear=(rear+1) mod MAXSIZE，显然，当 rear+1=MAXSIZE 时，rear=0，同样可求得最后一个单元 Queue[MAXSIZE-1]的后继：Queue[0]。所以，借助于取模（求余）运算，可以自动实现队尾指针、队头指针的循环变化。入队操作的过程为：先给 Queue[rear]赋值，然后修改队尾指针 rear=(rear+1) mod MAXSIZE；出队操作的过程为：先从 Queue[front]取值，然后修改队头指针 front=(front+1) mod MAXSIZE。图 3-10 给出了 MAXSIZE=6 的循环队列的几种情况。

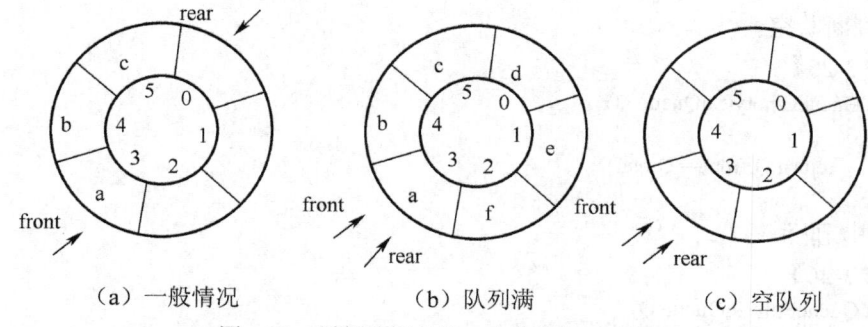

图 3-10 循环队列入队、出队操作示意图

与一般的非空顺序队列相同，在非空循环队列中，队头指针始终指向队列的第一个元素，而队尾指针始终指向真正队尾元素的后继单元。在图 3-10（a）所示循环队列中，队列头元素是 a，队列尾元素是 c，当 d、e 和 f 相继入队后，队列空间均被占满，如图 3-10（b）所示，此时队尾指针追上队头指针，所以有 front=rear。反之，若 a、b、c、d、e 和 f 相继从图 3-10（b）的队列中删除，则得到空队列，如图 3-10（c）所示，此时队头指针追上队尾指针，所以也存在关系式 front=rear。可见，只凭 front=rear 无法判别队列的状态是"空"还是"满"，显然这是必须要解决的一个问题。

方法之一是牺牲一个存储空间。当队尾指针所指向的空单元的后继单元是队头元素所在的单元时，则停止入队。这样一来，队尾指针永远追不上队头指针，所以队满时不会有 front=rear。现在队列"满"的条件为(rear+1) mod MAXSIZE=front。判队空的条件不变，仍为 rear=front。

另一种是增设一个标志变量的方法，以区别最后一次操作是入队还是出队操作。假定 tag=1 时表示最后一次操作是入队，tag=0 时表示最后一次操作是出队。只要有入队操作 tag 赋值为 1；出队操作 tag 赋值为 0。判断队空的条件为 front==rear && tag==0，判断队满的条件为 front==rear && tag==1。

下面主要介绍牺牲一个存储空间以区分队列空与满的方法。

（1）构造一个空队列。

【算法 3-23】

```
int InitQueue(SqQueue **Q)
{
    *Q=(SqQueue *)malloc(sizeof(SqQueue));
    if(!(*Q))
        return ERROR;
    (*Q)->front=(*Q)->rear=0;
    return OK;
}
```

（2）求队列长度。

【算法 3-24】

```
int QueueLength(SqQueue Q)
{
    return ((Q.rear-Q.front+MAXSIZE)%MAXSIZE);
}
```

（3）判断队空。

【算法 3-25】

```
int QueueEmpty(SqQueue Q)
{
    return Q.front==Q.rear;
}
```

（4）判断队满。

【算法 3-26】

```
int QueueFull(SqQueue Q)
{
    return (Q.rear+1)%MAXSIZE==Q.front;
}
```

（5）入队操作。

【算法 3-27】

```
int EnQueue(SqQueue *Q,ElemType e)
{
    if (QueueFull(*Q))
        return ERROR;    //队列满
    Q->data[Q->rear]=e;
    Q->rear=(Q->rear+1)%MAXSIZE;
    return OK;
}
```

（6）出队操作。

【算法 3-28】

```
int DeQueue(SqQueue *Q,ElemType *e)
{
    if(QueueEmpty(*Q))
        return ERROR;
    else
    {
        *e=Q->data[Q->front];
        Q->front=(Q->front+1)%MAXSIZE;
        return OK;
    }
}
```

（7）取队头操作。

【算法 3-29】

```
int GetFront(SqQueue Q,ElemType *e)
{
    if (QueueEmpty(Q))
        return ERROR;
    else
    {
        *e=Q.data[Q.front];
        return OK;
    }
}
```

3.2.4 链队列

队列的链式存储结构简称为链队列，它是限制仅在表头删除和表尾插入的单链表。显然仅有单链表的头指针不便于在表尾做插入操作，为此再增加一个尾指针，指向链表上的最后一个结点。于是，一个链队列由一个头指针和一个尾指针唯一地确定。和顺序队列类似，我们也是将这两个指针封装在一起，将链队列的类型 LinkQueue 定义为一个结构类型：

```
typedef struct QNode
{
        ElemType data;
        struct QNode *next;
}QNode,*QueuePtr;
typedef struct
{
        QueuePtr front;
        QueuePtr rear;
}LinkQueue;
```

如图 3-11 所示，给出了这种链队列的存储结构，其中 Q 为 LinkQueue 型变量，front 为队头指针，它指向链表的头结点，头结点的后继指针指向队头元素结点；rear 为队尾指针，它指向队尾元素结点。当队列为空时，链表中只有一个头结点，再入队则应该在头结点后插入，所以队空时 rear 亦指向头结点。

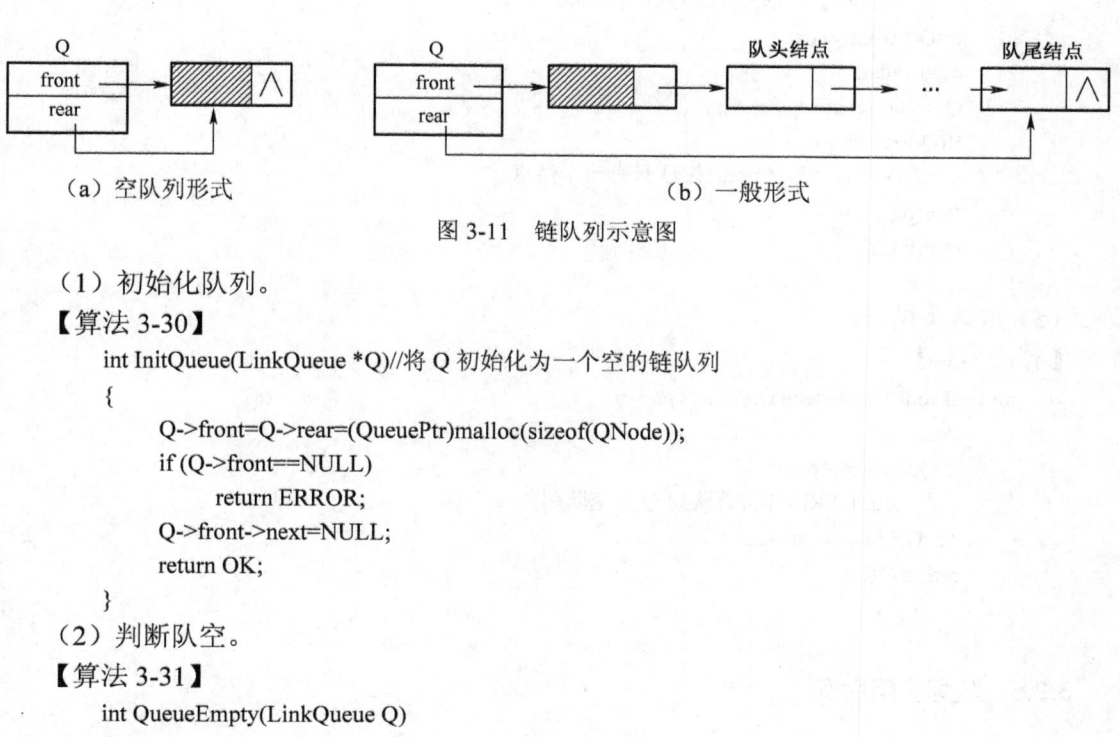

（a）空队列形式　　　　　　　　　　　　　（b）一般形式

图 3-11 链队列示意图

（1）初始化队列。

【算法 3-30】

```
int InitQueue(LinkQueue *Q)//将 Q 初始化为一个空的链队列
{
        Q->front=Q->rear=(QueuePtr)malloc(sizeof(QNode));
        if (Q->front==NULL)
            return ERROR;
        Q->front->next=NULL;
        return OK;
}
```

（2）判断队空。

【算法 3-31】

```
int QueueEmpty(LinkQueue Q)
{
        return Q.front==Q.rear;
}
```

（3）入队操作。

【算法 3-32】

```
int EnQueue(LinkQueue *Q,ElemType e)
{
    QueuePtr p;
    p=(QueuePtr)malloc(sizeof(QNode));
    if(!p)
        return ERROR;
    p->data=e;
    p->next=NULL;
    Q->rear->next=p;
    Q->rear=p;
    return OK;
}
```

（4）出队操作。

【算法 3-33】

```
int DeQueue(LinkQueue *Q,ElemType *e)
{
    QueuePtr p;
    if(QueueEmpty(*Q))
        return ERROR;//若队列 Q 为空队列
    p=Q->front->next;
    *e=p->data;
    Q->front->next=p->next;
    if(Q->rear==p)
        Q->rear=Q->front;//若 Q 只有一个结点
    free(p);
    return OK;
}
```

（5）取队头操作。

【算法 3-34】

```
int GetFront(LinkQueue Q,ElemType *e)
{
    if(QueueEmpty(Q))
        return ERROR;//若队列 Q 为空队列
    *e=Q.front->next->data;
    return OK;
}
```

3.2.5　队列应用举例

1．打印杨辉三角

在这一部分中，介绍利用队列打印杨辉三角形的算法。杨辉三角形的图案如图 3-12 所示。

图 3-12 杨辉三角

这是一个初等数学中讨论的问题。系数表中的第 k 行有 k+1 个数，除了第一个和最后一个数为 1 之外，其余的数则为上一行中位其左、右的两数之和。

这个问题的程序可以有很多种写法，一种最直接的想法是利用两个数组，其中一个存放已经计算得到的第 k 行的值，然后输出第 k 行的值同时计算第 k+1 行的值。如此写得的程序显然结构清晰，但需要两个辅助数组的空间，并且这两个数组在计算过程中需相互交换。如若引入"循环队列"，则可以省略一个数组的辅助空间，而且可以利用队列的操作将这一"琐碎操作"屏蔽起来，使程序结构变得清晰，容易被人理解。

下面以用第 n-1 行元素生成第 n 行元素为例，来看一下具体操作。

（1）第 n 行的第一个元素 1 入队。

```
data[rear]=1;
rear=(rear+1) % MAXSIZE;
```

（2）循环做以下操作，产生第 n 行的中间 n-2 个元素并入队。

```
data[rear]=data[front]+data[(front+1) % MAXSIZE];
rear=(rear+1) % MAXSIZE;
front=(front+1) % MAXSIZE;
```

（3）第 n-1 行的最后一个元素 1 出队。

```
front=(front+1) % MAXSIZE;
```

（4）第 n 行的最后一个元素 1 入队。

```
data[rear]=1;
rear=(rear+1) % MAXSIZE;
```

另外应该注意，所打印的杨辉三角形的最大行数一定要小于循环队列的 MAXSIZE 值。当然，本例用链队列也完全可以实现。

下面给出打印杨辉三角形的前 n 行元素的具体算法：

【算法 3-35】

```
void YangHuiTriangle(int number)
{
    int i,n,temp,m,x;
    SqQueue *Q;
    InitQueue(&Q);
    m=number;
    n=2;
    EnQueue(Q,1);//第一行元素入队
    while(n<=number)//产生第 n 行元素并入队，同时打印第 n-1 行的元素
```

```
        {
                i=m;
                for(;i;i--)//打印输出每行前导空格
                    printf(" ");
                m--;
                EnQueue(Q,1);//第 n 行的第一个元素入队
                for(i=1;i<=n-2;i++)//利用队中第 n-1 行元素产生第 n 行的中间 n-2 个元素并入队
                {
                    DeQueue(Q,&temp);
                    printf("%d",temp);//打印第 n-1 行的元素
                    GetFront(*Q,&x);//取队列头元素值
                    temp=temp+x;//利用队中第 n-1 行元素产生第 n 行元素
                    EnQueue(Q,temp);
                }
                DeQueue(Q,&x);
                printf("%d\n\n",x);//打印第 n-1 行的最后一个元素
                EnQueue(Q,1);//第 n 行的最后一个元素入队
                n++;
        }
    }
```

2. 键盘输入缓冲区问题

在操作系统中，循环队列经常用于实时应用程序。例如，当程序正在执行其他任务时，用户可以从键盘上不断键入所要输入的内容。很多字处理软件就是这样工作的。系统在利用这种分时处理方法时，用户键入的内容不能在屏幕上立刻显示出来，直到当前正在工作的那个进程结束为止。但在这个进程执行时，系统是在不断地检查键盘状态，如果检测到用户键入了一个新的字符，就立刻把它存到系统缓冲区中，然后继续运行原来的进程。一旦当前工作的进程结束后，系统就从缓冲区中取出键入的字符，并按要求进行处理。这里的键盘输入缓冲区采用了循环队列。队列的特性保证了输入字符先键入、先保存、先处理的要求，循环队列又有效地限制了缓冲区的大小，并避免了假溢出问题。下面用一程序来模拟这种应用情况。

问题描述：有两个进程同时存在于一个程序中。其中第一个进程在屏幕上连续显示字符"A"，与此同时，程序不断检测键盘是否有输入，如果有的话，就读入用户键入的字符并保存到输入缓冲区中。在用户输入时，键入的字符并不立即回显在屏幕上。当用户键入一个逗号（，）时，表示第一个进程结束，第二个进程从缓冲区中读取那些已键入的字符并显示在屏幕上。第二个进程结束后，程序又进入第一个进程，重新显示字符"A"，同时用户又可以继续键入字符，直到用户输入一个分号（；）键，才结束第一个进程，同时也结束整个程序。

【算法 3-36】

```
#include<stdio.h>
#include<dos.h>
#include<stdlib.h>
#include<conio.h>

#define MAXSIZE 16      //最大队列长度
#define OK 1
```

```
#define ERROR 0
typedef char ElemType;
//循环队列的结构的定义及相关操作函数在这里省略
void main()//模拟键盘输入循环缓冲区
{
    char ch1,ch2;
    SqQueue *Q;
    int f;
    InitQueue(&Q);//队列初始化
    for(;;)
    {
        for(;;)//第一个进程
        {
            printf("A");
            if(kbhit())
            {
                ch1=bdos(7,0,0);//通过 DOS 命令读入一个字符
                f=EnQueue(Q,ch1);
                if(f==ERROR)
                {
                    printf("循环队列已满\n");
                    break;//循环队列满时，强制中断第一个进程
                }
            }
            if(ch1==';'||ch1==',')
                break;//第一个进程正常结束
        }
        while(!QueueEmpty(*Q))//第二个进程
        {
            DeQueue(Q,&ch2);
            putchar(ch2);//显示输入缓冲区的内容
        }
        if(ch1==';')
            break;//整个程序结束
        else
            ch1=' ';//置空 ch1，程序继续
    }
}
```

习题3

一、选择题

1. 栈操作数据的原则是_____。

　A. 先进先出　　　B. 后进先出　　　C. 后进后出　　　D. 不分顺序

2．栈和队列的共同点是_____。

  A．都是先进先出   B．都是先进后出

  C．只允许在端点处插入和删除元素 D．没有共同点

3．若一个栈的输入序列为 1，2，3，…，n，输出序列的第一个元素是 i，则第 j 个输出元素是_____。

  A．i-j-1   B．i-j   C．j-i+1   D．不确定的

4．设栈的输入序列是 1，2，3，4，则_____不可能是其出栈序列。

  A．1，2，4，3 B．2，1，3，4 C．1，4，3，2

  D．4，3，1，2 E．3，2，1，4

5．递归过程或函数调用时，处理参数及返回地址，要用一种称为_____的数据结构。

  A．队列   B．多维数组   C．栈   D．线性表

6．数组 Q[n]用来表示一个循环队列，f 为当前队列头元素的前一位置，r 为队尾元素的位置，假定队列中元素的个数小于 n，计算队列中元素个数的公式为_____。

  A．r-f   B．(n+f-r)%n   C．n+r-f   D．（n+r-f)%n

7．在具有 n 个单元的顺序存储的循环队列中，假定 front 和 rear 分别为队首指针和队尾指针，则判断队满的条件是_____。

  A．rear % n==front   B．(rear-1) % n==front

  C．(rear-1) % n==rear   D．(rear+1) % n==front

8．用链式方式存储的队列，在进行删除运算时_____。

  A．仅修改头指针   B．仅修改尾指针

  C．头、尾指针都要修改   D．头、尾指针可能都要修改

9．链式栈结点为(data,link)，top 指向栈顶，若想摘除栈顶结点，并将删除结点的值保存到 x 中，则应执行操作_____。

  A．x=top->data;top=top->link; B．top=top->link;x=top->link;

  C．x=top;top=top->link;   D．x=top->link;

10．在一个链队列中，假定 front 和 rear 分别为队首指针和队尾指针，则进行插入*s 结点的操作时应执行_____。

  A．front->next=s; front=s;   B．rear->next=s; rear=s;

  C．front=front->next;   D．front=rear->next;

11．设栈 S 和队列 Q 的初始状态为空，元素 e1、e2、e3、e4、e5 和 e6 依次进入栈 S，一个元素出栈后即进入 Q，若 6 个元素出队的序列是 e2、e4、e3、e6、e5 和 e1，则栈 S 的容量至少应该是_____。

  A．2   B．3   C．4   D．6

12．一个递归算法必须包括_____。

  A．递归部分   B．终止条件和递归部分

  C．迭代部分   D．终止条件和迭代部分

13．设有一个递归算法如下：

```
int fact(int n) {  //n 大于等于 0
if(n<=0) return 1;
```

else return n*fact(n-1); }

则计算 fact(n)需要调用该函数的次数为_____。

    A．n+1   B．n-1   C．n   D．n+2

14．栈在_____中应用。

    A．递归调用   B．子程序调用   C．表达式求值   D．A，B，C

15．表达式 a*(b+c)-d 的后缀表达式是_____。

    A．abcd*+-   B．abc+*d-   C．abc*+d-   D．-+*abcd

二、填空题

1．栈是_____的线性表，其运算遵循_____的原则。

2．用 S 表示入栈操作，X 表示出栈操作，若元素入栈的顺序为 1234，为了得到 1342 出栈顺序，相应的 S 和 X 的操作串为_____。

3．当两个栈共享一存储区时，栈利用一维数组 stack[n]表示，两栈顶指针为 top[0]与 top[1]，则当栈 0 空时，top[0]为_____，栈 1 空时，top[1]为_____，栈满时为_____。

4．队列是限制插入只能在表的一端，而删除在表的另一端进行的线性表，其特点是_____。

5．循环队列的引入，目的是为了克服_____。

6．区分循环队列的满与空，只有两种方法，它们是_____和_____。

7．已知链队列的头尾指针分别是 f 和 r，则将值 x 入队的操作序列是_____。

8．无论对于顺序存储还是链式存储的栈和队列来说，进行插入或删除运算的时间复杂度均相同，是_____。

9．表达式 23+((12*3-2)/4+34*5/7)+108/9 的后缀表达式是_____。

三、编程题

1．假设称正读和反读都相同的字符序列为"回文"，如"abcddcba"、"qwerewq"是回文，"ashgash"不是回文。试写一个算法判断读入的一个以'@'为结束符的字符序列是否为回文。

2．设以数组 se[m]存放循环队列的元素，同时设变量 rear 和 front 分别作为队头队尾指针，且队头指针指向队头前一个位置，尾指针指向队尾元素，写出这样设计的循环队列入队出队的算法。

3．从键盘上输入一个后缀表达式，试编写算法计算表达式的值。规定：后缀表达式的长度，不超过一行，以$符作为输入结束，操作数之间用空格分隔，操作符只可能有+、-、*、/四种运算，如 234 34+2*$。

4．假设以带头结点的循环链表表示一个队列，并且只设一个队尾指针指向尾元素结点（注意不设头指针），试写出相应的置空队、入队、出队的算法。

5．假设以数组 data[m]存放循环队列中的元素,同时设置一个标志 tag,以 tag==0 和 tag==1来区别在队头指针（front）和队尾指针（rear）相等时，队列状态为"空"还是"满"。试编写与此结构相应的插入和删除算法。

6．线性表中元素存放在向量 A(1,…,n)中，元素是整型数。试写出递归算法求出 A 中的最大和最小元素。

7. 已知 Ackermann 函数定义如下：

$$Ack(m,n) = \begin{cases} n+1 & \text{当m = n时} \\ Ack(m-1,1) & \text{当m} \neq 0, \ n = 0时 \\ Ack(m-1, Ack(m,n-1)) & \text{当m} \neq 0, \ n \neq 0时 \end{cases}$$

① 写出计算 Ack(m,n)的递归算法，并根据此算法给出 Ack(2,1)的计算过程。

② 写出计算 Ack(m,n)的非递归算法。

第4章　串

字符串简称串，是一种特殊的线性表，它的数据元素由一个字符组成。在计算机数据处理中，非数值处理的对象经常是字符串数据。由于现今使用的计算机的硬件结构主要面向数值计算的需要，基本上没有提供对串进行操作的指令，因此需要用软件来实现串数据类型。通过本章的学习，读者应该掌握以下内容：

- 串的类型定义和描述；
- 串的顺序存储及运算；
- 串的堆存储及运算；
- 串的块链存储结构；
- 串的模式匹配。

4.1　串

4.1.1　串的定义与相关概念

1. 串的定义

串（string）是零个或多个字符组成的有限序列，一般记为：

$$S="a_1a_2\cdots a_n" \quad (n \geqslant 0)$$

其中 S 是串的**名字**，在本书中，用双引号括起来的字符序列是串的**值**，但双引号是界限符，它不属于串，其作用是避免与变量名或常量混淆。a_i（$1 \leqslant i \leqslant n$）称为串的元素，它可以是任意字母、数字或其他字符，是构成串的基本单位，i 是它在整个串中的序号。n 是串中字符的个数，称为串的**长度**，表示串中所包含的字符个数。例如串 S1="abcd"，串的元素为一个字母，其长度为 4。而 S2="12345"，串的元素为一个数字，其长度为 5。

2. 串的相关概念

（1）空串：长度为零（n=0）的串称为**空串**（null string），它不包含任何字符。

（2）空格串：在各种应用中，空格常是串的字符集合中的一个元素，因而可以出现在其他字符中间。而构成串的所有字符都是空格的串称为**空格串**（blank string），它的长度是串中包含空格的个数。

（3）子串：串中任意连续的字符组成的子序列称为该串的**子串**。空串是任意串的子串，任意串是其自身的子串。

（4）主串：包含子串的串相应地称为**主串**。

（5）子串在主串中的位置：通常将字符在串中的序号称为该字符在串中的**位置**。子串在主串中的位置则以子串的第一个字符在主串中的位置来表示。

（6）两串相等：如果两个串的串值相等（相同），称这两个串相等。换言之，只有当两个串的长度相等，且各个对应位置的字符都相同时才相等。

4.1.2　串的 ADT 定义

串也是线性表的一种，因此串的逻辑结构和线性表极为相似，区别仅在于串的数据对象限定为字符集。串的抽象数据类型定义如下：

ADT　String {

数据对象：D={$a_i|a_i$∈CharacterSet，i=1,2,…,n;n≥0}

数据关系：R={<a_{i-1},a_i>|a_{i-1},a_i∈D，i=2,…,n;n≥0}

基本操作：

StrAssign(*T,chars)

初始条件：chars 是串常量。

操作结果：赋于串 T 的值为 chars。

StrCopy(*T,S)

初始条件：串 S 存在。

操作结果：由串 S 复制得串 T。

DestroyString(*S)

初始条件：串 S 存在。

操作结果：串 S 被销毁。

StrEmpty(S)

初始条件：串 S 存在。

操作结果：若 S 为空串，则返回 TRUE，否则返回 FALSE。

StrCompare(S,T)

初始条件：串 S 和 T 存在。

操作结果：若 S>T，则返回值>0；若 S=T，则返回值=0；若 S<T，则返回值<0。"串值大小"是按"词典次序"（a～z>A～Z）进行比较的，如：

StrCompare("data","Stru")>0

StrCompare("case","cat ")<0

显然，只有在两个串的长度相等且每个字符一一对等的情况下称两个串相等。

StrLength(S)

初始条件：串 S 存在。

操作结果：返回串 S 序列中的字符个数，即串的长度。

ClearString(*S)

初始条件：串 S 存在。

操作结果：将 S 清为空串。

Concat(*T,S1,S2)

初始条件：串 S1 和 S2 存在。

操作结果：用 T 返回由 S1 和 S2 联接而成的新串。"串连接"操作的结果是生成一个新的串，其值是将第二个串的第一个字符紧接在第一个串的最后一个字符之后得到的字符序列。如操作 Concat(T,"man","kind")得到的结果是 T="mankind"。

SubString(*Sub,S,pos,len)

初始条件：串 S 存在，1≤pos≤StrLength(S)且 0≤len≤StrLength(S)-pos+1。

操作结果：用 Sub 返回串 S 的第 pos 个字符起长度为 len 的子串。

如操作 SubString(Sub,"commander",4,3)得到的结果是 Sub="man"。显然必须在满足初始条件中规定的"起始位置"和"长度"之间的约束关系时才能求得一个合法的子串。允许 len 的下限为 0 是因为空串也是合法串，但实际上求长度为 0 的子串是没有意义的。

Index(S,T,pos)

初始条件：串 S 和 T 存在，T 是非空串，1≤pos≤StrLength(S)。

操作结果：若主串 S 中存在和串 T 值相同的子串，则返回它在主串 S 中第 pos 个字符之后第一次出现的位置；否则函数值为 0。

如子串"man"在主串"commander"中的位置为 4。Index 操作类似于线性表的 Locate 操作，在 S 中查询和 T 值相同的子串，pos 为查询的起始位置。如 Index("This is a pen","is",pos)，若 pos=1，则查询结果为 3；若 pos=4，则得结果为 6；若 pos=6，则得查询结果为 0。

Replace(*S,T,V)

初始条件：串 S、T 和 V 存在，T 是非空串。

操作结果：用 V 替换主串 S 中出现的所有与 T 相等的不重叠的子串。

假设 S="abcacabcaca"，T="abca"，V="x"，则 Replace(S,T,V)置换之后的 S="xcxca"。注意定义中"不重叠"三个字，若上例中的 V="ab"时，则置换后的结果应该是 S="abcabca"，而不是"abbca"。

StrInsert(*S,pos,T)

初始条件：串 S 和 T 存在，1≤pos≤StrLength(S)+1。

操作结果：在串 S 的第 pos 个字符之前插入串 T。

例如：S="chater"，T="rac"，pos=4，则 StrInsert(S,pos,T)插入后的结果为 S="character"。

StrDelete(*S,pos,len)

初始条件：串 S 存在，1≤pos≤StrLength(S)-len+1。

操作结果：从串 S 中删除第 pos 个字符起长度为 len 的子串。

} ADT String

对于串的基本操作集可以有不同的定义方法，读者在使用高级程序设计语言中的串类型时，应以该语言的参考手册为准。例如，C 语言程序设计函数库中提供下列串处理函数：

strcpy(str1,str2)把字符串 str2 拷贝到字符串 str1 中；

strcat(str1,str2)把字符串 str2 连接到字符串 str1 后；

strcmp(str1,str2)比较两个字符串 str1 和 str2 的大小；

strchr(str,ch)找出 str 指向的字符串中第一次出现字符 ch 的位置；

strstr(str1,str2)找出 str2 字符串在 str1 字符串中第一次出现的位置；

strlen(str)统计字符串 str 中字符的个数。

但在上述抽象数据类型定义的 13 种操作中，串赋值 StrAssign、串比较 StrCompare、求串长 StrLength、串联接 Concat 以及求子串 SubString 等 5 种操作构成串类型的最小操作子集。

换句话说，这些操作不可能利用其他操作来实现；反之，其他串操作（除串清除 ClearString 和串销毁操作 DestroyString 外）可在这个最小子集上实现。

例如，可利用串比较、求串长和求子串等操作实现串的定位函数 Index(S,T,pos)和串的置换操作 Replace(S,T,V)。

【算法 4-1】

```
int Index(String S,String T,int pos)
{//T 为非空串。若主串 S 中第 pos 个字符后存在与 T 相等的子串，
 //则返回第一个这样的子串在 S 中的位置，否则返回 0
    if(pos>0)
    {
        n=StrLength(S); //求得 S 串长
        m=StrLength(T); //求得 T 串长
        i=pos;
        while(i<=n-m+1)
        {
            SubString(sub,S,i,m); //取得从第 i 个字符起长度为 m 的子串
            if(StrCompare(sub,T)!=0)
                ++i;
            else
                return i; //找到和 T 相等的子串
        }//while
    }//if
    return 0;//S 中不存在满足条件的子串
}//Index
```

【算法 4-2】

```
void Replace(String S,String T,String V)
{//以串 V 替代串 S 中出现的所有和串 T 相同的子串
    n=StrLength(S);
    m=StrLength(T);
    pos=1;
    StrAssign(news,NullStr);//初始化 news 串为空串
    i=1;
    while(pos<=n-m+1 && i)
    {
        i=Index(S,T,pos);//从 pos 指示位置起查找串 T
        if(i!=0)
        {
            SubString(sub,S,pos,i-pos);//不置换子串
            Concat(news,news,sub);//连接 S 串中不被置换部分
            Concat(news,news,V);//连接 V 串
            pos=i+m;//pos 移至继续查询的起始位置
        }//if
    }//while
    SubString(sub,S,pos,n-pos+1);//剩余串
    Concat(S,news,sub);//连接剩余子串并将新的串赋给 S
}
```

4.2　串的定长顺序存储

因为串是字符型的线性表，所以线性表的存储方式仍适用于串，但因为字符的特殊性和字符串经常作为一个整体处理的特点，串在存储时还有一些与一般线性表的不同之处。

4.2.1　串的定长顺序存储结构

类似于顺序表，串的顺序存储是指用一组地址连续的存储单元存储串值中的字符序列，所谓定长是指按预定义的大小，为每一个串变量分配一个固定长度的存储区，例如：

```
#define MAXLEN 256
char ch[MAXLEN];
```

则串的最大长度不能超过 256。

标识实际串长有以下 3 种方法：

（1）类似顺序表，用一个整型变量 len 来标识字符串的实际长度，这样表示的串描述如下：

```
typedef struct{//串结构定义
    char ch[MAXLEN];
    int len;
}SString;
```

（2）在串尾存储一个不会在串中出现的特殊字符作为串的终结符，以此表示串的结尾。例如，C 语言中处理定长串的方法就是这样的，它是用'\0'来表示串的结束。这种存储方法不能直接得到串的长度，是用判断当前字符是否是'\0'来确定串是否结束，从而求得串的长度。

（3）设置定长串存储空间 char ch[MAXSIZE+1];。用 ch[0]存放串的实际长度，串值存放在 ch[1]～ch[MAXSIZE]，字符的序号和存储位置一致，应用更为方便。Pascal 语言使用这种方法。

4.2.2　定长顺序存储的基本运算

定长顺序存储字符串的长度按照 4.2.1 节中的方法（1）来表示，下面是其部分基本操作的实现。

（1）串插入函数。

【算法 4-3】

```
int StrInsert(SString *s,int pos,SString t) //在串 s 中序号为 pos 的字符前插入串 t
{
    int i;
    if(pos<0||pos>s->len)
        return(0);//插入位置不合法
    if(s->len+t.len<=MAXLEN)
    {//插入后串长≤MAXLEN
        for(i=s->len+t.len-1;i>=t.len+pos;i--)
            s->ch[i]=s->ch[i-t.len];
        for(i=0;i<t.len;i++)
            s->ch[i+pos]=t.ch[i];
        s->len=s->len+t.len;
    }
```

```
        else if(pos+t.len<=MAXLEN)
        {//插入后串长>MAXLEN，但串 t 的字符序列可以全部插入
                for(i=MAXLEN-1;i>t.len+pos-1;i--)
                        s->ch[i]=s->ch[i-t.len];
                for(i=0;i<t.len;i++)
                        s->ch[i+pos]=t.ch[i];
                s->len=MAXLEN;
        }
        else
        {//串 t 的部分字符序列要舍弃
                for(i=0;i<MAXLEN-pos;i++)
                        s->ch[i+pos]=t.ch[i];
                s->len=MAXLEN;
        }
        return(1);
}
```

（2）串删除函数。

【算法 4-4】

```
    int StrDelete(SString *s,int pos,int len)//在串 s 中删除从序号 pos 起 len 个字符
    {
        int i;
        if(pos<0||pos>(s->len-len))
                return(0);
        for(i=pos+len;i<s->len;i++)
                s->ch[i-len]=s->ch[i];
        s->len=s->len-len;
        return(1);
    }
```

（3）串复制函数。

【算法 4-5】

```
    void StrCopy(SString *s,SString t)//将串 t 的值复制到串 s 中
    {
        int i;
        for (i=0;i<t.len;i++)
                s->ch[i]=t.ch[i];
        s->len=t.len;
    }
```

（4）判空函数。

【算法 4-6】

```
    int StrEmpty(SString s)//若串 s 为空（即串长为 0），则返回 1，否则返回 0
    {
        if (s.len==0)
                return(1);
        else
                return(0);
    }
```

（5）串比较函数。

【算法 4-7】

```
int StrCompare(SString s,SString t)//若串 s 和 t 相等，则返回 0，若 s>t 返回 1，若 s<t 返回-1
{
    int i;
    for(i=0;i<s.len&&i<t.len;i++)
        if(s.ch[i]!=t.ch[i])
            return(s.ch[i]-t.ch[i]);
    return(s.len - t.len);
}
```

（6）求串长函数。

【算法 4-8】

```
int StrLength(SString s)//返回串 s 的长度
{
    return(s.len);
}
```

（7）串清空函数。

【算法 4-9】

```
int StrClear(SString *s)//将串 s 置为空串
{
    s->len=0;
    return(1);
}
```

（8）连接函数。

【算法 4-10】

```
int StrCat(SString *s,SString t)//将串 t 连接在串 s 的后面
{
    int i,flag;
    if(s->len + t.len<=MAXLEN)
    {//连接后串长小于 MAXLEN
        for(i=s->len;i<s->len + t.len;i++)
            s->ch[i]=t.ch[i-s->len];
        s->len+=t.len;flag=1;
    }
    else if(s->len<MAXLEN)
    {//连接后串长大于 MAXLEN，但串 s 的长度小于 MAXLEN，即连接后串 t 的部分字符序列被舍弃
        for(i=s->len;i<MAXLEN;i++)
            s->ch[i]=t.ch[i-s->len];
        s->len=MAXLEN;flag=0;
    }
    else
        flag=0;//串 s 的长度等于 MAXLEN，串 t 不被连接
    return(flag);
}
```

（9）求子串函数。

【算法 4-11】

```
int SubString(SString *sub,SString s,int pos,int len)
{//将串 s 中序号 pos 起 len 个字符复制到 sub 中
    int i;
    if(pos<0 || pos>s.len || len<1 || len>s.len-pos)
    {
        sub->len=0;
        return(0);
    }
    else
    {
        for(i=0;i<len;i++)
            sub->ch[i]=s.ch[i+pos];
        sub->len=len;
        return(1);
    }
}
```

（10）定位函数。

【算法 4-12】

```
int StrIndex(SString s,int pos,SString t)
{//从串 s 的 pos 序号起，串 t 第一次出现的位置
    int i,j;
    if(t.len==0)
        return(0);
    i=pos;j=0;
    while (i<s.len && j<t.len)
        if(s.ch[i]==t.ch[j])
        {
            i++;j++;
        }
        else
        {
            i=i-j+1;j=0;
        }
    if(j>=t.len)
        return(i-j);
    else
        return(0);
}
```

4.3   串的堆存储结构

在应用程序中，通常参与运算的串变量之间的长度相差较大，并且操作中串值的长度变化也较大，因此，为串变量预分配固定大小的空间不太合理。这时可以考虑采用堆存储结构来存储串。

4.3.1　串名存储映像

串名的存储映像是串名－串值内存分配对照表，也称为索引表。表的形式有多种，如设 s1="abcdef"，s2="hij"，常见的串名－串值存储映像索引表有如下几种。

（1）带串长度的索引表。

如图 4-1 所示，索引项的结点类型为：

```
typedef struct
{
    char name[MAXNAME];//串名
    int length;   //串长
    char *stradr;//起始地址
}LNode;
```

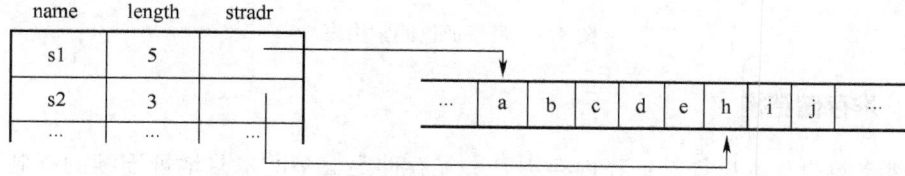

图 4-1　带串长度的索引表

（2）带末尾指针的索引表。

如图 4-2 所示，索引项的结点类型为：

```
typedef struct
{
    char name[MAXNAME];//串名
    char *stradr,*enadr;//起始地址，末尾地址
}ENode;
```

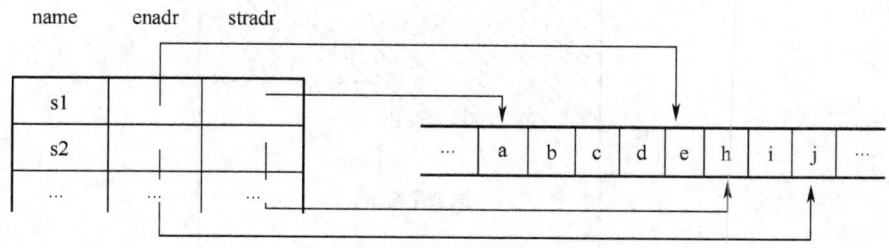

图 4-2　带末尾指针的索引表

（3）带特征位的索引表。

当一个串的存储空间不超过一个指针的存储空间时，可以直接将该串存在索引项的指针域，这样既节约了存储空间，又提高了查找速度，但这时要加一个特征位 tag 以指出指针域存放的是指针还是串。

如图 4-3 所示，索引项的结点类型为：

```
typedef struct
{
```

```
char name[MAXNAME];
int tag;//特征位
union//起始地址或串值
{
    char *stradr;
    char value[4];
}uval;
}TNode;
```

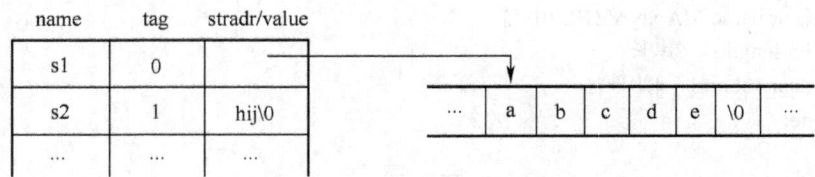

图 4-3　带特征位的索引表

4.3.2　堆存储结构

堆存储结构的基本思想是：在内存中开辟能存储足够多的串且地址连续的存储空间，作为应用程序中所有串的可利用存储空间，称为堆空间，如设 store[SMAX+1];根据每个串的长度，动态地为每个串在堆空间中申请相应大小的存储区域，每个串顺序存储在所申请的存储区域中，当操作过程中原空间不够时，可以根据串的实际长度重新申请，拷贝原串值后再释放原空间。

如图 4-4 所示，是一个堆存储结构示意图。阴影部分是已经为存在的串分配过的，free 为未分配部分的起始地址，每当向 store 中存放一个串时，要填上该串的索引项。

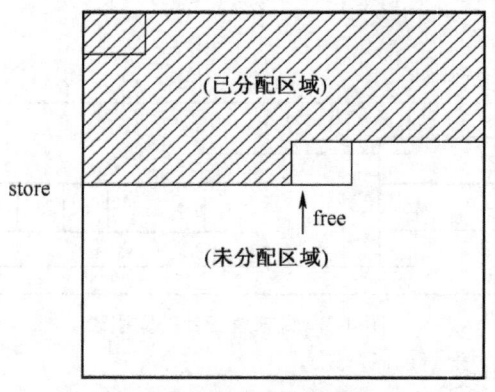

图 4-4　堆存储结构示意图

4.3.3　基于堆存储结构的基本运算

在 C 语言中，已经有一个称为 "堆" 的自由存储空间，并可用 malloc()和 free()函数完成动态存储管理。因此，可以直接利用 C 语言中的 "堆" 实现堆串。此时，堆串可定义如下：

```
typedef struct
{
    char *ch;
    int length;
}HString;
```

其中 len 域指示串的长度，ch 域指示串的起始地址。

下面将以这种定义为准，讨论堆串的基本操作。由于这种类型的串变量的串值的存储位置是在程序执行过程中动态分配的，与定长顺序串和链串相比，这种存储方式非常有效和方便，但在程序执行过程中会不断地生成新串和销毁旧串。

（1）串的赋值函数。

【算法 4-13】

```
int StrAssign(HString *T,char *chars)
{//将字符串常量 chars 赋值给串 T
    int i,j;char *c;
    if(T->ch) free(T->ch);//释放原有的空间
    for(i=0,c=chars;*c;++i,++c);//求 chars 的长度
    if(!i){T->ch=NULL;T->length=0;}
    else{
        if(!(T->ch=(char *)malloc(i*sizeof(char))))
            return ERROR;
        for(j=0;j<i;j++)T->ch[j]=chars[j];
        T->length=i;
    }
    return OK;
}
```

（2）求串长函数。

【算法 4-14】

```
int StrLenth(HString S)
{//返回 S 的元素个数，即串长度
    return S.length;
}
```

（3）串比较函数。

【算法 4-15】

```
int StrCompare(HString S,HString T)
{//若 S>T，则返回值>0；若 S=T，则返回值=0；若 S<T，则返回值<0
    int i;
    for(i=0;i<S.length&&i<T.length;++i)
        if(S.ch[i]!=T.ch[i]) return S.ch[i]-T.ch[i];
    return S.length-T.length;
}
```

（4）串清空函数。

【算法 4-16】

```
int ClearString(HString *S)
{//将 S 清空为空串，并释放 S 所占的空间
```

```
        if(S->ch){free(S->ch);S->ch=NULL;}
        S->length=0;
        return OK;
    }
```

（5）串连接函数。

【算法 4-17】

```
    int Concat(HString *T,HString S1,HString S2)
    {//用 T 返回由 S1 和 S2 连接而成的新串
        int i;
        if(T->ch)free(T->ch);//释放原有的空间
        if(!(T->ch=(char *)malloc((S1.length+S2.length)*sizeof(char))))
            return ERROR;
        for(i=0;i<S1.length;++i)T->ch[i]=S1.ch[i];
        T->length=S1.length+S2.length;
        for(i=0;i<S2.length;++i)T->ch[i+S1.length]=S2.ch[i];
        return OK;
    }
```

（6）求子串函数。

【算法 4-18】

```
    int SubString(HString *sub,HString s,int pos,int len)
    {//将串 s 中序号 pos 起 len 个字符复制到 sub 中
        int i;
        if(sub->ch!=NULL) free(sub->ch);
        if(pos<0 || pos>s.length || len<1 || len>s.length-pos)
        {sub->ch=NULL;sub->length=0;return ERROR;}
        else {
            sub->ch=(char *)malloc(len);
            if(sub->ch==NULL) return ERROR;
            for(i=0;i<len;i++) sub->ch[i]=s.ch[i+pos];
            sub->length=len;
            return OK;
        }
    }
```

（7）串删除函数。

【算法 4-19】

```
    int StrDelete(HString *s,int pos,int len)
    {//在串 s 中删除从序号 pos 起 len 个字符
        int i;
        char *temp;
        if(pos<0 || pos>(s->length - len))return ERROR;
        temp=(char *)malloc(s->length-len);
        if(temp==NULL) return ERROR;
        for(i=0;i<pos;i++)temp[i]=s->ch[i];
        for(i=pos;i<s->length-len;i++)
            temp[i]=s->ch[i+len];
```

```
            s->length=s->length-len;
            free(s->ch);s->ch=temp;
            return OK;
        }
```

（8）定位函数。

【算法 4-20】

```
    int StrIndex(HString s,int pos,HString t)
    {//从串 s 的 pos 序号起，串 t 第一次出现的位置
        int i,j;
        if(s.length==0 || t.length==0) return ERROR;
        i=pos;j=0;
        while(i<s.length && j<t.length)
            if(s.ch[i]==t.ch[j])
            {i++;j++;}
            else
            {i=i-j+1;j=0;}
        if(j>=t.length)
            return(i-j);
        else
            return ERROR;
    }
```

（9）串复制函数。

【算法 4-21】

```
    int StrCopy(HString *s,HString t)//将串 t 的值复制到串 s 中
    {
        int i;
        s->ch=(char *)malloc(t.length);
        if(s->ch==NULL) return ERROR;
        for(i=0;i<t.length;i++) s->ch[i]=t.ch[i];
        s->length=t.length;
        return OK;
    }
```

4.4 串的块链存储结构

和线性表的链式存储结构类似，也可用链表来存储串值。只是由于字符串的元素是字符，所以字符串的链表有其特别之处，即除了和线性表的链式存储结构（链表）一样，一个结点存放一个字符外，还可以一个结点存放多个字符，如图 4-5（b）所示，因此称它为"块链"存储表示。在串的块链存储结构中，相应链表的结点有所谓的"大小"问题。当一个结点存放一个字符时，结点大小为 1，当一个结点中存放 n≥1 个字符时，结点的大小为 n。

例如，对于字符串"abcdefg"，图 4-5（a）给出结点大小为 1 的链表，图 4-5（b）给出的是结点大小为 4 的链表。

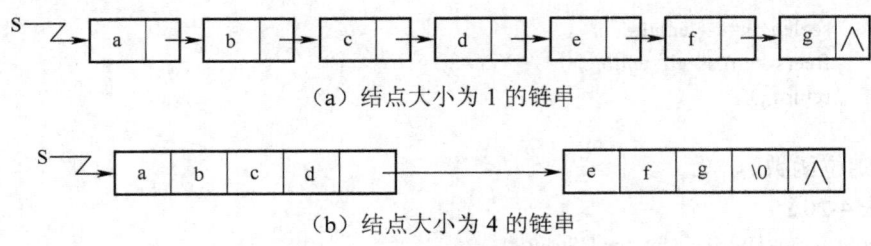

（a）结点大小为1的链串

（b）结点大小为4的链串

图 4-5　串的块链式存储结构

　　由于在一般情况下，串的操作都是从前往后进行的，因此串的链表通常不设双链，也不设头结点，但为了便于进行诸如串的连接等操作，链表中还附设有尾指针，并且由于串的长度不一定是结点大小的整数倍（链表中最后一个结点中的字符并非都是有效字符），因此还需要一个指示串长的域。实际开发中串的块链式存储结构如图 4-6 所示。

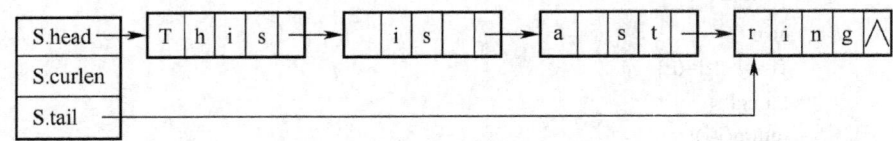

图 4-6　带尾指针的串的块链式存储结构

　　下面给出串的链式存储结构的类型定义：

```
const int CHUNKSIZE=80;//可由用户定义的块（结点）大小
typedef struct Chunk//结点结构
{
    char ch[CHUNKSIZE];
    struct Chunk *next;
}Chunk;
typedef struct //串的链表结构
{
    Chunk *head,*tail;//串的头指针和尾指针
    int curlen;//串的当前长度
}LString;
```

在以链表存储串值时，定义串的存储密度为：

$$存储密度 = \frac{串值所占的存储位}{实际分配的存储位}$$

　　显然，存储密度小时（如结点大小为 1 时），运算处理方便，各种操作如同单链表操作，然而，存储空间占用量大。如果在串处理过程中需要进行内、外存交换，则会因为内、外存储交换操作过多而影响处理的效率。此外，串的字符集的大小也是一个重要因素。一般地，字符集小，则字符的机内编码就短，这也影响串的存储方式的选取。串的链式存储结构对某些串操作，如串的连接操作等有一定方便之处，但总体来说不如前面两种存储结构灵活，它占用存储量大且操作复杂，尤其当结点大小大于 1 时。串在链式存储结构上的基本操作的实现和单链表的操作类似，故在此不做详细的分析。

4.5 串的模式匹配

串的模式匹配即子串定位是一种重要的串运算。设 s 和 t 是给定的两个串，在主串 s 中找到等于子串 t 的过程称为模式匹配，如果在 s 中找到等于 t 的子串，则称匹配成功，函数返回 t 在 s 中的首次出现的存储位置（或序号），否则匹配失败，返回-1。t 也称为模式。为了运算方便，设字符串的长度存放在 0 号单元，串值从 1 号单元存放，这样字符序号与存储位置一致。

1. 简单的模式匹配算法

算法思想如下：首先将 s_1 与 t_1 进行比较，若不同，就将 s_2 与 t_1 进行比较……直到 s 的某一个字符 s_i 和 t_1 相同，再将它们之后的字符进行比较，若也相同，则如此继续往下比较，当 s 的某一个字符 s_i 与 t 的字符 t_j 不同时，则 s 返回到本趟开始字符的下一个字符，即 s_{i-j+2}，t 返回到 t_1，继续开始下一趟的比较，重复上述过程。若 t 中的字符全部比完，则说明本趟匹配成功，本趟的起始位置是 i-j+1 或 i-t[0]，否则，匹配失败。

设主串 s="ababcabcacbab"，模式 t="abcac"，匹配过程如图 4-7 所示。

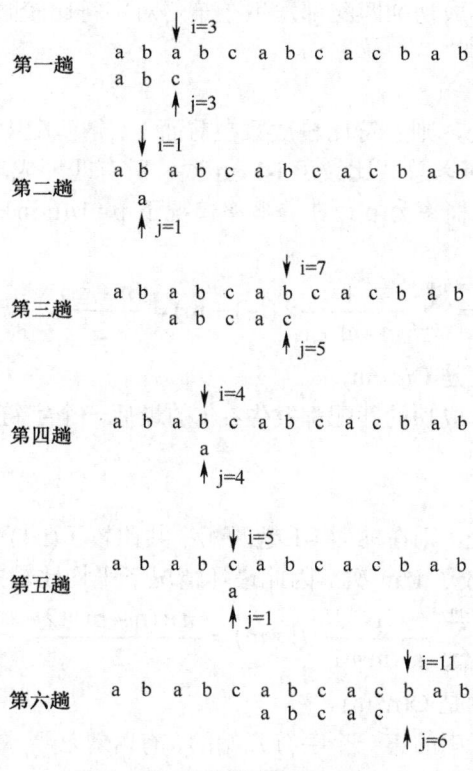

图 4-7 简单模式匹配过程

依据这个思想，算法描述如下。

【算法 4-22】

```
int StrIndex_BF(char *s,char *t)//从串 s 的第一个字符开始找首次与串 t 相等的子串
```

```
        {
            int i=1,j=1;
            while(i<=s[0] && j<=t[0])//都没遇到结束符
                if(s[i]==t[j])
                {
                    i++;
                    j++;
                }//继续
                else
                {
                    i=i-j+2;
                    j=1;
                }//回溯
            if(j>t[0])  return (i-t[0]);//匹配成功，返回存储位置
            else    return -1;
        }
```

算法 4-22 简称为 BF 算法。下面分析它的时间复杂度，设串 s 长度为 n，串 t 长度为 m。匹配成功的情况下，考虑两种极端情况：

在最好情况下，每趟不成功的匹配都发生在第一对字符比较时：

例如：s="aaaaaaaaaabc"

　　　t="bc"

设匹配成功发生在 s_i 处，则字符比较次数在前面 i-1 趟匹配中共比较了 i-1 次，第 i 趟成功的匹配共比较了 m 次，所以总共比较了 i-1+m 次，所有匹配成功的可能共有 n-m+1 种，设从 s_i 开始与 t 串匹配成功的概率为 p_i，在等概率情况下 $p_i=1/(n-m+1)$，因此最好情况下平均比较的次数是：

$$\sum_{i=1}^{n-m+1} p_i \times (i-1+m) = \sum_{i=1}^{n-m+1} \frac{1}{n-m+1} \times (i-1+m) = \frac{(n+m)}{2}$$

即最好情况下的时间复杂度是 O(n+m)。

在最坏情况下，每趟不成功的匹配都发生在 t 的最后一个字符：

例如：s="aaaaaaaaaaab"

　　　t="aaab"

设匹配成功发生在 s_i 处，则在前面 i-1 趟匹配中共比较了 (i-1)*m 次，第 i 趟成功的匹配共比较了 m 次，所以总共比较了 i*m 次，因此最坏情况下平均比较的次数是：

$$\sum_{i=1}^{n-m+1} p_i \times (i \times m) = \sum_{i=1}^{n-m+1} \frac{1}{n-m+1} \times (i \times m) = \frac{m \times (n-m+2)}{2}$$

即最坏情况下的时间复杂度是 O(n*m)。

上述算法中匹配是从 s 串的第一个字符开始的，有时算法要求从指定位置开始，这时算法的参数表中要加一个位置参数 pos：StrIndex(shar *s,int pos,char *t)，比较的初始位置定位在 pos 处。注意上面算法是 pos=1 的情况。

2. 改进后的模式匹配算法

BF 算法简单但效率较低，一种对 BF 算法做了很大改进的模式匹配算法是克努特（Knuth）、

莫里斯（Morris）和普拉特（Pratt）同时设计的，简称 KMP 算法。

（1）KMP 算法的思想。

分析 StrIndex_BF 算法的执行过程，造成 BF 算法速度慢的原因是回溯，即在某趟的匹配过程失败后，s 串要回到本趟开始字符的下一个字符，t 串要回到第一个字符。而这些回溯并不是必要的。如图 4-7 所示的匹配过程，在第三趟匹配过程中，$s_3 \sim s_6$ 和 $t_1 \sim t_4$ 是匹配成功的，$s_7 \neq t_5$ 匹配失败，因此有了第四趟，其实这一趟是不必要的：由图可看出，因为在第三趟中有 $s_4 = t_2$，而 $t_1 \neq t_2$，肯定有 $t_1 \neq s_4$。同理第五趟也是没有必要的，所以从第三趟之后可以直接到第六趟，进一步分析第六趟中的第一对字符 s_6 和 t_1 的比较也是多余的，因为第三趟中已经比过了 s_6 和 t_4，并且 $s_6 = t_4$，而 $t_1 = t_4$，必有 $s_6 = t_1$，因此第六趟的比较可以从第二对字符 s_7 和 t_2 开始进行，这就是说，第三趟匹配失败后，指针 i 不动，而是将模式串 t 向右"滑动"，用 t_2"对准" s_7 继续进行，依此类推。这样的处理方法，指针 i 是无回溯的。

综上所述，希望某趟在 s_i 和 t_j 匹配失败后，指针 i 不回溯，模式 t 向右"滑动"至某个位置上，使得 t_k 对准 s_i 继续向右进行。显然，现在问题的关键是串 t"滑动"到哪个位置上？不妨设位置为 k，即 s_i 和 t_j 匹配失败后，指针 i 不动，模式 t 向右"滑动"，使 t_k 和 s_i 对准继续向右进行比较，要满足这一假设，就要有如下关系成立：

$$"t_1 t_2 \cdots t_{k-1}" = "s_{i-k+1} s_{i-k+2} \cdots s_{i-1}" \tag{4-1}$$

（4-1）式左边是 t_k 前面的 k-1 个字符，右边是 s_i 前面的 k-1 个字符。

而本趟匹配失败是在 s_i 和 t_j 之处，已经得到的部分匹配结果是：

$$"t_1 t_2 \cdots t_{j-1}" = "s_{i-j+1} s_{i-j+2} \cdots s_{i-1}" \tag{4-2}$$

因为 k<j，所以有：

$$"t_{j-k+1} t_{j-k+2} \cdots t_{j-1}" = "s_{i-k+1} s_{i-k+2} \cdots s_{i-1}" \tag{4-3}$$

（4-3）式左边是 t_j 前面的 k-1 个字符，右边是 s_i 前面的 k-1 个字符。

通过（4-1）和（4-3）得到关系：

$$"t_1 t_2 \cdots t_{k-1}" = "t_{j-k+1} t_{j-k+2} \cdots t_{j-1}" \tag{4-4}$$

结论：某趟在 s_i 和 t_j 匹配失败后，如果模式串中有满足关系（4-4）的子串存在，即模式中的前 k-1 个字符与模式中 t_j 字符前面的 k-1 个字符相等时，模式 t 就可以向右"滑动"至使 t_k 和 s_i 对准，继续向右进行比较即可。

（2）next 函数。

模式中的每一个 t_j 都对应一个 k 值，由（4-4）式可知，这个 k 值仅依赖于模式 t 本身字符序列的构成，而与主串 s 无关。我们用 next[j] 表示 t_j 对应的 k 值，根据以上分析，next 函数有如下性质：

① next[j] 是一个整数，且 $0 \leq \text{next}[j] < j$。

② 为了使 t 的右移不丢失任何匹配成功的可能，当存在多个满足（4-4）式的 k 值时，应取最大的，这样向右"滑动"的距离最短，"滑动"的字符为 j-next[j] 个。

③ 如果在 t_j 前不存在满足（4-4）式的子串，此时若 $t_1 \neq t_j$，则 k=1；若 $t_1 = t_j$，则 k=0；这时"滑动"的最远，为 j-1 个字符，即用 t_1 和 s_{j+1} 继续比较。

因此，next 函数定义如下：

$$next[j] = \begin{cases} 0 & \text{当} j = 1 \\ \max\{k \mid 1 \leqslant k < j \text{ 且 }"t_1t_2\cdots t_{k-1}" = "t_{j-k+1}\ t_{j-k+2}\cdots t_{j-1}"\} \\ 1 & \text{当不存在上面的} k \text{且} t_1 \neq t_j \\ 0 & \text{当不存在上面的} k \text{且} t_1 = t_j \end{cases}$$

设有模式串：t="abcaababc"，则它的 next 函数值为：

j	1	2	3	4	5	6	7	8	9
模式串	a	b	c	a	a	b	a	b	c
next{j}	0	1	1	0	2	1	3	1	1

（3）KMP 算法。

在求得模式的 next 函数之后，匹配可如下进行：假设以指针 i 和 j 分别指示主串和模式中的比较字符，令 i 的初值为 pos，j 的初值为 1。若在匹配过程中 $s_i \neq t_j$，则 i 和 j 分别增1，若 $s_i \neq t_j$ 匹配失败后，则 i 不变，j 退到 next[j] 位置再比较，若相等，则指针各自增1，否则 j 再退到下一个 next 值的位置，依此类推。直至下列两种情况：一种是 j 退到某个 next 值时字符比较相等，则 i 和 j 分别增1继续进行匹配；另一种是 j 退到值为零（即模式的第一个字符失配），则此时 i 和 j 也要分别增1，表明从主串的下一个字符起和模式重新开始匹配。

设主串 s="aabcbabcaabcaababc"，子串 t="abcaababc"，图 4-8 是一个利用 next 函数进行匹配的过程示意图。

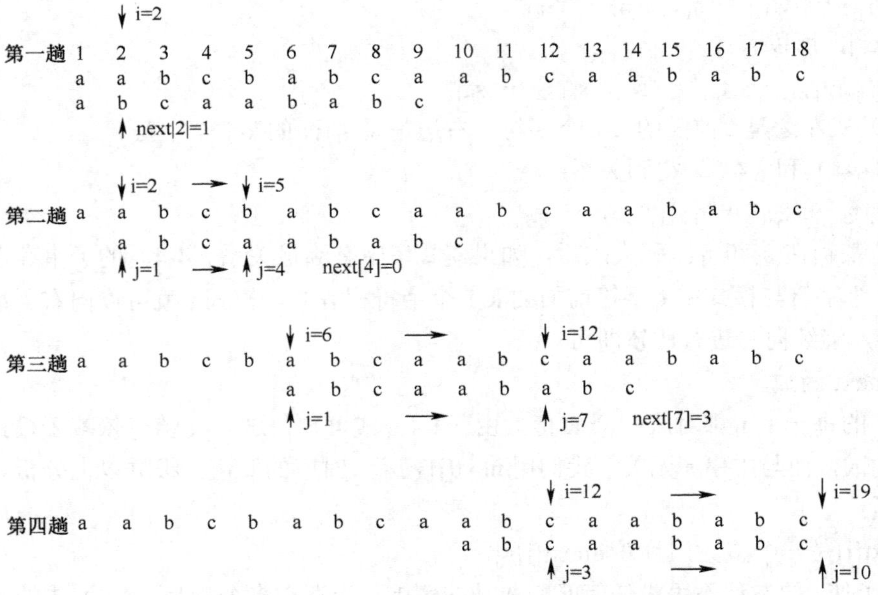

图 4-8　用模式 next 函数进行匹配的过程示例

在假设已有 next 函数的情况下，KMP 算法如下：

【算法 4-23】

```
int StrIndex_KMP(char *s,char *t,int pos)
{///从串 s 的第 pos 个字符开始找首次与串 t 相等的子串
```

```
        int i=pos,j=1;
        while(i<=s[0] && j<=t[0])//都没遇到结束符
            if(j==0||s[i]==t[j])
            {
                i++;
                j++;
            }
            else
                j=next[j];//回溯
            if (j>t[0])
                return  i-t[0];//匹配成功，返回存储位置
            else
                return  -1;
    }
```

（4）如何求 next 函数。

由以上讨论知，next 函数值仅取决于模式本身而和主串无关。我们可以从分析 next 函数的定义出发用递推的方法求得 next 函数值。

由定义知：

$$next[1]=0 \tag{4-5}$$

设 next[j]=k，即有：

$$"t_1 t_2 \cdots t_{k-1}" = "t_{j-k+1} t_{j-k+2} \cdots t_{j-1}" \tag{4-6}$$

next[j+1]=?　可能有两种情况：

第一种情况：若 $t_k = t_j$，则表明在模式串中

$$"t_1 t_2 \cdots t_k" = "t_{j-k+1} t_{j-k+2} \cdots t_j" \tag{4-7}$$

这就是说 next[j+1]=k+1，即

$$next[j+1]=next[j]+1 \tag{4-8}$$

第二种情况：若 $t_k \neq t_j$，则表明在模式串中

$$"t_1 t_2 \cdots t_k" \neq "t_{j-k+1} t_{j-k+2} \cdots t_j" \tag{4-9}$$

此时可把求 next 函数值的问题看成是一个模式匹配问题，整个模式串既是主串又是模式，而当前在匹配的过程中，已有（4-6）式成立，则当 $t_k \neq t_j$ 时应将模式向右滑动，使得第 next[k] 个字符和"主串"中的第 j 个字符相比较。若 next[k]=k'，且 $t_{k'} = t_j$，则说明在主串中第 j+1 个字符之前存在一个最大长度为 k'的子串，使得

$$"t_1 t_2 \cdots t_{k'}" = "t_{j-k'+1} t_{j-k'+2} \cdots t_j" \tag{4-10}$$

因此

$$next[j+1]=next[k]+1 \tag{4-11}$$

同理若 $t_k \neq t_j$，则将模式继续向右滑动至使第 next[k']个字符和 t_j 对齐，依此类推，直至 t_j 和模式中的某个字符匹配成功或者不存在任何 k'（1<k'<k<⋯<j）满足（4-10），此时若 $t_1 \neq t_{j+1}$，则有：

$$next[j+1]=1 \tag{4-12}$$

否则若 $t_1=t_{j+1}$，则有

$$next[j+1]=0 \tag{4-13}$$

综上所述，求 next 函数值过程的算法如下。

【算法 4-24】

```
void GetNext(char *t,int next[])//求模式 t 的 next 值并存入 next 数组中
{
    int i=1,j=0;
    next[1]=0;
    while(i<t[0])
    {
        while(j>0&&t[i]!=t[j]) j=next[j];
        i++; j++;
        if(t[i]==t[j]) next[i]=next[j];
        else
            next[i]=j;
    }
}
```

算法 4-24 的时间复杂度是 O(m)；所以 StrIndex_KMP 算法的时间复杂度是 O(n*m)，但在一般情况下，实际的执行时间是 O(n+m)。当然 KMP 算法和简单的模式匹配算法相比，增加了很大难度，我们主要学习该算法的设计技巧。

习题4

一、选择题

1. 下面关于串的的叙述中，_____是不正确的。

　　A. 串是字符的有限序列　　　　　　　B. 空串是由空格构成的串

　　C. 模式匹配是串的一种重要运算　　　D. 串既可以采用顺序存储，也可以采用链式存储

2. 串是一种特殊的线性表，其特殊性体现在_____。

　　A. 可以顺序存储　　　　　　　　　　B. 数据元素是一个字符

　　C. 可以链接存储　　　　　　　　　　D. 数据元素可以是多个字符

3. 串的长度是指_____。

　　A. 串中所含不同字母的个数　　　　　B. 串中所含字符的个数

　　C. 串中所含不同字符的个数　　　　　D. 串中所含非空格字符的个数

4. 设有两个串 p 和 q，其中 q 是 p 的子串，求 q 在 p 中首次出现的位置的算法称为_____。

　　A. 求子串　　　　　　B. 连接　　　　　　C. 匹配　　　　　　D. 求串长

5. 若串 S="software"，其子串的个数是_____。

　　A. 8　　　　　　　　B. 37　　　　　　　C. 36　　　　　　　D. 9

6. 设串 s1='ABCDEFG'，s2='PQRST'，函数 con(x,y)返回 x 和 y 串的连接串，subs(s,i,j)返回串 s 的从序号 i 的字符开始的 j 个字符组成的子串，len(s)返回串 s 的长度，则 con(subs(s1,2,len(s2)),subs(s1,len(s2),2))的结果串是_____。

　　A. BCDEF　　　　　　　　　　　　　B. BCDEFG

　　C. BCPQRST　　　　　　　　　　　　D. BCDEFEF

7．设串的长度为 n，则它的子串个数为_____。

    A．n   B．n(n+1)   C．n(n+1)/2   D．n(n+1)/2+1

8．若 SUBSTR(S,i,k)表示求 S 中从第 i 个字符开始的连续 k 个字符组成的子串的操作，则对于 S="Beijing&Nanjing"，SUBSTR(S,4,5)=_____。

    A．"ijing"   B．"jing&"   C．"ingNa"   D．"ing&N"

9．若 INDEX(S,T)表示求 T 在 S 中的位置的操作，则对于 S="Beijing&Nanjing"，T="jing"，INDEX(S,T)=_____。

    A．2   B．3   C．4   D．5

10．若 REPLACE(S,S1,S2)表示用字符串 S2 替换字符串 S 中的子串 S1 的操作，则对于 S="Beijing&Nanjing"，S1="Beijing"，S2="Shanghai"，REPLACE(S,S1,S2)=_____。

    A．"Nanjing&Shanghai"   B．"Nanjing&Nanjing"

    C．"ShanghaiNanjing"   D．"Shanghai&Nanjing"

11．字符串采用结点大小为 1 的链表作为其存储结构，是指_____。

    A．链表的长度为 1

    B．链表中只存放 1 个字符

    C．链表的每个链结点的数据域中不仅只存放了一个字符

    D．链表的每个链结点的数据域中只存放了一个字符

二、填空题

1．含零个字符的串称为_____串。任何串中所含_____的个数称为该串的长度。

2．空格串是指_____，其长度等于_____。

3．当且仅当两个串的_____相等并且各个对应位置上的字符都_____时，这两个串相等。一个串中任意个连续字符组成的序列称为该串的_____串，该串称为它所有子串的_____串。

4．在串 S="structure"中，以 t 为首字符的子串有_____个。

5．INDEX("DATASTRUCTURE","STR")=_____。

6．模式串 P="abaabcac"的 next 函数值序列为_____。

7．下列程序判断字符串 s 是否对称，对称则返回 1，否则返回 0；如 f("abba")返回 1，f("abab")返回 0。

```
int f(_____)
{   int i=0,j=0;
    while(s[j]) _____;
    for(j--;i<j && s[i]==s[j];i++,j--);
        return (_____);
}
```

8．下列算法实现求采用顺序结构存储的串 s 和串 t 的一个最长公共子串。

```
void maxcomstr(orderstring *s,orderstring *t;int index,int length)
{   int i,j,k,length1,con;
    index=0;length=0;i=1;
    while(i<=s.len)
    {   j=1;
        while(j<=t.len)
        {
```

```
              if (s[i]==t[j])
              {   k=1;length1=1;con=1;
                  while(con)
                  if _____ {length1=length1+1;k=k+1;}
                  else _____;
                  if(length1>length){index=i;length=length1;}
                      _____;
              }
              else _____;
          }
          _____;
      }
  }
```

9. 下列算法的功能是比较两个链串的大小，其返回值为：

$$comstr(s1,s2) = \begin{cases} -1 & 当 s_1 < s_2 \\ 0 & 当 s_1 = s_2 \\ 1 & 当 s_1 > s_2 \end{cases}$$

请在空白处填入适当的内容。

```
int comstr(LinkString s1,LinkString s2)
{//s1 和 s2 为两个链串的头指针
    while(s1&&s2){
        if(s1->date<s2->date)return -1;
        if(s1->date>s2->date)return 1;
        _____;
        _____;
    }
    if(_____) return -1;
    if(_____) return 1;
    _____;
}
```

三、应用题

1. 描述以下概念的区别：空格串与空串。

2. 设有 A=" "，B="mule"，C="old"，D="my"，试计算下列运算的结果（注：A+B 是 CONCAT(A,B) 的简写，A=" "的" "含有两个空格）。

（a）A+B

（b）B+A

（c）D+C+B

（d）SUBSTR(B,3,2)

（e）SUBSTR(C,1,0)

（f）LENGTH(A)

（g）LENGTH(D)

（h）INDEX(B,D)

（i）INDEX(C,"d")

（j）INSERT(D,2,C)

（k）INSERT(B,1,A)

（l）DELETE(B,2,2)

（m）DELETE(B,2,0)

3．设主串 S="xxyxxxyxxxxyxyx"，模式串 T="xxyxy"。请问：如何用最少的比较次数找到 T 在 S 中出现的位置？相应的比较次数是多少？

4．给出字符串"abacabaaad"在 KMP 算法中的 next 和 nextval 数组。

5．已知 s="(xyz)+*"，t="(x+z)*y"。试利用连接、求子串和置换等基本运算，将 s 转化为 t。

四、编程题

1．写下列算法：

（1）将顺序串 r 中所有值为 ch1 的字符换成 ch2 的字符。

（2）将顺序串 r 中所有字符按照相反的次序仍存放在 r 中。

（3）从顺序串 r 中删除其值等于 ch 的所有字符。

（4）从顺序串 r1 中第 index 个字符起求出首次与串 r2 相同的子串的起始位置。

（5）从顺序串 r 中删除所有与串 r1 相同的子串。

2．用顺序结构存储的串 S，编写算法删除 S 中第 i 个字符开始的 j 个字符。

3．输入一个字符串，内有数字和非数字字符，如 ak123x456 17960?302gef4563，将其中连续的数字作为一个整体，依次存放到一维数组 a 中，例如 123 放入 a[0]，456 放入 a[1]……。编写算法统计其共有多少个整数，并输出这些整数。

4．若 s、t 和 v 是三个采用定长顺序存储表示的串，编写一个实现串替换运算的函数 StrReplace(&s,t,v)，即用 v 替换主串 s 中出现的所有与 t 相等的不重叠的子串。

5．若 T 和 P 是用结点大小为 1 的单链表表示的串，设计算法在链串上求模式串 P 在目标串 T 中首次出现的位置。

6．若 X 和 Y 是用结点大小为 1 的单链表表示的串，设计一个算法找出 X 中第一个不在 Y 中出现的字符。

第5章 数组和广义表

数组和广义表，可看成是一种扩展的线性数据结构。其特殊性不像栈和队列那样表现在对数据元素的操作受限制，而是反映在"数据元素"的构成上。在线性表中，每个数据元素都是不可再分的原子类型；而数组和广义表中的数据元素可以推广到是一种具有特定结构的数据。通过本章的学习，读者应该掌握以下内容：
- 数组的概念和类型定义；
- 数组的顺序存储和实现；
- 特殊矩阵和稀疏矩阵的压缩存储；
- 广义表的存储及基本算法实现。

5.1 数组类型的定义

5.1.1 数组的定义

1. 一维数组

一维数组可以看成是一个线性表或一个向量，它在计算机内存放在一块连续的存储单元中，适合于随机查找。这在第 2 章的线性表的顺序存储结构中已经介绍。

2. 二维数组

二维数组中的每一个元素最多可有两个直接前驱和两个直接后继（边界除外），故是一种典型的非线性结构。例如，设 A 是一个有 m 行 n 列的二维数组，则 A 可以表示为如图 5-1 所示。

$$A_{mn} = \begin{pmatrix} a_{11} & a_{12} & \cdots & a_{1j} & \cdots & a_{1n} \\ a_{21} & a_{22} & \cdots & a_{2j} & \cdots & a_{2n} \\ \cdots & \cdots & \cdots & \cdots & \cdots & \cdots \\ a_{i1} & a_{i2} & \cdots & a_{ij} & \cdots & a_{in} \\ \vdots & \vdots & \vdots & \vdots & \vdots & \vdots \\ a_{m1} & a_{m2} & \cdots & a_{mj} & \cdots & a_{mn} \end{pmatrix}$$

图 5-1　A_{mn} 的二维数组

二维数组可以看成是这样一个定长的线性表，它的每个数据元素也是一个定长的线性表。例如，图 5-1 所示的二维数组，我们可以把它看成一个线性表：$A=(\alpha_1, \alpha_2, \cdots, \alpha_n)$，其中

α_j（$1\leqslant j\leqslant n$）本身也是一个线性表，称为列向量，即 $\alpha_j=(a_{1j},a_{2j},\cdots,a_{mj})$，如图 5-2 所示。

$$A=(\alpha_1 \quad \alpha_2 \quad \cdots \quad \alpha_j \quad \cdots \quad \alpha_n)$$

$$A_{mn}=\begin{pmatrix} a_{11} & a_{12} & \cdots & a_{1j} & \cdots & a_{1n} \\ a_{21} & a_{22} & \cdots & a_{2j} & \cdots & a_{2n} \\ \vdots & \vdots & \cdots & \vdots & \cdots & \vdots \\ a_{i1} & a_{i2} & \cdots & a_{ij} & \cdots & a_{in} \\ \vdots & \vdots & \cdots & \vdots & \cdots & \vdots \end{pmatrix}$$

图 5-2　矩阵 A_{mn} 看成 n 个列向量的线性表

同样，我们还可以将数组 A_{mn} 看成另外一个线性表：$B=(\beta_1,\beta_2,\cdots,\beta_n)$，其中 β_i（$1\leqslant i\leqslant m$）本身也是一个线性表，称为行向量，即：$\beta_i=(a_{i1},a_{i2},a_{ij},\cdots,a_{in})$，如图 5-3 所示。

$$A_{mn}=\begin{pmatrix} a_{11} & a_{12} & \cdots & a_{1j} & \cdots & a_{1n} \\ a_{21} & a_{22} & \cdots & a_{2j} & \cdots & a_{2n} \\ \vdots & \vdots & \vdots & \vdots & \vdots & \vdots \\ a_{i1} & a_{i2} & \cdots & a_{ij} & \cdots & a_{in} \\ \vdots & \vdots & \vdots & \vdots & \vdots & \vdots \end{pmatrix} \begin{matrix} \leftarrow & \beta_1 \\ \leftarrow & \beta_2 \\ \leftarrow & \vdots \\ \leftarrow & \beta_i \\ \leftarrow & \vdots \end{matrix}$$

图 5-3　矩阵 A_{mn} 看成 m 个行向量的线性表

从中我们可以看出数组实际上是线性表的推广。同理三维数组可以看成是这样的一个线性表，其中每个数据元素均是一个二维数组。另外，从数组的特殊结构可以看出，数组中的每一个元素由一个值和一组下标来描述。"值"代表数组中元素的数据信息，一组下标用来描述该元素在数组中的相对位置信息。数组的维数不同，描述其相对位置的下标的个数不同。如在二维数组中，元素 a_{ij} 由两个下标值 i、j 来描述。其中 i 表示该元素所在的行号，j 表示该元素所在的列号。

经过以上的讨论，我们给出二维数组 A_{mn} 的抽象数据类型的定义如下：

D=\{$a_{i,j}$|$1\leqslant i\leqslant m,1\leqslant j\leqslant n,a_{i,j}$ 的类型为 ElemType\}

R=\{ROW,COL\}

其中：

ROW=\{<$a_{i-1,j},a_{i,j}$>| i=2,$\cdots$,m,$1\leqslant j\leqslant n,a_{i-1,j},a_{i,j}$ 的类型为 ElemType\}

（称作"行关系"）

COL=\{<$a_{i,j-1},a_{i,j}$>| j=2,$\cdots$,n,$1\leqslant i\leqslant m,a_{i,j-1},a_{i,j}$ 的类型为 ElemType\}

（称作"列关系"）

上述定义的二维数组中共有 $m\times n$ 个元素，每个元素 $a_{i,j}$ 同时处于行和列的两个关系中，它既在行关系 ROW 中是 $a_{i-1,j}$（i>0）的后继，又在列关系 COL 中是 $a_{i,j-1}$（j>0）的后继。

3. 多维数组

同理，三维数组的元素最多可有 3 个直接前驱和 3 个直接后继，三维以上数组可以做类似分析。因此，可以把三维以上的数组称为多维数组，多维数组的元素可有多个直接前驱和多个直接后继，故多维数组是一种非线性结构。

数组是一个具有固定格式和数量的数据有序集，每一个数据元素由唯一的一组下标来标识，因此，在数组上不能做插入、删除数据元素的操作。通常在各种高级语言中，数组一旦被定义，每一维的大小及上下界都不能改变。在数组中通常做下面两种操作：

（1）取值操作：给定一组下标，读其对应的数据元素。

（2）赋值操作：给定一组下标，存储或修改与其对应的数据元素。

我们着重研究二维和三维数组，因为它们应用广泛，尤其是三维数组。

5.1.2　数组的 ADT 定义

和线性表类似，数组中的每个元素都对应于一组下标$(j_1,j_2,\cdots,j_n)$，每个下标的取值范围是$1\leq j_i\leq b_i$，称 b_i 为**第 i 维的长度**（$i=1,2,\cdots,n$）。因此，也可以将数组看成是由"一组下标"和"元素值"构成的二元组的集合。在一般情况下，数组每一维的下标 j_i 的取值范围均可设置为任意值的整数。

ADT Array{

数据对象：$j_i=1,\cdots,b_i,\ i=1,2,\cdots n$

$D=\{\ a_{j_1j_2\cdots j_n}\ |n\ (n>0)$ 称为数组的维数，j_i 是数组的第 i 维下标，$1\leq j_i\leq b_i$，b_i 为数组第 i 维的长度，$a_{j_1j_2\cdots j_n}\in ElemSet\}$

关系：$R=\{R_1,R_2,\cdots,R_n\}$

$R_i=\{\ <a_{j_1\cdots j_i\cdots j_n},a_{j_1\cdots j_i+1\cdots j_n}>|1\leq j_k\leq b_k,\ 1\leq k\leq n\ 且\ k\neq i,\ 1\leq j_i\leq b_i-1,\ <a_{j_1\cdots j_i\cdots j_n},a_{j_1\cdots j_i+1\cdots j_n}>\in D,\ i=1,\ \cdots,\ n\}$

基本操作：

（1）InitArray(*A,n,bound_1,\cdots,bound_n)。

操作结果：若维数 n 和各维长度合法，则构造相应的数组 A。

（2）DestroyArray(*A)。

初始条件：数组 A 已经存在。

操作结果：销毁数组 A。

（3）Value(A,*e,index_1,\cdots,index_n)。

初始条件：A 是 n 维数组，e 为元素变量，随后是 n 个下标值。

操作结果：若各下标不超界，则 e 赋值为所指定的 A 的元素值，并返回 OK。

（4）Assign(*A,e,index_1,\cdots,index_n)。

初始条件：A 是 n 维数组，e 为元素变量，随后是 n 个下标值。

操作结果：若下标不超界，则将 e 的值赋给 A 中指定下标的元素。

}ADT Array

这里定义的数组，与 C 语言的数组略有不同，下标是从 1 开始的。数组一旦被定义，其维数（n）和每一维的上、下界均不能再变，数组中元素之间的关系也不再改变。因此数组的基本操作除初始化和结构销毁之外，只有通过给定的"一组下标"索引取得元素或修改元素的值。

5.2　数组的顺序存储和实现

对于数组 A，一旦给定其维数 n 及各维长度 b_i（$1 \leqslant i \leqslant n$），则该数组中元素的个数是固定的，不可以对数组做插入和删除操作，不涉及移动元素操作，因此对于数组而言，采用顺序存储法比较合适。

在计算机中，内存储器的结构是一维的。用一维的内存表示多维数组，就必须按某种次序，将数组元素排成一个线性序列，然后将这个线性序列存放在存储器中。换句话说，可以用向量作为数组的顺序存储结构。

对于一维数组按下标顺序分配即可。

对多维数组分配时，要把它的元素映像存储在一维存储器中，一般有两种存储方式：一是以行为主序（或先行后列）的顺序存放，如 BASIC、Pascal、COBOL、C 等程序设计语言中用的是以行为主的顺序分配，即一行分配完了接着分配下一行；另一种是以列为主序（先列后行）的顺序存放，如 Fortran 语言中，用的是以列为主序的分配顺序，即一列一列地分配。以行为主序的分配规律是：最右边的下标先变化，即最右下标从小到大，循环一遍后，右边第二个下标再变……从右向左，最后是左下标。以列为主序分配的规律恰好相反：最左边的下标先变化，即最左下标从小到大，循环一遍后，左边第二个下标再变……从左向右，最后是右下标。

例如一个 2×3 二维数组，逻辑结构可以用图 5-4 表示。以行为主序的内存映像如图 5-5（a）所示，分配顺序为 a_{11}，a_{12}，a_{13}，a_{21}，a_{22}，a_{23}；以列为主序的分配顺序为 a_{11}，a_{21}，a_{12}，a_{22}，a_{13}，a_{23}，它的内存映像如图 5-5（b）所示。

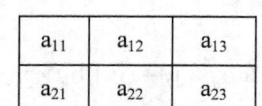

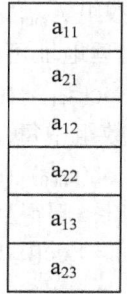

（a）以行为主序　（b）以列为主序

图 5-4　2×3 数组的逻辑状态　　图 5-5　2×3 数组的物理状态

设有 m×n 二维数组 A_{mn}，下面按元素的下标求其地址的计算：

以以行为主序的存储结构分配为例：设数组的基址为 $Loc(a_{11})$，每个数组元素占据 L 个地址单元，那么 a_{ij} 的物理地址可由下列公式确定：

$$Loc(a_{ij}) = Loc(a_{11}) + ((i-1)*n + j-1) * L \qquad (5-1)$$

这是因为数组元素 a_{ij} 的前面有 i-1 行，每一行的元素个数为 n，在第 i 行中它的前面还有 j-1 个数组元素。

同样道理，如果以以列为主序的存储结构分配，则 a_{ij} 的物理地址可由下列公式确定：

$$Loc(a_{ij}) = Loc(a_{11}) + ((j-1)*m + i-1) * L \tag{5-2}$$

在 C 语言中，数组中每一维的下界定义为 0，则式（5-1）可写成：

$$Loc(a_{ij}) = Loc(a_{00}) + (i*n + j) * L \tag{5-3}$$

式（5-2）可写成：

$$Loc(a_{ij}) = Loc(a_{00}) + (j*m +i) * L \tag{5-4}$$

假设有一个 $3\times4\times2$ 的三维数组 A，共有 24 个元素。其逻辑结构如图 5-6 所示。

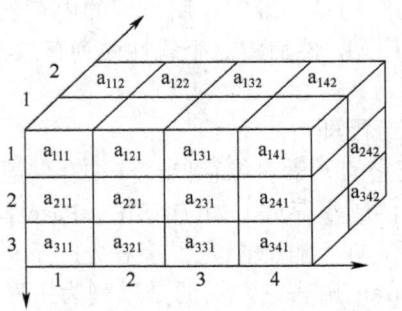

图 5-6 $3\times4\times2$ 数组的逻辑状态

三维数组元素的标号由三个数字表示，即行、列、纵三个方向。a_{142} 表示第 1 行，第 4 列，第 2 纵的元素。如果对 $A_{3\times4\times2}$（下标从 1 开始）采用以行为主序的方法存放，即行下标变化最慢，纵下标变化最快，则顺序为：

a_{111}，a_{112}，a_{121}，a_{122}，$\cdots$，a_{331}，a_{332}，a_{341}，a_{342}

采用以纵为主序的方法存放，即纵下标变化最慢，行下标变化最快，则顺序为：

a_{111}，a_{211}，a_{311}，a_{121}，a_{221}，a_{321}，$\cdots$，a_{132}，a_{232}，a_{332}，a_{142}，a_{242}，a_{342}

同理对于三维数组 A_{mnp}，即 $m\times n\times p$ 数组，下面以行序为主序的存储结构分配，对于数组中任一元素 a_{ijk} 其物理地址可由下式确定：

$$Loc(a_{ijk})=Loc(a_{111})+((i-1) *n*p+ (j-1)*p +k-1)*L \tag{5-5}$$

在 C 语言中，数组中每一维的下界定义为 0，则：

$$Loc(a_{ijk})=Loc(a_{000})+(i *n*p+j*p +k)*L \tag{5-6}$$

推广到 n 维数组，则得到

$$Loc(j_1,j_2,\cdots,j_n) = Loc(0,0,\cdots,0) + (b_2 \times \cdots \times b_n \times j_1 + b_3 \times \cdots \times b_n \times j_2 + \cdots + b_n \times j_{n-1} + j_n)L$$

$$= Loc(0,0,\cdots,0) + (\sum_{i=1}^{n-1} j_i \prod_{k=i+1}^{n} b_k + j_n)L \tag{5-7}$$

可缩写成

$$Loc(j_1,j_2,\cdots,j_n) = Loc(0,0,\cdots,0) + \sum_{i=1}^{n} c_i j_i \tag{5-8}$$

其中 $c_n=L$，$c_{i-1}=b_i\times c_i$，$1<i\leq n$。

在高级语言的应用层上，一般不会涉及到 $Loc[j_1,j_2,\cdots,j_n]$ 的计算公式，这一计算内存地址的任务是由高级语言的编译系统为我们完成的。在使用时，用户只需给出数组的下标范围，编译系统根据提供的必要参数进行地址分配，用户则不必考虑其内存情况。但是由 $Loc[j_1,j_2,j_3]$

计算公式可以看出，数组的维数越高，则数组元素存储地址计算量越大，计算花费的时间越多。因此，在定义和使用数组时，应具体情况，具体分析。

【例 5-1】若矩阵 A_{mn} 中存在某个元素 a_{ij} 满足：a_{ij} 是第 i 行中最小值且是第 j 列中的最大值，则称该元素为矩阵 A 的一个鞍点。试编写一个算法，找出 A 中的所有鞍点。

算法描述： 在矩阵 A 中求出每一行的最小值元素，然后判断该元素它是否是它所在列中的最大值，是则打印出，接着处理下一行。矩阵 A 用一个二维数组表示。

【算法 5-1】

```
#define N 10
void saddle(int A[][N],int m)//m,N 是矩阵 A 的行和列
{
    int i,j,k,p,min;
    for(i=0;i<m;i++)//按行处理
    {
        min=A[i][0];
        for(j=1;j<N;j++)
            if(A[i][j]<min)min=A[i][j];//找第 i 行最小值
        for(j=0;j<N;j++)//检测该行中的每一个最小值是否是鞍点
            if(A[i][j]==min)
            {
                k=j;p=0;
                while(p<m && A[p][j]<min)
                    p++;
                if(p>=m)printf("%d,%d,%d\n",i,k,min);
            }//if
    }//for
}
```

5.3 矩阵压缩存储

矩阵是数值程序设计中经常用到的数学模型，它由 m 行和 n 列的数值构成（m=n 时称为方阵）。在用高级语言编制的程序中，通常用二维数组表示矩阵，它使矩阵中的每个元素都可在二维数组中找到相对应的存储位置。然而，在数值分析的计算中经常出现一些有下列特性的高阶矩阵，即矩阵中有很多值相同的元或零值元，为了节省存储空间，需要对它们进行"压缩存储"，即不存或少存这些值相同的元或零值元。

5.3.1 对称矩阵

对称矩阵的特点是：在一个 n 阶方阵中，有 $a_{ij}=a_{ji}$，其中 $1 \leq i, j \leq n$，如图 5-7 所示是一个 5 阶对称矩阵。对称矩阵关于主对角线对称，因此只需存储上三角或下三角部分即可，比如，只存储下三角中的元素 a_{ij}，其特点是当 $j \leq i$ 且 $1 \leq i \leq n$，对于上三角中的元素 a_{ij}，它和对应的 a_{ji} 相等，因此当访问的元素在上三角时，直接去访问和它对应的下三角元素即可，这样，原来需要 n*n 个存储单元，现在只需要 n(n+1)/2 个存储单元，节约了 n(n-1)/2 个存储单元，当 n 较大时，这是可观的一部分存储资源。

$$A = \begin{bmatrix} 3 & 7 & 2 & 4 & 8 \\ 7 & 2 & 6 & 5 & 2 \\ 2 & 6 & 1 & 6 & 3 \\ 4 & 5 & 6 & 0 & 5 \\ 8 & 2 & 3 & 5 & 7 \end{bmatrix}$$

3	7	2	2	6	1	4	5	6	0	8	2	3	5	7

图 5-7　5 阶对称方阵及它的压缩存储

如何只存储下三角部分呢？将下三角部分以行为主序顺序存储到一个向量中去，在下三角中共有 $n(n+1)/2$ 个元素，因此，不失一般性，设存储到一个向量空间 SA[0]至 SA[n(n+1)/2-1]中，可用图 5-8 所示顺序存储，这样，原矩阵下三角中的某一个元素 a_{ij} 则具体对应一个 SA[k]，下面的问题是要找到 k 与 i、j 之间的关系。

0	1	2	3	4	5	⋯	n(n-1)/2	⋯	n(n+1)/2-1
a_{11}	a_{21}	a_{22}	a_{31}	a_{32}	a_{33}	⋯	a_{n1}	⋯	a_{nn}

图 5-8　一般对称矩阵的压缩存储

对于下三角中的元素 a_{ij}，其特点是：$i \geq j$ 且 $1 \leq i \leq n$，存储到 SA 中后，根据存储原则，它前面有 $i-1$ 行，共有 $1+2+\cdots+i-1=i(i-1)/2$ 个元素，而 a_{ij} 又是它所在的行中的第 j 个，所以在上面的排列顺序中，a_{ij} 是第 $i(i-1)/2+j$ 个元素，因此它在 SA 中的下标 k 与 i、j 的关系为：

$$k=i(i-1)/2+j-1 \quad (i \geq j, \ 0 \leq k < n(n+1)/2) \tag{5-9}$$

若 $i<j$，则 a_{ij} 是上三角中的元素，因为 $a_{ij}=a_{ji}$，这样，访问上三角中的元素 a_{ij} 时，则去访问和它对应的下三角中的 a_{ji} 即可，因此将上式中的行列下标交换就是上三角中的元素在 SA 中的对应关系：

$$k=j(j-1)/2+i-1 \quad (i<j, \ 0 \leq k < n(n+1)/2) \tag{5-10}$$

综上所述，对于对称矩阵中的任意元素 a_{ij}，若令 $I=\max(i,j)$，$J=\min(i,j)$，则将上面两个式子综合起来得到：$k=I*(I-1)/2+J-1$。

5.3.2　三角矩阵

三角矩阵大体分为两类：下三角矩阵和上三角矩阵。对于一个 n 阶矩阵 A 来说：若当 $i<j$ 时，有 $a_{ij}=c$（常数），则称此矩阵为**下三角矩阵**；若当 $i>j$ 时，有 $a_{ij}=c$（常数），则此矩阵称为**上三角矩阵**。如图 5-9（a）为下三角矩阵：主对角线以上均为同一个常数；图 5-9（b）为上三角矩阵，主对角线以下均为同一个常数；下面讨论它们的压缩存储方法。

$$\begin{bmatrix} 3 & c & c & c & c \\ 7 & 2 & c & c & c \\ 2 & 6 & 1 & c & c \\ 4 & 5 & 6 & 0 & c \\ 8 & 2 & 3 & 5 & 7 \end{bmatrix} \qquad \begin{bmatrix} 3 & 7 & 2 & 4 & 8 \\ c & 2 & 6 & 5 & 2 \\ c & c & 1 & 6 & 3 \\ c & c & c & 0 & 5 \\ c & c & c & c & 7 \end{bmatrix}$$

（a）下三角矩阵　　　　　　　　　　　　　　（b）上三角矩阵

图 5-9　三角矩阵

1. 下三角矩阵

下三角矩阵与对称矩阵类似，不同之处在于存完下三角中的元素之后，紧接着存储对角线上方的常量，因为是同一个常数，所以存一个即可，这样一共存储了 n(n+1)+1 个元素，如图 5-10 所示。设存入向量 SA[n(n+1)+1]中，这种的存储方式可节约 n(n-1)-1 个存储单元，SA[k]与 a_{ji} 的对应关系为：

$$k = \begin{cases} i(i-1)/2 + j - 1 & \text{当}i \geqslant j \\ n(n+1)/2 & \text{当}i < j \end{cases}$$

0	1	2	3	4	5	⋯	n(n-1)/2	⋯	n(n+1)/2-1	n(n+1)/2
a_{11}	a_{21}	a_{22}	a_{31}	a_{32}	a_{33}	⋯	a_{n1}	⋯	a_{nn}	c

图 5-10　下三角矩阵压缩存储

2. 上三角矩阵

对于上三角矩阵，存储思想与下三角类似，如图 5-11 所示，以行为主序顺序存储上三角部分，最后存储对角线下方的常量。对于第 1 行，存储 n 个元素，第 2 行存储 n-1 个元素……第 p 行存储(n-p+1)个元素，a_{ij} 的前面有 i-1 行，共存储的元素为：

$$n + (n-1) + \cdots + (n-i+1) = \sum_{p=1}^{i-1}(n-p) + 1 = (i-1)*(2n-i+2)/2$$

a_{ij} 是它所在的行中要存储的第（j-i+1）个；所以，它是上三角存储顺序中的第 (i-1)(2n-i+2)/2+(j-i+1)个，因此它在 SA 中的下标为 k=(i-1)(2n-i+2)/2+j-i。

综上所述，SA[k]与 a_{ji} 的对应关系为：

$$k = \begin{cases} (i-1)(2n-i+2)/2 + j - i & \text{当}i \leqslant j \\ n(n+1)/2 & \text{当}i > j \end{cases}$$

0	1	⋯				⋯		⋯	n(n+1)/2-1	n(n+1)/2
a_{11}	a_{12}	⋯	a_{1n}	a_{22}	a_{23}	⋯	a_{2n}	⋯	a_{nn}	c

图 5-11　上三角矩阵压缩存储

5.3.3　带状矩阵

所谓的带状矩阵即在矩阵 A 中，所有的非零元素都集中在以主对角线为中心的带状区域中。其中最常见的是三对角带状矩阵，如图 5-12 所示。

$$A = \begin{pmatrix} a_{11} & a_{12} & & & \\ a_{21} & a_{22} & a_{23} & & \\ & a_{32} & a_{33} & a_{34} & \\ & & a_{43} & a_{44} & a_{45} \\ & & \cdots & \cdots & \cdots \end{pmatrix}_{n \times n}$$

图 5-12　带状矩阵 A

三对角带状矩阵有如下特点：

当

$$\begin{cases} i=1 & j=1,2 \\ 1<j<n & j=i-j,i,i+1 \\ i=n & j=n-1,n \end{cases}$$

时，a_{ij} 非零，其他元素均为零。

对于三对角带状矩阵的压缩存储，我们以行序为主序进行存储，并且只存储非零元素，具体压缩存储方法如下。

（1）确定存储该矩阵所需的一维向量空间的大小。

在这里假设每个非零元素所占空间的大小为 1 个单元。从图中观察得知，三对角带状矩阵中，除了第一行和最后一行只有 2 个非零元素外，其余各行均有 3 个非零元素，由此得到所需一维向量空间的大小为：2+2+3×(n-2)=3n-2，如图 5-13 所示。

数组 C	a_{11}	a_{12}	a_{21}	a_{22}	a_{23}	a_{32}	...	a_{nn}
Loc(i,j)	1	2	3	4	5	6	...	3n-2

图 5-13　带状矩阵压缩形式

（2）确定非零元素在一维数组空间中的位置。

LOC[i,j]=LOC[1,1]+前 i-1 行非零元素个数+第 i 行中 a_{ij} 前非零元素个数

前 i-1 行元素个数=3(i-1)-1（因为第 1 行只有 2 个非零元素）；

第 i 行中 a_{ij} 前非零元素个数=j-i+1，其中

$$j-i=\begin{cases} -1 & (j<1) \\ 0 & (j=i) \\ 1 & (j>i) \end{cases}$$

由此得到 Loc[i,j]=Loc[1,1]+3(i-1)-1+j-i+1=Loc[1,1]+2(i-1)+j-1。

5.4　稀疏矩阵

设矩阵 A_{mn} 中有 s 个非零元素，若 s 远远小于矩阵元素的总数（即 s<<m×n），则称 A 为稀疏矩阵。在存储稀疏矩阵时，为了节省存储单元，很自然的压缩存储方法是只存储非零元素。但由于非零元素的分布一般是没有规律的，因此在存储非零元素的同时，还必须存储适当的辅助信息，才能迅速确定一个非零元素是矩阵中的哪一个元素。最简单的方法是将非零元素的值和它所在的行号、列号做为一个结点存放在一起，于是矩阵中的每一个非零元素就由一个三元组(i,j,a_{ij})唯一确定。显然，稀疏矩阵的压缩存储会失去随机存取功能。

5.4.1　稀疏矩阵三元组表存储

若将表示稀疏矩阵的非零元素的三元组按行优先（或列优先）的顺序排列（跳过零元素），则得到一个其结点均是三元组的线性表。我们将该线性表的顺序存储结构称为三元组表。因此，

三元组表是稀疏矩阵的一种顺序存储结构。以下的讨论中，均假定三元组是按行优先顺序排列的。每个非零元素在一维数组中的表示形式如图 5-14 所示。

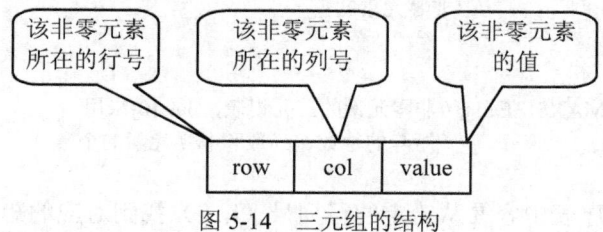

图 5-14　三元组的结构

把这些三元组按"行序为主序"用一维数组进行存放，即将矩阵的任何一行的全部非零元素的三元组按列号递增存放。如图 5-15（a）、（b）所示的稀疏矩阵的三元组表表示见图 5-16（a）、（b）。

$$M_{6\times 7} = \begin{bmatrix} 0 & 12 & 9 & 0 & 0 & 0 & 0 \\ 0 & 0 & 0 & 0 & 0 & 0 & 0 \\ -3 & 0 & 0 & 0 & 0 & 14 & 0 \\ 0 & 0 & 24 & 0 & 0 & 0 & 0 \\ 0 & 18 & 0 & 0 & 0 & 0 & 0 \\ 15 & 0 & 0 & -7 & 0 & 0 & 0 \end{bmatrix}$$

（a）矩阵 A

$$N_{7\times 6} = \begin{bmatrix} 0 & 0 & -3 & 0 & 0 & 15 \\ 12 & 0 & 0 & 0 & 18 & 0 \\ 9 & 0 & 0 & 24 & 0 & 0 \\ 0 & 0 & 0 & 0 & 0 & -7 \\ 0 & 0 & 0 & 0 & 0 & 0 \\ 0 & 0 & 14 & 0 & 0 & 0 \\ 0 & 0 & 0 & 0 & 0 & 0 \end{bmatrix}$$

（b）矩阵 B

图 5-15　稀疏矩阵

row	col	value
1	2	12
1	3	9
3	1	-3
3	6	14
4	3	24
5	2	18
6	1	15
6	4	-7

（a）矩阵 M 的三元组表

row	col	value
1	3	-3
1	6	15
2	1	12
2	5	18
3	1	9
3	4	24
4	6	-7
6	3	14

（b）矩阵 N 的三元组表

图 5-16　稀疏矩阵的三元组表表示

1. 三元组顺序表

稀疏矩阵的三元组表示法虽然节约了存储空间，但比起矩阵正常的存储方式来讲，其实相同操作要耗费较多的时间，同时也增加了算法的难度。即以耗费更多时间为代价来换取空间的节省。三元组顺序表的存储结构定义描述为：

```
#define MAXSIZE 12500    //非零元素的最多个数
typedef struct{
    int i,j;                 //该非零元素的行下标和列下标
    ElemType e;              //该非零元素的值
}Triple;
typedef struct{
    Triple data[MAXSIZE+1]; //非零元素的三元组表，data[0]未用
    int mu,nu,tu;              //矩阵的行数、列数和非零元素的个数
}TSMatrix;
```

显然，在三元组顺序表中容易从给定的行列号（i，j）找到对应的矩阵元。首先按行号 i 在顺序表中进行"有序"搜索，找到相同的 i 后再按列号进行有序搜索，若在三元组顺序表中找到行号和列号都和给定值相同的元素，则其中的非零元值即为所求，否则为矩阵中的零元。

同一行的下一个非零元即为顺序表中的后继，搜索同一列中下一个非零元稍微麻烦些，但由于顺序表是以行号为主序有序的，则在依次搜索过程中遇到的下一个列号相同的元素即为同一列的下一个非零元。

下面首先以稀疏矩阵的转置运算为例，介绍采用三元组表时的实现方法。所谓的矩阵转置是指变换元素的位置，把位于(i,j)位置上的元素换到(j,i)位置上，也就是说，把元素的行列互换。如图 5-15（a）的 6×7 矩阵 M，它的转置矩阵就是 7×6 的矩阵 N，并且 N(i,j) = M(j,i)，其中 $1 \leqslant i \leqslant 7$，$1 \leqslant j \leqslant 6$。

采用矩阵的正常存储方式时，实现矩阵转置的经典算法如下：

【算法 5-2】

```
#define N 6
#define M 7
void TransMatrix(ElemType source[][M],ElemType dest[][N])
{//source 和 dest 分别为被转置的矩阵和转置后的矩阵（用二维数组表示）
    int i,j;
    for(i=0;i<M;i++)
        for(j=0;j<N;j++)
            dest[i][j]=source[j][i];
}
```

显然，稀疏矩阵的转置仍旧是稀疏矩阵，所以可以采用三元组表实现矩阵的转置。假设 A 和 B 是矩阵 source 和矩阵 dest 的三元组表，实现转置的简单方法是：矩阵 source 的三元组表 A 的行、列互换就可以得到 B 中的元素，如图 5-17 所示。

$$A(i,j,e) \longrightarrow B(j,i,e)$$

图 5-17 三元组表表示矩阵转置示意图

通过观察图 5-16（a）、（b）之间的差别，由 M 得到 N 需经过 2 个步骤：①将每个三元组表中的 i 和 j 互相调换；②重排三元组之间的次序，便可以实现矩阵的转置。关键是如何实现第二条，即如何使 N.data 中的三元组以 N 的行（M 的列）为主序依次排列。可以有两种处理方法：

（1）按照 N.data 中三元组的次序依次在 M.data 中找到相应的三元组进行转置，即按照 M 的列序进行转置。

为了避免行、列互换后重新排序，按照三元组表 M 的列序（即转置后三元组表 N 的行序）进行转置，并依次送入 N 中，这样，转置后得到的三元组表 N 恰好是以"行序为主序"的。图 5-18 表示：第一遍扫描三元组表 M 时，逐个找出其中所有 col=1 的三元组，转置后按顺序送到三元组表 N 中；同理，第二遍扫描三元组表 A 时，逐个找出其中所有 col=2 的三元组，转置后按顺序送到三元组表 N 中；第 k 遍扫描三元组表 A 时，逐个找出其中所有 col=k 的三元组，转置后按顺序送到三元组表 B 中，显然 1≤k≤A.nu。

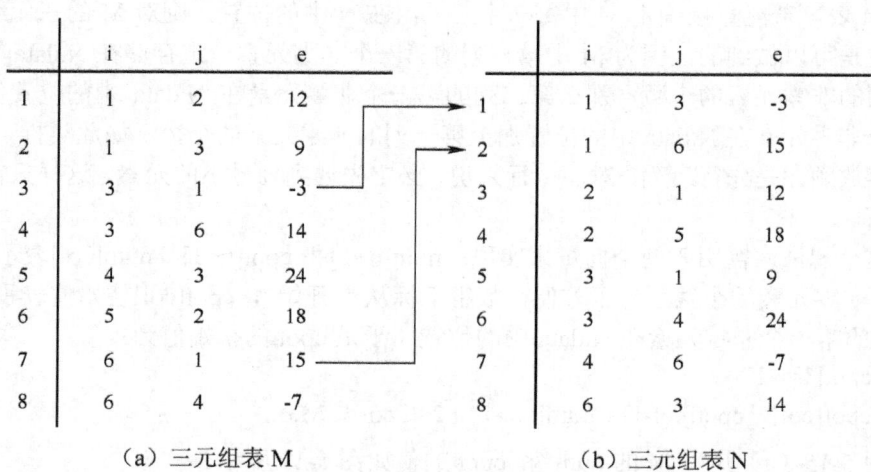

	i	j	e			i	j	e
1	1	2	12		1	1	3	-3
2	1	3	9		2	1	6	15
3	3	1	-3		3	2	1	12
4	3	6	14		4	2	5	18
5	4	3	24		5	3	1	9
6	5	2	18		6	3	4	24
7	6	1	15		7	4	6	-7
8	6	4	-7		8	6	3	14

（a）三元组表 M　　　　　　　　（b）三元组表 N

图 5-18　矩阵转置示意图

我们附设一个位置计数器 q，用于指向当前转置后元素应放入三元组表 N 中的位置。处理完一个元素后，q 加 1，q 的初值为 1。具体转置算法如下：

【算法 5-3】

```
void TransposeTSMatrix(TSMatrix M,TSMatrix *N)
{//把矩阵 M 转置到 N 所指向的矩阵中去，矩阵用三元组表表示
    int m,q,k;
    N->mu=M.nu;N->nu=M.mu;N->tu=M.tu;
    if(N->tu>0)
    {
        q=1;
        for(k=1;k<=M.nu;k++)
            for(m=1;m<=M.tu;m++)
                if(M.data[m].j==k)
                {
                    N->data[q].i=M.data[m].j;
                    N->data[q].j=M.data[m].i;
                    N->data[q].e=M.data[m].e;
                    q++;
                }
    }
}
```

分析算法 5-3，其时间主要耗费在 k 和 m 的二重循环上，所以时间复杂度为 O(nu×tu)（设

mu、nu 是原矩阵的行、列，tu 是稀疏矩阵的非零元素个数），显然当非零元素的个数 tu 和 mu*nu 同数量级时，算法的时间复杂度为 $O(mu \times nu^2)$，和通常存储方式下矩阵转置算法相比，可能节约了一定量的存储空间，但算法的时间性能更差一些。

（2）按照 M.data 中三元组的次序依次进行转置，并将转置后的三元组置入 N.data 中恰当的位置。

方法（1）的算法的效率低的原因是算法要从 M 的三元组表中寻找第一列、第二列……要反复搜索 M 表，若能直接确定 M 中每一个三元组在 N 中的位置，则对 M 的三元组表扫描一次即可。这是可以做到的，因为 M 中第一列的第一个非零元素一定存储在 N.data[1]，如果还知道第一列的非零元素的个数，那么第二列的第一个非零元素在 N.data 中的位置便等于第一列的第一个非零元素在 N.data 中的位置加上第一列的非零元素的个数，如此类推，因为 M 中三元组的存放顺序是先行后列，对同一行来说，必定先遇到列号小的元素，这样只需扫描一遍 M.data 即可。

根据这个想法，需引入两个向量来实现：num[n+1] 和 cpot[n+1]，num[col] 表示矩阵 M 中第 col 列的非零元素的个数（为了方便，数组下标从 1 开始），cpot[col] 初始值表示矩阵 M 中的第 col 列的第一个非零元素在 N.data 中的位置。于是 cpot 的初始值为：

$$\begin{cases} cpot[1]=1 \\ cpot[col]=cpot[col-1]+num[col-1] & 2 \leqslant col \leqslant M.nu \end{cases}$$

例如图 5-15（a）矩阵 M 的 num 和 cpot 的值如图 5-19 所示。

col	1	2	3	4	5	6	7
num[col]	2	2	2	1	0	1	0
cpot[col]	1	3	5	7	8	8	9

图 5-19　矩阵 M 的向量 cpot 的值

依次扫描 M.data，当扫描到一个 col 列元素时，直接将其存放在 N.data 的 cpot[col] 位置上，cpot[col] 加 1，cpot[col] 中始终是下一个 col 列元素在 N.data 中的位置。

具体算法如下：

【算法 5-4】

```
FastTransposeTSMatrix(TSMatrix M,TSMatrix *N)
{//基于矩阵的三元组表示，采用快速转置法，将矩阵 M 转置为 N 所指的矩阵
    int col,t,p,q;
    int num[MAXSIZE],cpot[MAXSIZE];
    N->tu=M.tu;N->nu=M.mu;N->mu=M.nu;
    if(N->tu)
    {
        for(col=1;col<=M.nu;col++)
            num[col]=0;
        for(t=1;t<=M.tu;t++)
            num[M.data[t].j]++;//计算每一列的非零元素的个数
        cpot[1]=1;
        for(col=2;col<M.nu;col++)//求 col 列中第一个非零元素在 N.data[] 中的正确位置
```

```
                cpot[col]=cpot[col-1]+num[col-1];
            for(p=1;p<M.tu;p++)
            {
                col=M.data[p].j;q=cpot[col];
                N->data[q].i=M.data[p].j;
                N->data[q].j=M.data[p].i;
                N->data[q].e=M.data[p].e;
                    cpot[col]++;
            }
        }
    }
```

快速转置算法的时间，主要耗费在四个并列的单循环上，这四个并列的单循环分别执行了 M.nu、M.tu、M.nu-1、M.tu 次，因而总的时间复杂度为 O(M.nu)+O(M.tu)+ O(M.nu)+ O(M.tu)，即为 O(M.nu+M.tu)，当待转置矩阵 M 中非零元素个数接近于 M.mu×M.nu 时，其时间复杂度接近于经典算法的时间复杂度 O(M.mu×M.nu)。

快速转置算法在空间耗费上，除了三元组表所占用的空间外，还需要两个辅助向量空间，即 num[M.nu]、cpot[M.nu]。可见，算法在时间上的节省，是以更多的存储空间为代价的。

2. 带行表的三元组表

由于三元组顺序表以行序为主序存放矩阵的非零元，则为取得第 i 行的非零元，必须从第一个元素起进行搜索查询。从上面讨论的矩阵转置算法中得到启发，如果在建立稀疏矩阵的三元组顺序表的同时加入一个行表 rpos[M.mu＋1]来记录每行的非零元素在三元组表的起始位置，将便于随机存取稀疏矩阵中任意一行的非零元。可将 rpos 中的值视作指向每一行第一个非零元的指针，故称这种表示方法为"带行表的三元组表"。其存储结构定义描述为：

```
#define MAXSIZE 1000 //非零元素的个数最多为 1000
#define MAXROW 1000 //矩阵最大行数为 1000
typedef struct{
    int i,j;        //该非零元素的行下标和列下标
    ElemType e; //该非零元素的值
}Triple;
typedef struct{
    Triple data[MAXSIZE+1]; //非零元素的三元组表，data[0]未用
    int rpos[MAXROW+1];     //三元组表中各行第一个非零元素所在的位置
    int mu,nu,tu;           //矩阵的行数、列数和非零元素的个数
}TriSparMatrix;
```

（1）建立稀疏矩阵的带行表的三元组表。

首先应该输入该矩阵的行数、列数以及非零元的个数，然后依次输入各个非零元的行号、列号和它的值，并在输入每一行的第一个非零元的同时为 rpos 中相应分量赋值。显然，对于顺序结构应尽少进行"移动元素"的操作，因此非零元的输入次序应对行有序，且同一行的非零元按列有序。

算法中需要注意的是，可能存在某一行或连续几行都没有非零元的情况，则这些行的"第一个非零元在顺序表中的位置"应该和当前输入的那个非零元所在行相同。虽然，表面上 rpos 中各分量的值只是指示每一行的第一个非零元在 data 中的位置，实际上它还隐含着一个信

息，即：第 k 行的非零元的个数=rpos[k+1]-rpos[k]。

为了使这个公式也适用于最后一行，在 rpos 中增添一个下标为(行数+1)的分量。

例如，按此算法得到的前面所例举矩阵 M 的 rpos 值如图 5-20 所示。

row	1	2	3	4	5	6	7
M.rpos	1	3	3	5	6	7	9

图 5-20　矩阵 M 的向量 rpos 的值

具体算法如下：

【算法 5-5】

```
void Create_SM(TriSparMatrix * M)
{//以行序为主序的次序逐个输入非零元，建立稀疏矩阵的带行表的三元组表
    int k,i,curRow;
    scanf("%d,%d,%d",&(M->mu),&(M->nu),&(M->tu));
    k=1; curRow=0;
    for (i=1; i<= M->tu; i++)
    {
        scanf("%d,%d,%d",&(M->data[k].i), &(M->data[k].j), &(M->data[k].e));
        while(curRow<M->data[k].i)
            M->rpos[++curRow]=k;
        ++k;
    }
    while(curRow<M->mu+1)        //剩余的没有非零元的行
        M->rpos[++curRow]=k;
}
```

上述算法的控制结构只有一个 for 循环，显然它的时间复杂度为 O(M.tu)。

（2）稀疏矩阵的乘法运算。

两个矩阵相乘也是矩阵的一种常用的运算。设矩阵 M 是 $m_1 \times n_1$ 矩阵，N 是 $m_2 \times n_2$ 矩阵；若可以相乘，则必须满足矩阵 M 的列数 n_1 与矩阵 N 的行数 m_2 相等，才能得到结果矩阵 Q=M×N（一个 $m_1 \times n_2$ 的矩阵）。

$$Q[i,j] = \sum M[i,k] \times N[k,j]，\text{其中 } 1 \leq i \leq m_1，1 \leq j \leq n_2$$

根据数学矩阵相乘的原理，可以得到矩阵相乘的经典算法：

【算法 5-6】

```
for(i=1;i<=m1;i++)
        for(j=1;j<=n2;j++)
        {
            Q[i][j]=0;
            for(k=1;k<=n1;k++)
                Q[i][j]=Q[i][j]+M[i][k]*N[k][j];
        }
```

图 5-21 给出了一个矩阵相乘的例子。

$$M = \begin{bmatrix} 0 & 1 & 0 \\ 2 & 0 & -4 \\ -1 & 0 & 0 \\ 0 & -2 & 3 \end{bmatrix}, \quad N = \begin{bmatrix} 2 & 0 & 0 & 6 \\ 0 & -4 & 0 & 0 \\ 0 & -1 & 0 & 3 \end{bmatrix}, \quad Q = M \times N = \begin{bmatrix} 0 & -4 & 0 & 0 \\ 4 & 4 & 0 & 0 \\ -2 & 0 & 0 & -6 \\ 0 & 5 & 0 & 9 \end{bmatrix}$$

图 5-21 矩阵 M、N 及 Q=M×N

现在讨论矩阵以带行表的三元组表示时，如何进行两个矩阵相乘的运算。从上述算法可见，乘积矩阵中的每个元是 M 矩阵中的一行和 N 矩阵中一列的对应元的乘积和。如果 M[i][k] 和 N[k][j] 两者中有一个为零元，其乘积即为零。由此可得如下 3 个结论：

① 乘积矩阵 Q 的非零元仅由 M 和 N 中的非零元相乘得到，换句话说，为求得两个稀疏矩阵相乘的乘积，只需要对 M 和 N 中的非零元进行运算即可；

② 从矩阵相乘的规则得知，并非两者中每个元素都要进行彼此相乘，对 M 中的每个非零元，只要在 N 中查找其行号等于 M 的列号的非零元相乘即可；

③ 在上述算法中，Q 的每个元素是由 M 中的一行和 N 中的一列相应元素连续相乘相加得到的，但在带行表的三元组表中要连续找到同一列的元素是很不方便的，因此需要改变计算的顺序，寻找新的算法。

对带行表的三元组表表示的稀疏矩阵，我们不易直接求得 Q 的一个非零元，但可以设法求得 Q 的"一行"非零元。因为 Q 的一行非零元一定是由 M 的相应行的非零元得到的，并且对 Q 的每个元以"累加"的方式求得。具体做法为：

设累加器 ctemp 的容量为 p（p 为 Q 中列数，即 N 的列数），初始化累加器 ctemp[ ]=0;。

```
    for (M 中第 i 行的所有非零元 M.data[p])
    {
        brow=M.data[p].j; //该非零元在 M 中的列号
        for(N 中第 brow 行的非零元 N.data[q])
        {
            ccol=N.data[q].j; //该非零元在 N 中的列号
            ctemp[ccol]+=M.data[p].e * N.data[q].e;
        }
    }
```

容易看出上述运算的结果 ctemp 中所有非零分量即为 Q 中第 i 行的所有非零元。实际上，乘积 Q 中哪些元为零哪些元为非零，并非从 M 和 N 的情况一下子就能看出来的，也只有通过上述运算的结果才能得到 Q 中一行的非零元，之后可按其列号大小依次存入 Q.data 中。

例如：对所举例子中的矩阵，p 和 q 的值均可从 M 和 N 的行逻辑信息 rpos 中得到，如图 5-22 所示。如图 5-23 所示，当 i=2 时，M 在 data 中的第一个非零元的位置 p=2，则 brow=1，矩阵 N 中有两个非零元，q=1 和 2。当 q=1 时，因为 N.data[q].j 为 1，则 M.data[p].e*N.data[q].e 应叠加到 ctemp[1]中去，因为它是构成 Q[2][1]的部分积。同理，当 q=2 时，因为 N.data[q].j 为 4，则 M.data[p].e*N.data[q].e 应叠加到 ctemp[4]中去，因为它是构成 Q[2][4]的部分积。对 M 中第 2 行的另一个非零元，即 p=3，此时 brow=M.data[p].j=3，q=4 和 5 做如上相同处理后，如图 5-24 所示，ctemp 中各分量的值依次为 4，4，0，0。由此得到 Q 中第 2 行的两个非零元，可依次将它们放入 Q.data 中。

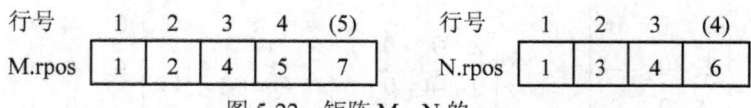

图 5-22 矩阵 M、N 的 rpos

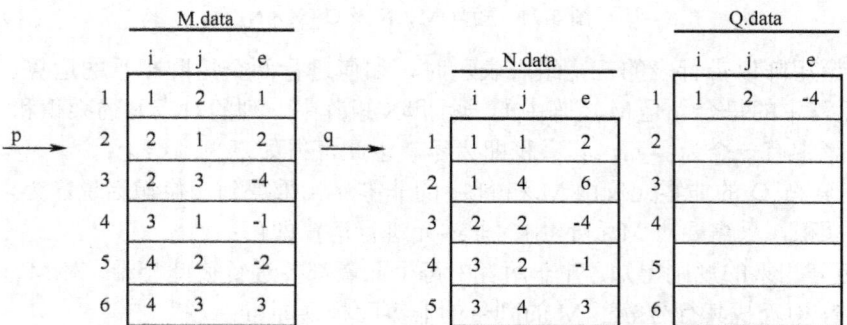

图 5-23 i=2 时计算 Q 第二行非零元

1	2	3	4
0+2× 2=4	0+(-4) ×(-1) =4	0	0+2× 6+(-4) ×3=0

图 5-24 i=2 时 Q 的 ctemp

具体算法如下：

【算法 5-7】

```
int MulSMatrix(TriSparMatrix M,TriSparMatrix N,TriSparMatrix *Q)
{//采用带行表的三元组表表示法，求矩阵乘积 Q=M×N
    int arow,brow,p,t,q,ccol,ctemp[MAXSIZE];
    if(M.nu!=N.mu) return 0;//返回 0，表示求矩阵乘积失败
    Q->mu=M.mu; Q->nu=N.nu; Q->tu=0;
    if(M.tu*N.tu!=0)
    {   for(arow=1; arow<=M.mu; arow++)//逐行处理 M
        {   for(p=1;p<=N.nu;p++)
                ctemp[p]=0;//当前行各元素的累加器清零
            Q->rpos[arow]=Q->tu+1;
            //p 指向 M 当前行中每一个非零元素
            for(p=M.rpos[arow];p<M.rpos[arow+1];p++)
            {
                brow=M.data[p].j;//M 中的列号应与 N 中的行号相等
                t=N.rpos[brow+1];
                for(q=N.rpos[brow];q<t;q++)
                {   ccol=N.data[q].j;//乘积元素在 Q 中列号
                    ctemp[ccol]+=M.data[p].e*N.data[q].e;
                }//forq
            }//求得 Q 中第 crow 行的非零元素
```

```
            for(ccol=1;ccol<=Q->nu;ccol++)//压缩存储该非零元素
            {
                if(ctemp[ccol])
                {
                    if(++Q->tu>MAXSIZE)
                        return 0;
                    Q->data[Q->tu].i=arow;
                    Q->data[Q->tu].j=ccol;
                    Q->data[Q->tu].e=ctemp[ccol];
                }
            }
        }//for arow
        Q->rpos[M.mu+1]=Q->tu+1;
    }//if
    return(1);//返回 1 表示求矩阵乘积成功
}
```

算法 5-7 的时间主要耗费在乘法运算及累加上，其时间复杂度为 O(M.tu×N.nu)。当 M.tu 接近于 M.mu×M.nu 时，该算法时间复杂度接近于经典算法的时间复杂度 O(M.mu×M.nu× N.nu)。

5.4.2　稀疏矩阵十字链表存储

用三元组表法表示的稀疏矩阵，比起用二维数组存储，节约了空间，并且使得矩阵某些运算的运算时间比经典算法还少。但是，在进行矩阵加法、减法和乘法等运算时，有时矩阵中的非零元素的位置和个数会发生很大的变化。如 A=A+B，将矩阵 B 加到矩阵 A 上，此时，若还用三元组的表示法，势必会为了保持三元组表"以行序为主序"，而大量移动元素。为了避免大量移动元素，本节介绍稀疏矩阵的链式存储法——十字链表，它能够灵活地插入因运算而产生的新的非零元素、删除因运算而产生的新的零元素，实现矩阵的各种运算。

用十字链表表示稀疏矩阵的基本思想是：将每个非零元素存储为一个结点，结点由 5 个域组成，其结构如图 5-25 所示，其中：i 域存储非零元素的行号，j 域存储非零元素的列号，e 域存储本元素的值，right、down 是两个指针域，right 用于链接同一行中的下一个非零元素；down 用于链接同一列中的下一个非零元素。

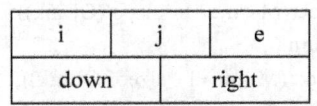

图 5-25　十字链表结点结构示意图

在十字链表中，同一行的非零元素通过 right 域链接成一个单链表。同一列的非零元素通过 down 域链接成一个单链表。这样，矩阵中任一非零元素 M_{ij} 所对应的结点既处在第 i 行的行链表上，又处在第 j 列的列链表上，就好像是处在一个十字交叉路口上，所以称其为十字链表。同时再附设一个存放所有行链表的头指针的一维数组，和一个存放所有列链表的头指针的一维数组。整个十字链表的结构如图 5-26 所示。

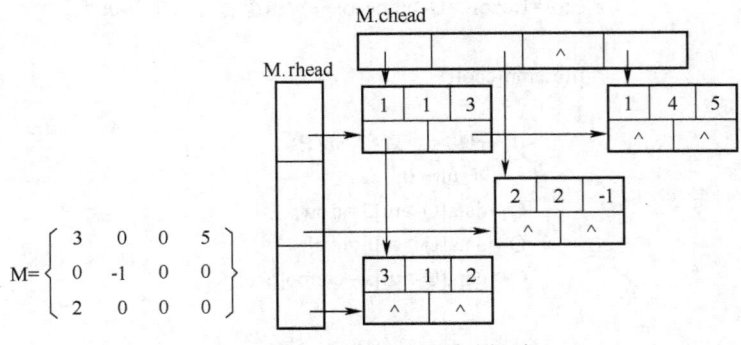

$$M=\left\{\begin{array}{cccc} 3 & 0 & 0 & 5 \\ 0 & -1 & 0 & 0 \\ 2 & 0 & 0 & 0 \end{array}\right\}$$

图 5-26　用十字链表表示稀疏矩阵 M

十字链表的结构类型说明如下：

```
typedef struct OLNode{
    int i,j;//非零元素的行和列下标
    ElemType e;
    struct OLNode *right,*down;//非零元素所在行表、列表的后继链域
}OLNode,*OLink;
typedef struct{
    OLink *rhead,*chead;//行、列链表的头指针向量
    int mu,nu,tu;//稀疏矩阵的行数、列数、非零元素的个数
}CrossList;
```

1．建立稀疏矩阵 M 的十字链表

算法的设计思想是：首先输入信息 mu（M 的行数）、nu（M 的列数）、tu（非零项的数目），然后建立每行（每列）只有头结点的空链表；然后每输入一个三元组(i,j,a_{ij})，则将其结点按其列号的大小插入到第 i 个行链表中去，同时也按其行号的大小将该结点插入到第 j 个列链表中去。具体算法如下：

【算法 5-8】

```
int CreateSMatrix_OL(CrossList *M)
{
    int i,j,e;
    OLNode *p,*q;
    scanf("%d,%d,%d",&M->mu,&M->nu,&M->tu);//输入 M 的行数、列数和非零个数
    M->rhead=(OLink*)malloc((M->mu+1)*sizeof(OLink));
    if(M->rhead==NULL)return 0;
    M->chead=(OLink*)malloc((M->nu+1)*sizeof(OLink));
    if(M->chead==NULL)return 0;
    for(i=0;i<=M->mu;i++)//初始化行头指针，并设置为空
        M->rhead[i]=NULL;
    for(i=0;i<=M->nu;i++)//初始化列头指针，并设置为空
        M->chead[i]=NULL;
    scanf("%d,%d,%d",&i,&j,&e);//按任意次序输入非零元
    while(i!=0)//当输入 i=0 时循环结束
    {
        p=(OLNode *)malloc(sizeof(OLNode));
```

```
            p->i=i;p->j=j;p->e=e;//生成结点
            if(M->rhead[i]==NULL || M->rhead[i]->j>j)
            {
                p->right=M->rhead[i];
                M->rhead[i]=p;
            }
            else//寻找在行表中插入位置
            {
                for(q=M->rhead[i];(q->right)&&(q->right->j<j);q=q->right);
                p->right=q->right; q->right=p;//完成行插入
            }
            if(M->chead[j]==NULL || M->chead[j]->i>i)
            {
                p->down=M->chead[j];
                M->chead[j]=p;
            }
            else//寻找在列表中的插入位置
            {
                for(q=M->chead[j];(q->down)&&(q->down->i<i);q=q->down);
                p->down=q->down; q->down=p;//完成列插入
            }
            scanf("%d,%d,%d",&i,&j,&e);
        }
        return 1;
    }
```

对于每个输入的非零元，既要插入在行链表中，又要插入在列链表中，上述算法没有限定输入顺序，因此对每个输入的非零元都需要在相应的行链表和列链表中查询结点的插入位置，因此算法的时间复杂度为 $O(t \times s)$，其中 t 为所建矩阵中非零元的个数，s 为其行列的最大值。

2. 两个十字链表表示的稀疏矩阵加法

已知两个稀疏矩阵 A 和 B，分别采用十字链表存储，计算 C=A+B，C 也采用十字链表方式存储，并且在 A 的基础上形成 C。

由矩阵的加法规则可知，只有 A 和 B 行列对应相等，二者才能相加。C 中的非零元素 c_{ij} 只可能有 3 种情况：或者是 $a_{ij}+b_{ij}$，或者是 a_{ij}（b_{ij}=0），或者是 b_{ij}（a_{ij}=0），因此当 B 加到 A 上时，对 A 十字链表的当前结点来说，对应下列四种情况：或者改变结点的值（$a_{ij}+b_{ij} \neq 0$），或者不变（b_{ij}=0），或者插入一个新结点（a_{ij}=0），还可能是删除一个结点（$a_{ij}+b_{ij}$=0）。整个运算从矩阵的第一行起逐行进行。对每一行都从行表的头结点出发，分别找到 A 和 B 在该行中的第一个非零元素结点后开始比较，然后按 4 种不同情况分别处理。设 pa 和 pb 分别指向 A 和 B 的十字链表中行号相同的两个结点，4 种情况如下：

（1）若 pa->j=pb->j 且 pa->e+pb->e≠0，则只要用 $a_{ij}+b_{ij}$ 的值改写 pa 所指结点的值域即可。

（2）若 pa->j=pb->j 且 pa->e+pb->e=0，则需要在矩阵 A 的十字链表中删除 pa 所指结点，此时需改变该行链表中前驱结点的 right 域，以及该列链表中前驱结点的 down 域。

（3）若 pa->j<pb->j 且 pa->j≠0（即不是表头结点），则只需要将 pa 指针向右推进一步，并继续进行比较。

（4）若 pa->j>pb->j 或 pa->j=0（即是表头结点），则需要在矩阵 A 的十字链表中插入一个 pb 所指结点。

为了便于插入和删除结点，还需要设立一些辅助指针。其一是，在 A 的行链表上设 pre 指针，指示 pa 所指结点的前驱结点；其二是，在 A 的每一列的链表上设一个指针 hl[j]，它的初值和列链表的头指针相同，即 hl[j]=chead[j]。

具体算法如下：

【算法 5-9】

```
int AddMatrix(CrossList *A,CrossList *B)
{
    OLNode *p,*pa,*pb,*pre;
    OLink *hl;
    int i;
    if(A->mu!=B->mu || A->nu!=B->nu) return 0;
    hl=(OLink*)malloc((A->nu+1)*sizeof(OLink));
    for(i=1;i<=A->nu;++i) hl[i]=A->chead[i];
    for(i=1;i<=A->mu;++i)
    {
        pa=A->rhead[i];//pa 指向 A 矩阵中第 i 行表头结点
        pb=B->rhead[i];//pb 指向 B 矩阵中第 i 行表头结点
        pre=NULL;//pre 指向 pa 所指结点的前驱结点
        while(pb!=NULL)
        {
            if((pa==NULL)||(pa->j>pb->j))
            {//情况（4）
                p=(OLNode*)malloc(sizeof(OLNode));
                p->i=pb->i;p->j=pb->j;p->e=pb->e;//复制 pb 所指结点
                if(pre==NULL)
                    A->rhead[p->i]=p;
                else
                    pre->right=p;
                p->right=pa; pre=p;//完成行插入
                if(A->chead[p->j]==NULL || A->chead[p->j]->i>p->i)
                {
                    p->down=A->chead[p->j];
                    A->chead[p->j]=p;
                }//列表为空，直接插入
                else
                {
                    while(hl[p->j]->down && hl[p->j]->down->i<p->i)
                        hl[p->j]=hl[p->j]->down;
                    p->down=hl[p->j]->down; hl[p->j]->down =p;
                }//完成列插入
                hl[p->j]=p;//完成列插入
```

```
        }
        if(pa!=NULL && pa->j<pb->j)
        {
                pre=pa;pa=pa->right;continue;
        }//情况（3），pa 指向本行下一个非零元
        if(pa->j==pb->j)
        {
                pa->e+=pb->e;//情况（1）
                if(pa->e==0)
                {//情况（2），删除该结点
                    if (pre==NULL)
                        A->rhead[pa->i]=pa->right;
                    else
                        pre->right=pa->right;
                    p=pa;pa=pa->right;//完成行删除
                    if(A->chead[p->j]==p)
                        A->chead[p->j]=hl[p->j]=p->down;
                    else
                    {   while(hl[p->j]->down && hl[p->j]->down->i<p->i)
                            hl[p->j]=hl[p->j]->down;
                        hl[p->j]->down=p->down;//完成列删除
                    }
                    free(p);
                }
        }
        pb=pb->right;//继续处理 B 中下一个非零元
        }
    }
    return 1;
}
```

5.5 广义表

广义表，顾名思义，它也是线性表的一种推广。它被广泛地应用于人工智能等领域的表处理语言——LISP 语言中。在 LISP 语言中，广义表是一种最基本的数据结构，就连 LISP 语言的程序也表示为一系列的广义表。

5.5.1 广义表的定义和基本运算

1．广义表的定义
线性表是由 n 个数据元素组成的有限序列。其中每个组成元素被限定为单元素，有时这种限制需要拓宽。例如，广东举办的某体育项目国内邀请赛，参赛队清单可采用如下的表示形式：

（北京，辽宁，（广东，深圳，珠海），湖北，四川，（），云南）

在这个拓宽了的线性表中，福建队应排在四川队的后面，但由于某种原因未参加，成为

空表。广东队、深圳队、珠海队均作为东道主的参赛队参加，构成一个小的线性表，成为原线性表的一个数据项。这种拓宽了的线性表就是广义表。

广义表（generalized lists）是 n（n≥0）个数据元素 a_1，a_2，…，a_i，…，a_n 的有序序列，一般记作：

$$ls=(a_1,a_2,\cdots,a_i,\cdots,a_n)$$

其中：ls 是广义表的名称，n 是它的长度。每个 a_i（1≤i≤n）是 ls 的成员，它可以是单个元素，也可以是一个广义表，分别称为广义表 ls 的单元素和子表。当广义表 ls 非空时，称第一个元素 a_1 为 ls 的表头（head），称其余元素组成的表$(a_2,\cdots,a_i,\cdots,a_n)$为 ls 的表尾（tail）。

显然，广义表的定义是递归的。

为书写清楚起见，通常用大写字母表示广义表，用小写字母表示单个数据元素，广义表用括号括起来，括号内的数据元素用逗号分隔开。下面是一些广义表的例子：

A=()
B=(e)
C=(a,(b,c,d))
D=(A,B,C)
E=(a,E)
F=(())

2. 广义表的性质

从上述广义表的定义和例子可以得到广义表的下列重要性质：

（1）广义表是一种多层次的数据结构。广义表的元素可以是单元素，也可以是子表，而子表的元素还可以是子表……

（2）广义表可以是递归的表。广义表的定义并没有限制元素的递归，即广义表也可以是其自身的子表。例如表 E 就是一个递归的表。

（3）广义表可以为其他表所共享。例如，表 A、表 B、表 C 是表 D 的共享子表。在 D 中可以不必列出子表的值，而用子表的名称来引用。

广义表的上述特性对于它的使用价值和应用效果起到很大的作用。

广义表可以看成是线性表的推广，线性表是广义表的特例。广义表的结构相当灵活，在某种前提下，它可以兼容线性表、数组、树和有向图等各种常用的数据结构。

当二维数组的每行（或每列）作为子表处理时，二维数组即为一个广义表。

另外，树和有向图也可以用广义表来表示。

由于广义表不仅集中了线性表、数组、树和有向图等常见数据结构的特点，而且可有效地利用存储空间，因此在计算机的许多应用领域都有成功使用广义表的实例。

3. 广义表的基本运算

广义表有两个重要的基本操作，即取头操作（Head）和取尾操作（Tail）。

根据广义表的表头、表尾的定义可知，对于任意一个非空的列表，其表头可能是单元素也可能是列表，而表尾必为列表，例如：

Head(B)=e　　Tail(B)=()
Head(C)=a　　Tail(C)=((b,c,d))
Head(D)=A　　Tail(D)=(B,C)

Head(E)=a   Tail(E)=(E)

Head(F)=()   Tail(F)=()

此外，在广义表上可以定义与线性表类似的一些操作，如建立、插入、删除、拆开、连接、复制、遍历等。

CreateLists(ls)：根据广义表的书写形式创建一个广义表 ls。

IsEmpty(ls)：若广义表 ls 空，则返回 True；否则返回 False。

Length(ls)：求广义表 ls 的长度。

Depth(ls)：求广义表 ls 的深度。

Locate(ls,x)：在广义表 ls 中查找数据元素 x。

Merge(ls1,ls2)：以 ls1 为头、ls2 为尾建立广义表。

CopyGList(ls1,ls2)：复制广义表，即按 ls1 建立广义表 ls2。

Head(ls)：返回广义表 ls 的头部。

Tail(ls)：返回广义表的尾部。

……

5.5.2 广义表的存储

由于广义表中的数据元素可以具有不同的结构，因此难以用顺序的存储结构来表示。而链式的存储结构分配较为灵活，易于解决广义表的共享与递归问题，所以通常都采用链式的存储结构来存储广义表。在这种表示方式下，每个数据元素可用一个结点表示。

按结点形式的不同，广义表的链式存储结构又可以分为不同的两种存储方式。一种称为头尾表示法，另一种称为孩子兄弟表示法。

1. 头尾表示法

若广义表不空，则可分解成表头和表尾；反之，一对确定的表头和表尾可唯一地确定一个广义表。头尾表示法就是根据这一性质设计成的一种存储方法。

由于广义表中的数据元素既可能是列表也可能是单元素，相应地在头尾表示法中结点的结构形式有两种：一种是表结点，用于表示子表；另一种是元素结点，用于表示单元素。在表结点中应该包括一个指向表头的指针和指向表尾的指针；而在元素结点中应该包括所表示单元素的元素值。为了区分这两类结点，在结点中还要设置一个标志域，如果标志为 1，则表示该结点为表结点；如果标志为 0，则表示该结点为元素结点，其形式定义说明如下：

```
typedef enum{ATOM,LIST}ElemTag;
typedef struct GLNode{
    int tag;//tag=0 表示单元素，tag=1 表示子表
    union{
        AtomType atom;//单元素结点值域
        struct{
            struct GLNode *hp,*tp;
        }htp;//表结点指针域：hp 表头指针；tp 表尾指针
    }atom_htp;
}GLNode,* GList;
```

头尾表示法的结点形式如图 5-27 所示。

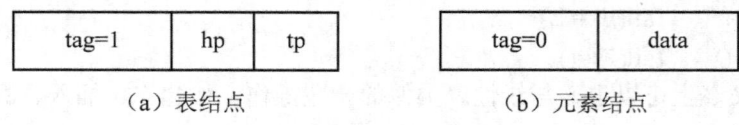

（a）表结点　　　　　　　　　（b）元素结点

图 5-27　头尾表示法结点形式

对于 5.5.1 所列举的广义表 A、B、C、D、E、F，若采用头尾表示法的存储方式，其存储结构如图 5-28 所示。

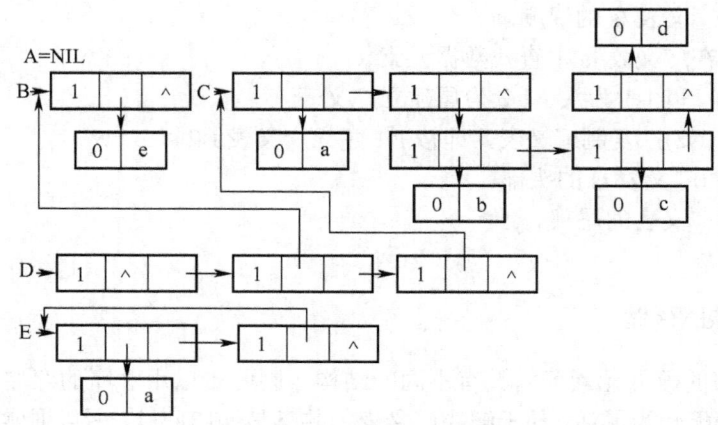

图 5-28　广义表的存储结构示例

2.　孩子兄弟表示法

广义表的另一种表示法称为孩子兄弟表示法。在孩子兄弟表示法中，也有两种结点形式：一种是有孩子结点，用于表示子表；另一种是无孩子结点，用于表示单元素。在有孩子结点中包括一个指向第一个孩子（长子）的指针和一个指向兄弟的指针；而在无孩子结点中包括一个指向兄弟的指针和该元素的元素值。为了能区分这两类结点，在结点中还要设置一个标志域。如果标志为 1，则表示该结点为有孩子结点，如果标志为 0，则表示该结点为无孩子结点。其定义说明如下：

```
typedef enum{ATOM, LIST} Elemtag;        //ATOM=0：单元素；LIST=1：子表
typedef struct  GLENode{
    Elemtag tag;                          //标志域，用于区分元素结点和表结点
    union{                                //元素结点和表结点的联合部分
      ElemType   data;                    //元素结点的值域
      struct GLENode  *hp;                //表结点的表头指针
    };
    struct GLENode   *tp;                 //指向下一个结点
  }*EGList;
```

孩子兄弟表示法的结点形式如图 5-29 所示。

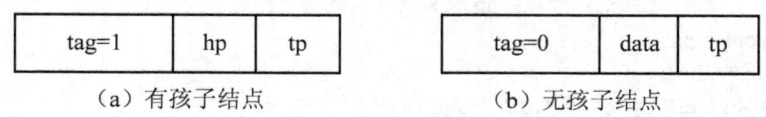

（a）有孩子结点　　　　　　　　（b）无孩子结点

图 5-29　孩子兄弟表示法结点形式

对于 5.5.1 节中所列举的广义表 A、B、C、D、E、F，若采用孩子兄弟表示法的存储方式，其存储结构如图 5-30 所示。

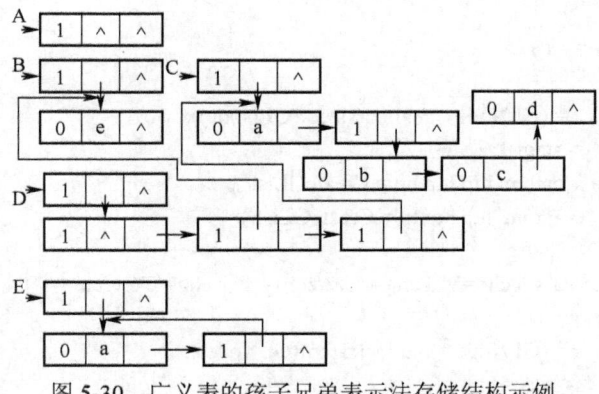

图 5-30　广义表的孩子兄弟表示法存储结构示例

从图 5-30 的存储结构示例中可以看出，采用孩子兄弟表示法时，表达式中的左括号"（"对应存储表示中的 tag=1 的结点，且最高层结点的 tp 域必为 NULL。

5.5.3　广义表基本操作的实现

我们以头尾表示法存储广义表，讨论广义表的有关操作的实现。由于广义表的定义是递归的，因此相应的算法一般也都是递归的。

（1）广义表取头、取尾算法。

【算法 5-10】

```
GList Head(GList L)
{//求广义表表头，并返回表头指针
    if(L==NULL) return NULL;//空表无表头
    if(L->tag==ATOM) exit(0);//是单元素不是子表
    else return L->atom_htp.htp.hp;
}
```

【算法 5-11】

```
GList Tail(GList L)
{//求广义表的表尾，并返回表尾指针
    if(L==NULL) return NULL;
    if(L->tag==ATOM) exit(0);
    else return L->atom_htp.htp.tp;
}
```

（2）建立广义表算法。

设原子类型为字符类型，并设算法的输入为采用"括号嵌套形式"的字符串，如"()"、"(((a,b,c),d),(e,f))"等都是合理的广义表输入形式。下列算法使用递归算法创建广义表。

【算法 5-12】

```
GList CreateGList()
{
    GList s;                          //指向当前结点
```

```
        char ch;
        scanf("%c" , &ch);
        if(ch != ' ')
        {
            if(ch == '(')
            {
                s = (GLNode *)malloc(sizeof(GLNode));
                s->tag=1;
                s->atom_htp.htp.hp = CreateGList();
                s->atom_htp.htp.tp = CreateGList();
            }
            if(ch>='a'&&ch<='z' || ch>='A'&&ch<='Z' || ch>='0'&&ch<='9')
            {
                s = (GLNode *)malloc(sizeof(GLNode));
                s->tag = 0;
                s->atom_htp.atom = ch;
            }
            if(ch == ',')
            {
                s = (GLNode *)malloc(sizeof(GLNode));
                s->tag=1;
                s->atom_htp.htp.hp = CreateGList();
                s->atom_htp.htp.tp = CreateGList();
            }
            if(ch == ')')    s = NULL;
        }
        return s;
    }
```

（3）求广义表深度算法。

【算法 5-13】

```
    int Depth(GList L)
    {//求广义表的深度，并返回深度值
        int d,max;
        GList s;
        if(L==NULL) return 1;
        if(L->tag == ATOM) return 0;
        s=L;
        max=0;
        while(s!=NULL)
        {
            d=Depth(s->atom_htp.htp.hp);
            if(d>max) max=d;
            s=s->atom_htp.htp.tp;
        }
        return (max+1);
    }
```

（4）复制广义表算法。

【算法 5-14】

```
int CopyList(GList S,GList *T)
{//将广义表 S 复制到 T 中，成功返回 1，否则返回 0
    if(S==NULL){*T=NULL;return OK;}
    *T = (GLNode *)malloc(sizeof(GLNode));
    if(*T==NULL) return ERROR;                //内存未正确分配
    (*T)->tag = S->tag;
    if(S->tag == ATOM) (*T)->atom_htp.atom = S->atom_htp.atom;
    else
    {
        CopyList(S->atom_htp.htp.hp , &((*T)->atom_htp.htp.hp));//复制表头
        CopyList(S->atom_htp.htp.tp , &((*T)->atom_htp.htp.tp));//复制表尾
    }
    return OK;
}
```

（5）打印广义表算法。

【算法 5-15】

```
void PrintGList(GList L , int *f)
{//f=0 表示上一个输出的是字符或刚开始，f=1 表示上一个输出的是逗号
    if(L != NULL)
    {
        if(L->tag == LIST)
        {
            if(*f == 0)
            {printf("(");
            PrintGList(L->atom_htp.htp.hp,f);
            PrintGList(L->atom_htp.htp.tp,f);
            L=L->atom_htp.htp.tp;           //指向后继链表
            }
            if(*f == 1)
            {
                printf(",");
                *f=0;
                PrintGList(L->atom_htp.htp.hp,f);
                PrintGList(L->atom_htp.htp.tp,f );
            }
        }
        else
        {
            printf("%c" , L->atom_htp.atom);
            *f=1;
        }
    }
    else   printf(")");
}
```

（6）广义表查找算法。

【算法 5-16】

```
int Found(GList L,char x)
{
    int found=0;
    if(L != NULL)
    {
        if(L->tag==ATOM)
        {
            if(L->atom_htp.atom==x) return 1;
            else return 0;
        }
        else
        {
            found+= Found(L->atom_htp.htp.hp,x);
            found+= Found(L->atom_htp.htp.tp,x);
            return found;
        }
    }
    else return 0;
}
```

习题 5

一、选择题

1. 常对数组进行的两种基本操作是＿＿＿＿。

　　A．建立与删除　　　　B．索引与修改　　　C．查找与修改　　　　D．查找与索引

2. 对于 C 语言的二维数组 DataType A[m][n]，每个数据元素占 K 个存储单元，二维数组中任意元素 a[i,j] 的存储位置可由＿＿＿＿式确定。

　　A．Loc[i,j]=A[m,n]+[(n+1)*i+j]*k

　　B．Loc[i,j]=loc[0,0]+[(m+n)*i+j]*k

　　C．Loc[i,j]=loc[0,0]+(n*i+j)*k

　　D．Loc[i,j]=[(n+1)*i+j]*k

3. 二维数组 M 的成员是 6 个字符（每个字符占一个存储单元，即一个字节）组成的串，行下标 i 的范围从 0 到 8，列下标 j 的范围从 0 到 9，则存放 M 至少需要＿＿＿①＿＿＿个字节；M 数组的第 8 列和第 5 行共占＿＿＿②＿＿＿个字节。

　　① A．90　　　　　　　B．180　　　　　　　C．240　　　　　　　D．540

　　② A．108　　　　　　B．114　　　　　　　C．54　　　　　　　 D．60

4. 二维数组 A 中，每个元素 A 的长度为 3 个字节，行下标 i 从 0 到 7，列下标 j 从 0 到 9，从首地址 SA 开始连续存放在存储器内，该数组按列序存放时，元素 A[4][7] 的起始地址为＿＿＿＿。

　　A．SA+141　　　　　　B．SA+180　　　　　　C．SA+222　　　　　　D．SA+225

5．二维数组 A 中，每个元素的长度为 3 个字节，行下标 i 从 0 到 7，列下标 j 从 0 到 9，从首地址 SA 开始连续存放在存储器内，存放该数组至少需要的字节数是＿＿＿＿＿。

  A．80　　　　　　　　B．100　　　　　　　　C．240　　　　　　　　D．270

6．二维数组 A 的每个元素占五个字节，行下标从 1 到 5，列下标从 1 到 6，将其按列优先次序存储在起始地址为 1000 的内存单元中，则元素 A[5,5]的地址是＿＿＿＿＿。

  A．1175　　　　　　　B．1180　　　　　　　C．1205　　　　　　　D．1120

7．设二维数组 A[1…m,1…n]（即 m 行 n 列）按行存储在数组 B[1…m*n]中，则二维数组元素 A[i,j]在一维数组 B 中的下标为＿＿＿＿＿。

  A．(i-1)*n+j　　　B．(i-1)*n+j-1　　　C．i*(j-1)　　　　　D．j*m+i-1

8．A[1…N,1…N]是对称矩阵，将下三角（包括对角线）以行序存储到一维数组 T[1…N(N+1)/2]中，则对任一上三角元素 a[i][j]对应 T[k]的下标 k 是＿＿＿＿＿。

  A．i(i-1)/2+j　　　B．j(j-1)/2+i　　　C．i(j-i)/2+1　　　D．j(i-1)/2+1

9．A[1…N,1…N]是对称矩阵，将上三角（包括对角线）以行序存储到一维数组 T[1…N(N+1)/2]中，则对任一上三角元素 a[i][j]对应 T[k]的下标 k 是＿＿＿＿＿。

  A．i(i-l)/2+j　　　B．j(j-l)/2+i　　　C．j(j-l)/2+i-1　　　D．i(i-l)/2+j-1

10．用数组 r 存储静态链表，结点的 next 域指向后继，工作指针 j 指向链中结点，使 j 沿链移动的操作为＿＿＿＿＿。

  A．j=r[j].next　　　B．j=j+1　　　　　C．j=j->next　　　D．j=r[j]->next

11．稀疏矩阵的压缩存储方法是只存储＿＿＿＿＿。

  A．非零元素　　　B．三元组(i,j,a$_{ij}$)　　　C．a$_{ij}$　　　　　　D．i,j

12．对稀疏矩阵进行压缩存储目的是＿＿＿＿＿。

  A．便于进行矩阵运算　　　　　　　　B．便于输入和输出

  C．节省存储空间　　　　　　　　　　D．降低运算的时间复杂度

13．有一个 100*90 的稀疏矩阵，非 0 元素有 10 个，设每个整型数占 2 字节，则用三元组表示该矩阵时，所需的字节数是＿＿＿＿＿。

  A．60　　　　　　　B．66　　　　　　　C．18000　　　　　　D．33

14．已知广义表 LS=((a,b,c),(d,e,f))，运用 head 和 tail 函数取出 LS 中原子 e 的运算是＿＿＿＿＿。

  A．head(tail(LS))　　　　　　　　　　B．tail(head(LS))

  C．head(tail(head(tail(LS))))　　　　　D．head(tail(tail(head(LS))))

15．广义表((a,b,c,d))的表头是＿＿＿＿＿，表尾是＿＿＿＿＿。

  A．a　　　　　　　B．()　　　　　　　C．(a,b,c,d)　　　D．(b,c,d)

16．设广义表 L=((a,b,c))，则 L 的长度和深度分别为＿＿＿＿＿。

  A．1 和 1　　　　　B．1 和 3　　　　　C．1 和 2　　　　　D．2 和 3

17．广义表 A=(a,b,(c,d),(e,(f,g)))，则下面式子的值为＿＿＿＿＿。

  Head(Tail(Head(Tail(Tail(A)))))

  A．(g)　　　　　　B．(d)　　　　　　C．c　　　　　　　D．d

18．已知广义表 A=(a,b)，B=(A,A)，C=(a,(b,A),B)，tail(head(tail(C)))的运算结果是＿＿＿＿＿。

  A．(a)　　　　　　B．A　　　　　　　C．a　　　　　　　D．(b)

  E．b　　　　　　　F．(A)

19．广义表运算式 Tail(((a,b),(c,d)))的操作结果是_____。

　　A．(c,d)　　　　　　B．c,d　　　　　　C．((c,d))　　　　　　D．d

20．下面说法不正确的是_____。

　　A．广义表的表头总是一个广义表　　　　　B．广义表的表尾总是一个广义表

　　C．广义表难以用顺序存储结构　　　　　　D．广义表可以是一个多层次的结构

二、填空题

1．通常采用_____存储结构来存放数组。对二维数组可有两种存储方法：一种是以_____为主序的存储方式，另一种是以_____为主序的存储方式。

2．用一维数组 B 与列优先存放带状矩阵 A 中的非零元素 A[i,j]（1≤i≤n，i-2≤j≤i+2），B 中的第 8 个元素是 A 中的第_____行、第_____列的元素。

3．已知二维数组 A[m][n]采用行序为主的方式存储，每个元素占 k 个存储单元，并且第一个元素的存储地址是 LOC(A[0][0])，则 A[i][j]的地址是_____。

4．二维数组 A[10][20]采用列序为主的方式存储，每个元素占一个存储单元，并且 A[0][0]的存储地址是 200，则 A[6][12]的地址是_____。

5．二维数组 A[20][10]采用行序为主的方式存储，每个元素占 4 个存储单元，并且 A[10][5]的存储地址是 1000，则 A[18][9]的地址是_____。

6．设 n 行 n 列的下三角矩阵 A 已压缩到一维数组 B[1…n*(n+1)/2]中，若按行为主序存储，则 A[i,j]下三角对应的 B 中的存储位置为_____。

7．所谓稀疏矩阵是指_____。

8．广义表简称表，是由零个或多个单元素或子表组成的有限序列，单元素与表的差别仅在于_____。为了区分单元素和表，一般用_____表示表，用_____表示单元素。一个表的长度是指_____，而表的深度是指_____。

9．设广义表 L=((),())，则 head(L)是_____；tail(L)是_____；L 的长度是_____；深度是_____。

10．广义表 A=(((a,b),(c,d,e)))，取出 A 中的单元素 e 的操作是_____。

11．设某广义表 H=(A,(a,b,c))，运用 head 函数和 tail 函数求出广义表 H 中某元素 b 的运算式为_____。

12．广义表 A((),(a,(b),c))，head(tail(head(tail(head(A)))))等于_____。

13．广义表运算式 head(tail(((a,b,c),(x,y,z)))))的结果是_(a,b,c)_____。

14．已知广义表 A=(((a,b),(c),(d,e)))，head(tail(tail(head(A))))的结果是_____。

三、判断题

1．数组不适合作为任何二叉树的存储结构。　　　　　　　　　　　　　　　　　　　（　　）

2．从逻辑结构上看，n 维数组的每个元素均属于 n 个向量。　　　　　　　　　　　（　　）

3．稀疏矩阵压缩存储后，必会失去随机存取功能。　　　　　　　　　　　　　　　（　　）

4．数组是同类型值的集合。　　　　　　　　　　　　　　　　　　　　　　　　　（　　）

5．数组可看成线性结构的一种推广，因此与线性表一样，可以对它进行插入，删除等操作。（　　）

6．一个稀疏矩阵 A[m][n]采用三元组形式表示，若把三元组中有关行下标与列下标的值互换，并把 m 和 n 的值互换，则就完成了 A[m][n]的转置运算。　　　　　　　　　　　　　　　　　（　　）

7．二维以上的数组其实是一种特殊的广义表。　　　　　　　　　　　　　　　　　（　　）

8．广义表的取表尾运算，其结果通常是个表，但有时也可是个单元素值。　　　（　　）

9．若一个广义表的表头为空表，则此广义表亦为空表。　　　（　　）

10．广义表中的元素或者是一个不可分割的单元素，或者是一个非空的广义表。　　　（　　）

11．所谓取广义表的表尾就是返回广义表中最后一个元素。　　　（　　）

12．广义表的同级元素（直属于同一个表中的各元素）具有线性关系。　　　（　　）

13．对长度为无穷大的广义表，由于存储空间的限制，不能在计算机中实现。　　　（　　）

14．一个广义表可以为其他广义表所共享。　　　（　　）

四、编程题

1．当具有相同行值和列值的稀疏矩阵 A 和 B 均以三元组表作为存储结构时，试写出矩阵相加算法，其结果存放三元组表 C 中。

2．设二维数组 a[m][n]含有 m*n 个整数。

（1）写出算法：判断 a 中所有元素是否互不相同，并输出相关信息（yes/no）。

（2）试分析算法的时间复杂度。

3．请编写完整的程序。如果矩阵 A 中存在这样的一个元素 A[i,j]满足条件：A[i,j]是第 i 行中值最小的元素，且是第 j 列中值最大的元素，则称之为该矩阵的一个鞍点。请编程计算出 m*n 的矩阵 A 中所有的鞍点。

4．对于二维数组 A[m][n]，其中 m≤80，n≤80，先读入 m，n，然后读该数组的全部元素，对如下三种情况分别编写相应算法：

（1）求数组 A 边界元素之和。

（2）求从 A[0][0]开始互不相邻的各元素之和。

（3）当 m=n 时，分别求两条对角线的元素之和，否则打印 m!=n 的信息。

5．试编写一个在以 H 为头的十字链表中查找数据为 k 的第一个结点的算法。

6．试编写一个以三元组形式输出用十字链表表示的稀疏矩阵中非零元素及其下标的算法。

7．n 只猴子要选大王，选举办法如下：所有猴子按 1,2,…,n 的编号围坐一圈，从 1 号开始按 1、2、…、m 报数，凡报 m 号的退出到圈外，如此循环报数，直到圈内剩下一只猴子时，这只猴子就是大王。n 和 m 由键盘输入，打印出最后剩下的猴子号。编写一程序实现上述函数。

8．编写下列程序：

（1）求广义表表头和表尾的函数 head()和 tail()。

（2）广义表的复制函数 copy_GL()。

（3）求广义表的深度函数 depth()。

（4）计算广义表所有单元素结点数据域（设数据域为整型）之和的函数 sum_GL()。

第6章　树

树形结构是计算机算法中最重要的非线性数据结构，其中以树和二叉树最为常用，它可以很好地描述具有分支关系和层次特性的对象，同时也为具有层次关系的数据在计算机中的表示提供了一种自然的表示方法。树形结构在计算机领域有着广泛的应用，如操作系统中的文件目录管理，数据库系统中的信息组织形式，计算机网络中的层次路由及域结点的层次关系等实例都用树结构进行描述。通过本章的学习，读者应该掌握以下内容：

- 树和二叉树的基本概念、存储结构；
- 二叉树的遍历与算法实现；
- 树与二叉树的转换；
- 线索二叉树；
- 哈夫曼树与哈夫曼编码。

6.1　树的基本概念

6.1.1　树的定义

树（Tree）是由 n（n≥0）个结点组成的有限集合。n=0 的树称为空树；n>0 的树即为任意一棵非空树，则有：

（1）有一个特殊的结点称为根结点（root），根结点没有前驱结点。

（2）当 n>1 时，除根结点外，其余的结点可分为 m（m>0）个互不相交的有限集合 $\{T_1,T_2,\cdots,T_m\}$。其中每一个集合 T_i（1≤i≤m）本身又是一棵树，并且称为根的子树（subtree）。例如在图 6-1 中，给出了两棵树，图 6-1（a）是只有一个根结点的树；图 6-1（b）是有 12 个结点的树，其中结点 A 是树根，除结点 A 外，其余结点分成 3 个互不相交的子集：$T_1=\{B,E,F,J\}$，$T_2=\{C,G,K\}$，$T_3=\{D,H,I,L\}$，形成以结点 A 为根的 3 棵子树 T_1、T_2、T_3，而这 3 棵子树本身又是一棵树。例如子树 T_3 的根结点为 D，其余结点又分为 2 个互不相交的集合 $T_{31}=\{H,L\}$、$T_{32}=\{I\}$，形成以结点 D 为树根的 2 棵子树 T_{31}、T_{32}。而 T_{32} 为只有一个根结点的树。

显然树的概念是递归定义的，即在树的定义中又用到了树的概念，它道出了树的固有特性。因此，在树以及二叉树的算法中将会频繁地出现递归。

树的定义还可形式化的描述为二元组的形式：

　　　T=(D,R)

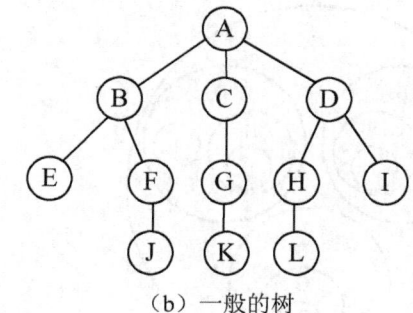

（a）只有根结点的树   （b）一般的树

图 6-1 树

其中：D 是树 T 中结点的集合，R 是树 T 中结点之间关系的集合。当树 T 为空树时，D 为空集；当树 T 中不为空时，设有 m 棵子树，则：

$$D=\{root\} \cup D_F$$

其中 root 为树 T 的树根结点，D_F 为树 T 的根 root 的子树集合。D_F 可由下式表示：

$$D_F=D_1 \cup D_2 \cup \cdots \cup D_m（1 \leqslant i, j \leqslant m, D_i \cap D_j=NULL）$$

当树 T 中结点个数 $n \leqslant 1$ 时，则 R=NULL，否则有：

$$R=\{<root,r_i>, i=1,2,\cdots,n-1\}$$

其中，root 是树 T 的非终端结点，r_i 是结点 root 的子树 T_i 的根结点。$<root,r_i>$ 表示了结点 root 和结点 r_i 的父子关系。

树定义的形式化，主要用于树的理论描述。

同时从树的上述定义中还可以看出：在树结构中，树是由一些子树构成的，子树是由一些更小的子树构成的。或者说，一个结点可以有 0 个、1 个或多个子结点，除根结点没有父结点外，其余结点有且只有一个父结点。

6.1.2 树的逻辑表示方法

树的逻辑表示方法主要有以下 4 种：

（1）直观表示法。

直观表示法非常直观，如图 6-1 所示，通常用一个圆圈表示一个结点，并在圆圈中标示一个字母，或一个数，或一个字符串，作为结点名称或结点值，以区别不同的结点。在根结点与它的子树的根结点之间加一条连线，表示它们之间的逻辑关系。通常我们将根结点画在上面，将它的子树画在根的下面，这和自然界中树的生长方向刚好相反。

（2）嵌套集合表示法。

所谓嵌套集合是指一些集合的集体，对于其中任意两个集合，或者不相交，或者一个包含另一个。用嵌套集合的形式表示树，就是将根结点视为一个大的集合，其若干个子树构成这个大集合中若干个互不相交的子集，如此嵌套下去，即构成一棵树的嵌套集合表示，如图 6-2 就是图 6-1（b）所示树的嵌套集合表示。

（3）凹入表示法。

凹入表示法是指将根位于最外层，子树往后缩，如图 6-3 就是图 6-1（b）所示树的凹入表示，在这里以凹入表（类似书的编目）的形式表示。

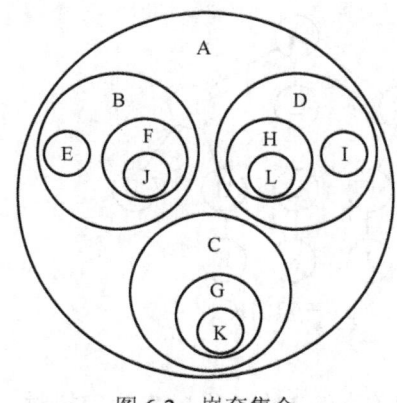

图 6-2　嵌套集合

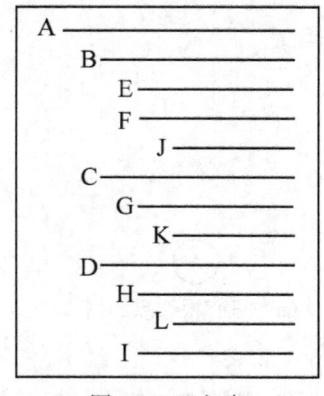

图 6-3　凹入表

（4）广义表表示法。

广义表表示法是指采用最外层圆括号表示整棵树，子树用内层圆括号表示。其写法是：先写出根，再依次写出表示根的各棵子树，每进入一层就外加一对圆括号，即用嵌套圆括号来表示表中结点之间的层次关系。实际上，广义表也是一种树结构。如果表示图 6-1（b）所示的树，则可用如下广义表表示：

　　　　(A(B(E,F(J)),C(G(K)),D(H(L),I)))

6.1.3　树的基本术语

下面介绍树结构中的一些基本术语。

（1）结点的度（degree）。

结点的度是指结点中所拥有的子树的个数。例如图 6-1（b）中结点 A 的度是 3，结点 B 和 D 的度是 2，结点 C 的度是 1，结点 F、G、H 的度是 1，其余结点的度都是 0。

（2）树的度。

树的度是指树中各结点的度的最大值。例如图 6-1（b）所示的树的度为 3。

（3）叶结点（leaf）。

叶结点是指树中度为 0 的结点，有时称为终端结点或叶子。例如图 6-1（b）中结点 E、J、K、L 和 I 的度都是 0，均为叶结点。

（4）非终端结点。

非终端结点是指树中度不为 0 的结点，又称为分支结点。除根结点外的分支结点又称为内部结点。例如图 6-1（b）中结点 A、B、C、D、F、G 和 H 都是非终端结点。

（5）双亲（parent）、孩子（child）、兄弟（sibling）、堂兄弟、祖先、子孙。

树中一个结点的子树的根结点称为这个结点的孩子结点；相应地，该结点称为孩子的双亲。同一个双亲的孩子之间称为兄弟。其双亲在同一层次上的结点互称堂兄弟。例如图 6-1（b）中结点 E 和结点 F 是结点 B 的孩子，结点 B 是结点 E 和结点 F 的双亲，结点 E 和结点 F 互称兄弟。结点 E 与结点 F、G、H、I 互称堂兄弟。

而结点的祖先则是指从根到该结点所经分支的所有结点；相应地，以某一结点为根的子树中的任一结点称为该结点的子孙。例如图 6-1（b）中结点 J 的祖先是结点 A、B 和 F。结点 D 的子孙是结点 H、I 和 L。

（6）结点的层次（level）。

在树中根结点的层次为 1，其余任一结点的层次等于其双亲结点的层次加 1。

（7）树的深度（depth）。

树中结点的最大层次称为树的深度，又称高度。例如图 6-1（b）中，结点 A 为第 1 层，结点 B、C 和 D 为第 2 层，结点 E、F、G、H、I 为第 3 层，结点 J、K 和 L 为第 4 层，所以，树的深度为 4。

（8）有序树、无序树。

如果将树中结点的各子树看成从左到右是有次序的（即不能互换），则称该树为有序树，否则称为无序树。在有序树中最左边的子树的根称为第一个孩子，最右边的称为最后一个孩子。

（9）森林（forest）。

n（n≥0）棵互不相交的树的集合称为森林。如果在树中将根结点删除，剩余子树就构成了森林。相反，给一个森林加上一个结点，使原森林的各棵树成为所加结点的子树，便得到一棵树。

6.1.4 树的 ADT 定义

ADT Tree{

数据对象 D：一个集合，该集合中的所有元素具有相同的特性。

数据关系 R：若 D 为空集，则为空树；若 D 中仅含有一个数据元素，则 R 为空集，否则 R={H}，H 是如下的二元关系：

（1）在 D 中存在唯一的称为根的数据元素 root，它在关系 H 下没有前驱。

（2）除 root 以外，D 中每个结点在关系 H 下都有且仅有一个前驱。

基本操作：

（1）建立一棵空树：InitTree(*T)。

初始条件：无。

操作结果：构造一棵空树 T。

（2）求树 T 的树根结点：Root(T)。

初始条件：树 T 存在。

操作结果：返回树 T 的根。

（3）给树 T 中结点 p 赋值：Assign(*T,p,x)。

初始条件：树 T 存在，且 p 是树 T 中的结点。

操作结果：将 x 赋值给树 T 中的结点 p。

（4）求树 T 中结点 p 的双亲：Parent(T,p)。

初始条件：树 T 存在，且 p 是树 T 中的一个结点。

操作结果：若 p 不是树 T 的根结点，则返回结点 p 的双亲结点；否则，返回 NULL。

（5）求树 T 中结点 p 的最左边的孩子结点：LeftChild(T,p)。

初始条件：树 T 存在，且 p 是树 T 中的一个结点。

操作结果：若 p 不是树 T 的叶子结点，则返回结点 p 的最左边孩子结点；否则，返回 NULL。

（6）求树 T 中结点 p 的最右边的右兄弟结点：RightSibling(T,p)。

初始条件：树 T 存在，且 p 是树 T 中的一个结点。

操作结果：若 p 有右兄弟，则返回结点 p 的右兄弟；否则，返回 NULL。

（7）判断树 T 是否为空：TreeEmpty(T)。

初始条件：树 T 存在。

操作结果：若树 T 为空，则返回 True；否则，返回 False。

（8）求树 T 的深度：DepthTree(T)。

初始条件：树 T 存在。

操作结果：返回树 T 的深度。

（9）将结点 p 作为树 T 中结点 q 的第 i 棵子树插入：InsertChild(*T,p,q,i)。

初始条件：树 T 存在，q 是树 T 中的结点，且 1≤i≤q 所指结点的度+1，非空树 i 与 T 不相交。

操作结果：将以 p 结点为根的树，作为 q 的第 i 个子树插入 T 中。

（10）在树中删除结点 p 的第 i 棵子树：DeleteChild(*T,p,i)。

初始条件：树 T 存在，p 指向树 T 中的某个结点，且 1≤i≤p 所指结点的度。

操作结果：在树 T 中删除结点 p 所指结点的第 i 棵子树。

（11）按某种方式遍历树 T：TraverseTree(T)。

初始条件：树 T 存在。

操作结果：按某种方式遍历树 T，返回遍历序列。

}ADT Tree

6.2 二叉树的概念和性质

二叉树是一个非常重要的非线性数据结构。在日常的计算机程序设计中经常要用到它。我们能够用一种简便的方法把任意的树转化为相应的二叉树。本节主要讨论二叉树的概念、性质以及二叉树与树、森林之间的转换。

6.2.1 二叉树的概念

1. 定义

二叉树（binary tree）是指树的度最大为 2 的有序树。它是一种最简单、最重要的树，在计算机领域有着广泛的应用。

二叉树的递归定义为：二叉树或者是一棵空树，或者是一棵由一个被称为根的结点（root）与两棵互不相交的分别被称为左子树和右子树所组成的非空树，左子树和右子树又同样都是一棵二叉树。

在二叉树中，每个结点的左子树的根结点被称为左孩子，右子树的根结点被称为右孩子，如图 6-4 所示就是一棵二叉树，在二叉树中，一个元素也称为一个结点。

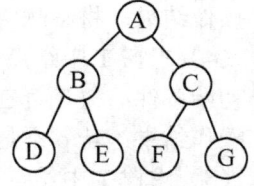

图 6-4 二叉树示例

由二叉树的递归定义，可以列出二叉树的五种基本形态，如图 6-5 所示，其中图 6-5（a）所示为空二叉树，图 6-5（b）所示为只有根结点的二叉树，图 6-5（c）所示为右子树为空的二叉树，图 6-5（d）所示为左子树为空的二叉树，图 6-5（e）所示为左、右子树非空的二叉树。

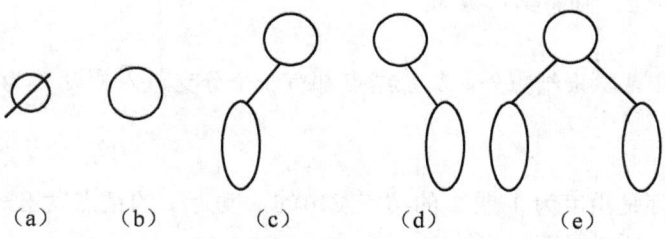

图 6-5　二叉树的五种基本形态

2. 特征

二叉树与树是两个不同的概念。树至少要有一个结点，而且树的每个结点可以有 m（m≥0）个孩子结点。二叉树可以是空的，二叉树中的每个结点最多有 2 个孩子结点，且必须要区分左、右子树，即使在结点只有一棵子树的情况下，也要明确指出该子树是左子树还是右子树。二叉树中每个结点的子树都是有序的，可以用左、右子树来区别。而树的子树间是无序的。二叉树也不等同于树的度为 2 的有序树，二叉树可以是树的度为 0、1 或 2 的有序树。

二叉树与一般树有很大的区别，一棵含有 3 个结点的树只有两种形态，如图 6-6（a）所示；而一棵含有 3 个结点的二叉树则可以有 5 种不同的形态，如图 6-6（b）所示。

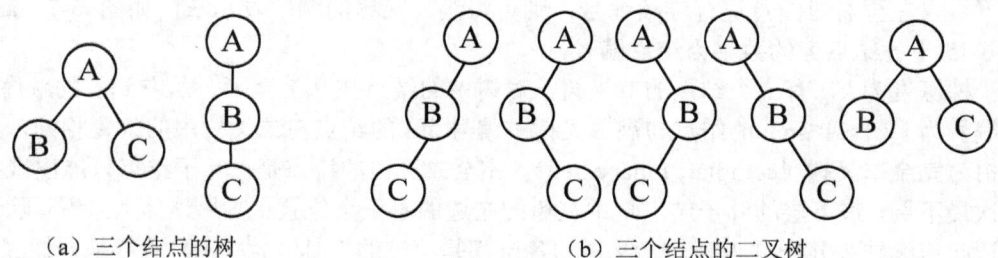

（a）三个结点的树　　　　　　　　　　（b）三个结点的二叉树

图 6-6　三个结点的树和二叉树

二叉树的概念非常重要，因为从许多实际问题中抽象出来的数据结构往往是二叉树形式的，而且许多算法问题使用二叉树形式来解决非常简单方便。另外，任何树都可以通过一个简单的转换得到与之对应的二叉树，这为树的存储及运算提供了方便。

6.2.2　二叉树的性质

二叉树具有如下重要性质。

性质 1：在一棵非空的二叉树的第 i 层上，最多有 2^{i-1} 个结点（i≥1）。

该性质可以由数学归纳法证明。证明略。

性质 2：一棵深度为 k 的二叉树，最多具有 2^k-1 个结点（k≥1）。

证明：由性质 1 可知，深度为 k 的二叉树的最大结点数为：

$$\sum_{i=1}^{k}(\text{第 i 层上的最大结点数}) = \sum_{i=1}^{k}2^{i-1}=2^k-1$$

性质 3：对任意一棵非空二叉树，如果其终端结点数为 n_0，度为 2 的结点数为 n_2，则 $n_0=n_2+1$。

证明：设 n 为二叉树的总结点数，n_1 为二叉树中度为 1 的结点数，由于二叉树中所有结点的度均小于或等于 2，则总结点数为

$n=n_0+n_1+n_2$ (6-1)

由于在二叉树中，除根结点外，其余结点都有一个分支进入，设 B 为二叉树的分支总数，则有

$B=n-1$ (6-2)

由于这些分支都是由度为 1 或 2 的结点发出的，度为 1 的结点发出一个分支，度为 2 的结点发出两个分支，所以又有

$B=n_1+2n_2$ (6-3)

综合（6-1）、（6-2）和（6-3）式可以得到

$n_0=n_2+1$

前面介绍的有关树的术语对于二叉树同样适用。在介绍下面的性质前，先学习两个有关二叉树的基本术语：完全二叉树和满二叉树，它们是两种特殊形态的二叉树。

一棵深度为 k 且含有 2^k-1 个结点的二叉树称为**满二叉树**（full binary tree）。在满二叉树中，所有分支结点都存在左子树、右子树，且所有的叶结点都在同一层上，如图 6-7（a）所示是一棵深度为 3 的满二叉树，这种树的特点是每一层上的结点数都是最大结点数。图 6-7（c）所示则为非满二叉树。可以对满二叉树的结点进行编号，约定编号从第 1 层的根结点开始，自上而下，自左至右对结点进行连续编号，则可得满二叉树的顺序表示法，如图 6-7（a）所示（图 6-15 中各结点旁的数字为结点编号）。

一棵深度为 k，有 n 个结点的二叉树，对树中的结点按从上至下、从左到右的顺序编号，如果编号为 i（$1 \leq i \leq n$）的结点与满二叉树中编号为 i 的结点在二叉树中的位置相同，则称此二叉树为**完全二叉树**（complete binary tree）。完全二叉树的特点是：叶子结点只能出现在最下层和次最下层，最下层的叶子结点集中在树的左边的若干个位置上，从整体上来看，除最下层从右边起连续缺少几个结点外，二叉树的各层都是"满的"。图 6-7（b）所示是一棵深度为 3 的完全二叉树。图 6-7（d）和图 6-7（e）所示则为非完全二叉树。

很显然，一棵满二叉树必定是一棵完全二叉树，而完全二叉树未必是满二叉树。满二叉树是完全二叉树的特例，在一棵完全二叉树中，度为 1 的结点个数可以是 0 或 1。

性质 4：具有 n 个结点的完全二叉树的深度为 $\lfloor \log_2 n \rfloor +1$。

证明：假设完全二叉树的深度为 k，则由性质 2 和完全二叉树的定义有

$2^{k-1}-1 < n \leq 2^k-1$ 或 $2^{k-1} \leq n < 2^k$

对上式取对数则有

$k-1 \leq \log_2 n < k$

由于 k 是整数，所以 $k=\lfloor \log_2 n \rfloor +1$。

性质 5：如果对一棵有 n 个结点的完全二叉树（其深度为 $\lfloor \log_2 n \rfloor +1$）的结点按层次编号（从第 1 层到第 $\lfloor \log_2 n \rfloor +1$ 层，每层从左到右），则对任一结点 i（$1 \leq i \leq n$），有如下性质：

（1）如果 i=1，则结点 i 是二叉树的根，无双亲；如果 i>1，则序号为 i 的结点的双亲结点的序号为 $\lfloor i/2 \rfloor$。

（2）如果 2i>n，则结点 i 无左孩子（结点 i 为叶子结点）；如果 $2i \leq n$，则序号为 i 的结点的左孩子结点序号为 2i。

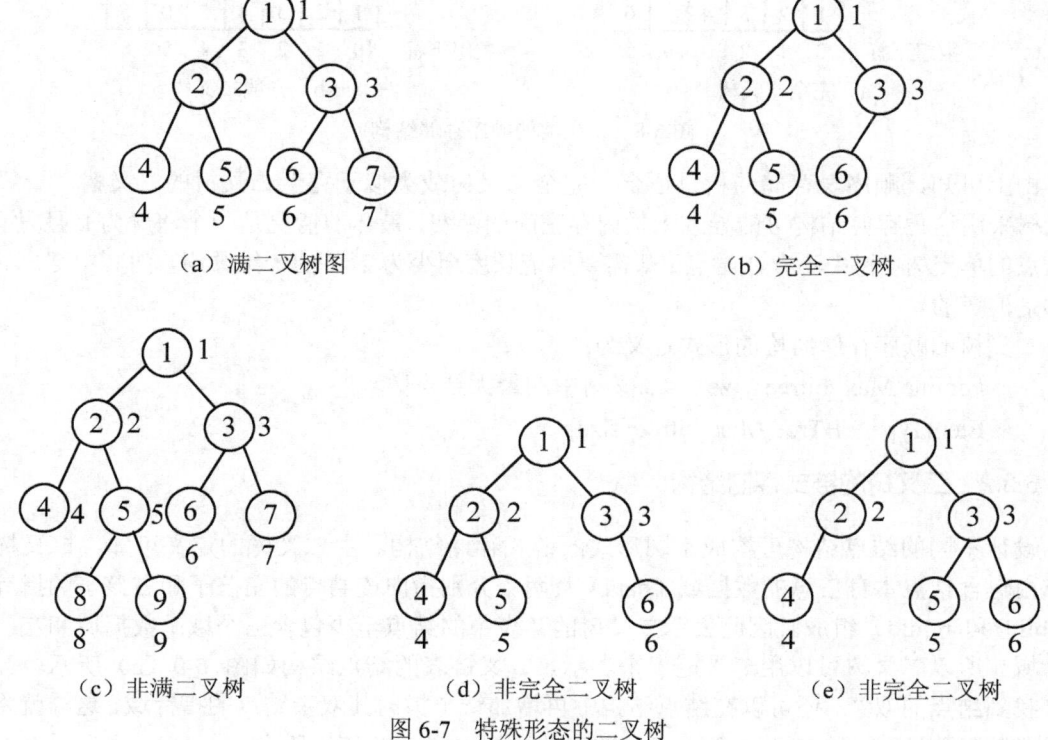

（a）满二叉树图　　　　　　　　　　　　　　　（b）完全二叉树

（c）非满二叉树　　　　　　　（d）非完全二叉树　　　　　　（e）非完全二叉树

图 6-7　特殊形态的二叉树

（3）如果 2i+1>n，则结点 i 无右孩子；如果 2i+1≤n，则序号为 i 的结点的右孩子结点序号为 2i+1。

此性质可采用数学归纳法证明。证明过程略。

6.3　二叉树的存储结构

二叉树这种非线性结构也可以采用顺序存储和链式存储两种方式来实现，但由于二叉树的非线性特征，大多数情况下则采用链式存储方式来实现。本节将讨论二叉树顺序存储方式的优缺点，并详细阐述二叉树链式存储的特点。

6.3.1　二叉树的顺序存储结构

在用顺序表存储一棵二叉树时，按照顺序存储结构的定义，可以用一组地址连续的存储单元依次从上而下、从左至右存储完全二叉树上的结点元素，即将完全二叉树上编号为 i 的结点元素存储在如下定义的一维数据的下标为 i-1 的分量中，如图 6-7（b）所示的完全二叉树的顺序存储结构如图 6-8（a）所示。

对于一般二叉树，则将其每个结点与完全二叉树上的结点相对照，添加一些不存在的"空结点"，使之成为一棵完全二叉树，然后存储在一维数组的相应分量中，如图 6-7（d）所示二叉树的顺序存储结构如图 6-8（b）所示，图中"0"表示不存在此结点。

图 6-8　二叉树的顺序存储结构

由上可知，顺序表存储结构只适合于完全二叉树或类似于完全二叉树的二叉树，一般的二叉树采用这种存储结构可能导致大量内存空间的浪费，最坏的情况是一个深度为 k 且只有 k 个结点的单支树（树中不存在结点）却需要申请长度至少为 2^k-1 的一维数组，而其中 2^{k-1} 个单元都是浪费的。

二叉树的顺序存储结构的形式定义为：

　　　#define Max_bitree_size　　<二叉树中的最大结点数>

　　　ElemType　　BTree[Max_bitree_size];

6.3.2　二叉树的链式存储结构

设计不同的结点结构可构成不同形式的链式存储结构。由二叉树的定义可知，二叉树的结点由包含结点本身信息的数据域（data）及两个分别指向该结点的左孩子和右孩子的指针域（lchild 和 rchild）组成。因此表示二叉树的链表中的结点至少包含三个域：数据域和左、右指针域。所以二叉树可以用二叉链表来表示，二叉链表的结点结构如图 6-9（a）所示。为了便于找到结点的双亲，还可以在结点结构中再增加一个指向其双亲结点的指针域，这样就将一个二叉链表改造成一个三叉链表，三叉链表的结构如图 6-9（b）所示。

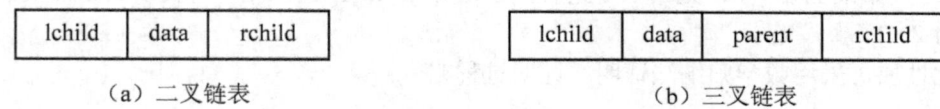

图 6-9　二叉树的链式存储结构

在二叉树的链式存储结构中，通常采用二叉链表来存储。二叉树的二叉链表存储结构形式定义为：

```
typedef struct    BiTNode
{
    ElemType    data;                //数据域
    struct BiTNode *lchild, *rchild;    //左、右指针域
}BiTNode,*BiTree;
BiTree BT;
```

则 BT 指向二叉树的根结点。

如图 6-10 描述了二叉树的链式存储结构，链表的头指针指向二叉树的根结点，其中图 6-10（a）所示为单支二叉树和它的二叉链表表示示意图，图 6-10（c）和图 6-10（d）所示为图 6-10（b）所示二叉树的二叉链表和三叉链表表示示意图。

从上面可以看出，一棵包含 n 个结点的二叉树如果采用二叉链表存储时，其 2n 个指针域中，只有 n-1 个指针用来指示结点的左、右孩子结点（除根结点外，每个结点都有一个指向该结点的指针），所以有 2n-(n-1)=n+1 个指针域为空。

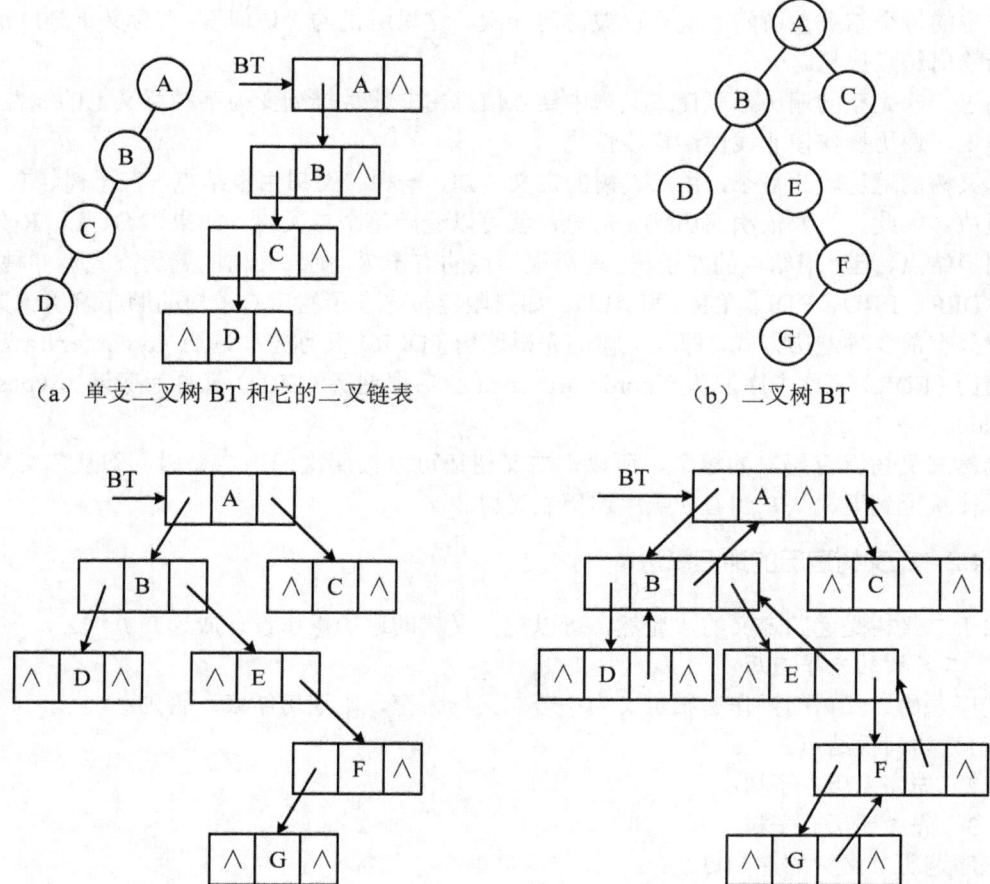

图 6-10 二叉树的链表存储结构

    而对于一棵包含 n 个结点的二叉树，如果采用三叉链表存储时，将有 3n-2(n-1)=n+2 个指针域为空。

    在实际应用中，采用何种存储结构来存储二叉树，除了根据二叉树的形态之外，还要考虑需要进行何种操作。对于一般的二叉树，在不需要频繁地找结点双亲操作的情况下，通常宜采用二叉链表存储结构。

6.4　二叉树的遍历及其他操作

    基于二叉树的两种存储结构，本节将继续讨论二叉树的基本操作的实现算法。二叉树的遍历操作是对二叉树进行各种操作的基础，因此，本节将重点介绍二叉树的遍历操作，并在遍历算法的基础上给出二叉树的基本运算以及二叉树的构造。

6.4.1　二叉树遍历的概念

    二叉树的遍历（traversing binary tree）是指按照某种顺序访问二叉树中的所有结点，使得二叉树中的每个结点被访问一次且仅被访问一次。这里所说的"访问"，其含义十分广泛，本书是指输出结点信息。

通过一次完整的遍历，可使二叉树中结点信息由非线性排列变为某种意义上的线性序列，也就是说，遍历操作使非线性结构线性化。

二叉树的遍历较为复杂，由二叉树的定义可知，一棵二叉树由根结点、左子树、右子树3部分组成。因此，只要依次遍历这3部分，就可以遍历整个二叉树。如果以D、L、R分别表示访问根结点、遍历根结点的左子树、遍历根结点的右子树，则二叉树的遍历方式有6种组合：LDR、DLR、LRD、RDL、DRL和RLD。如果限定按先左子树后右子树的顺序遍历二叉树，那么就只有前3种遍历方式，即二叉树的先根遍历（DLR）又称先序遍历（preorder traversal）、中根遍历（LDR）又称中序遍历（inorder traversal）、后根遍历（LRD）又称后序遍历（postorder traversal）。

当然二叉树具有层次的概念，所以，二叉树还可以按层次遍历二叉树，即从二叉树的根开始，按从上到下、从左到右的顺序遍历二叉树。

6.4.2　二叉树遍历的递归算法

由于二叉树是递归定义的，显然，可以把二叉树的遍历操作设计成递归算法。

1. 二叉树的先序遍历

先序遍历二叉树的操作递归定义为：若二叉树为空，则遍历结束；否则：

（1）访问根结点；

（2）先序遍历左子树；

（3）先序遍历右子树。

先序遍历二叉树的递归算法：

【算法6-1】

```
void PreOrder(BiTree BT)
{
    if(BT!=NULL)
    {
        printf("结点值数据类型的格式符",BT->data);
        PreOrder(BT->lchild);
        PreOrder(BT->rchild);
    }
}
```

2. 二叉树的中序遍历

中序遍历二叉树的操作递归定义为：若二叉树为空，则遍历结束；否则：

（1）中序遍历左子树；

（2）访问根结点；

（3）中序遍历右子树。

中序遍历二叉树的递归算法：

【算法6-2】

```
void InOrder(BiTree BT)
{
```

```
        if(BT!=NULL)
        {
                InOrder(BT->lchild);
                printf("结点值数据类型的格式符", BT->data);
                InOrder(BT->rchild);
        }
    }
```

3. 二叉树的后序遍历

后序遍历二叉树的操作递归定义为：若二叉树为空，则遍历结束；否则：

（1）后序遍历左子树；

（2）后序遍历右子树；

（3）访问根结点。

后序遍历二叉树的递归算法：

【算法 6-3】

```
    void PostOrder(BiTree BT)
    {
        if(BT!=NULL)
        {
                PostOrder(BT->lchild);
                PostOrder(BT->rchild);
                printf("结点值数据类型的格式符",BT->data);
        }
    }
```

【例 6-1】下列二叉树，如图 6-11 所示，求它的先序遍历、中序遍历、后序遍历。

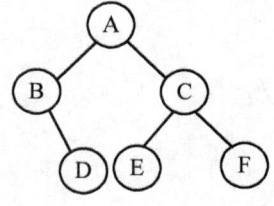

先序遍历的序列：ABDCEF
中序遍历的序列：BDAECF
后序遍历的序列：DBEFCA

图 6-11　一棵二叉树

【例 6-2】设表达式(a-b)*c/(d+(e-f))的二叉树表示如图 6-12 所示，试写出它的先序遍历、中序遍历和后序遍历。

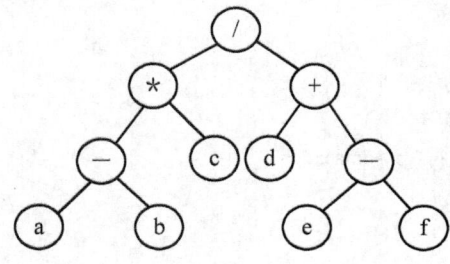

先序遍历的结果，即原表达式的前缀表达式：
/*-abc+d-ef
中序遍历的结果：
a-b*c/d+e-f
后序遍历的结果，即原表达式的前缀表达式：
ab-c*def-+/

图 6-12　表达式(a-b)*c/(d+(e-f))的二叉树表示

本例说明：在计算机的编译程序中，常采用二叉树来表示表达式，并且能方便地使用后序遍历的方法来求得一般表达式的后缀表达式。同时，还可以看出，采用二叉树来表示一个表达式时，所有的操作数都在二叉树的叶子结点上，而所有的操作符，都在非叶子结点上。

对二叉树的遍历，主要是做访问二叉树中结点的操作，因此，无论按照哪一种次序进行遍历，所需的时间都与二叉树中结点的多少成正比。所以，具有 n 个结点的二叉树，进行遍历的时间复杂度为 O(n)。

6.4.3　二叉树遍历的非递归算法

前面介绍了二叉树的先序、中序和后序遍历算法都是递归算法。当给出二叉树的链式存储结构后，用具有递归功能的程序设计语言可以很方便地实现上述算法。然而，并非所有程序设计语言都允许递归；另一方面，递归程序虽然简洁，但可读性一般不好，执行效率也不高。因此可以将一个递归算法转化为非递归算法。

1. 先序遍历的非递归实现

先序遍历二叉树的非递归算法，需要设置一个堆栈，用于保存结点指针，以便在遍历完某结点的左子树后，由该结点指针找到该结点的右子树。

先序遍历二叉树的非递归方法是：将二叉树的根结点 BT 赋给指针变量 p，从二叉树的根结点开始，访问结点 p，并将 p 入栈，然后将 p 指向 p 结点的左孩子结点。若 p 不空，继续访问结点 p，并将 p 入栈。如此重复进行，直到 p 为空时，从栈中弹出元素赋给指针变量 p，并将 p 指向 p 结点的右孩子结点，重复上述过程，直到 p 为空，栈也为空为止。先序遍历二叉树的非递归算法：

【算法 6-4】

```
#define Max_size   <二叉树的结点个数>
void Nr_PreOrder(BiTree BT)
{
    BiTree Stack[Max_size];
    BiTree p;
    int top=0;
    p=BT;
    while(p!=NULL||top!=0)
    {
        while(p!=NULL){
            if(top==Max_size){
                printf("堆栈溢出!\n" );
                return;
            }
            Stack[top++]=p;//将结点 p 进栈
            printf("结点值数据类型的格式符",p->data);
            p=p->lchild;
        }
        if(top!=0){
            p=Stack[--top];//将栈中元素出栈给结点 p
```

```
                    p=p->rchild;
                }
            }
        }
```

2. 中序遍历的非递归实现

与先序遍历的递归算法改写成非递归算法相似，中序遍历的非递归算法也需要设置一个堆栈，用以保存结点指针，以便在遍历完某结点的左子树之后，由该结点指针找到该结点的右子树。

中序遍历二叉树的非递归方法是：将二叉树的根结点 BT 赋值给指针变量 p，从二叉树的根结点开始，将 p 入栈，然后将 p 指向 p 结点的左孩子结点。若 p 不空，将 p 入栈。如此重复进行，直到 p 为空时，从栈中弹出元素赋给指针变量 p，并访问结点 p，再将 p 指向 p 结点的右孩子结点，重复上述过程，直到 p 为空，栈也为空为止。

中序遍历二叉树的非递归算法：

【算法 6-5】

```
#define Max_size <二叉树的结点个数>
void Nr_InOrder(BiTree BT)
{
    BiTree Stack[Max_size],p;
    int top=0;
    p=BT;
    while(p!=NULL || top!=0)
    {
        while(p!=NULL)
        {
            if(top==Max_size)
            {
                printf("堆栈溢出!\n");
                return;
            }
            Stack[top++]=p; //将结点 p 进栈
            p=p->lchild;
        }
        if(top!=0)
        {
            p=Stack[--top]; //将栈中元素出栈给结点 P
            printf("结点值数据类型的格式符",p->data);
            p=p->rchild;
        }
    }
}
```

3. 后序遍历的非递归实现

与先序遍历和中序遍历二叉树的非递归情况有所不同，在后序遍历二叉树的过程中，对一个结点访问前，要两次经过这个结点，第一次是由该结点找到其左子树，对其左子树进行遍历，遍历完成后，返回到这个结点；第二次是由该结点找到其右子树，对其右子树进行遍历，遍历完成后，返回到这个结点，此时才能访问该结点。所以，在后序遍历二叉树的非递归算法中，同样要用到栈，而且为了区别某一结点是第一次进栈还是第二次进栈，在栈结构中还得设置一个标志域 flag 来区分：

$$flag=\begin{cases} 1 & \text{第 1 次出栈，结点不能访问} \\ 2 & \text{第 2 次出栈，结点可以访问} \end{cases}$$

当结点指针进、出栈时，其标志 flag 也同时进、出栈。因此，可将栈中元素的数据类型定义为指针与标志 flag 合并的结构体类型，定义如下：

```
typedef struct{
    BiTree link;
    int flag;
}StackType;
```

后序遍历二叉树的非递归算法描述如算法 6-6 所示。在算法中，一维数组 Stack[Max_size] 用于实现栈的结构，指针变量 p 指向当前要处理的结点，整型变量 top 为栈顶指针，用来表示当前栈顶的位置，整型变量 sign 为结点 p 的标志量。

【算法 6-6】

```
#define Max_size <二叉树的结点个数>
void Nr_PostOrder(BiTree BT)
{
    StackType Stack[Max_size];
    BiTree p;
    int top,sign;
    if(BT==NULL)
        return;
    top=0;//栈顶位置初始化
    p=BT;
    while(p!=NULL||top!=0)
    {
        if(p!=NULL)//结点第 1 次进栈
        {
            top++;
            Stack[top].link=p;
            Stack[top].flag=1;
            p=p->lchild;
        }
        else
        {
            p=Stack[top].link;
            sign=Stack[top].flag;
            top--;
            if(sign==1)//结点第 2 次进栈
            {
                top++;
                Stack[top].link=p;
                Stack[top].flag=2;
```

```
                p=p->rchild;
            }
            else
            {
                printf("结点值数据类型的格式符",p->data);
                p=NULL;
            }
        }
    }
}
```

6.4.4　二叉树的其他操作

1．创建二叉树

对于用二叉链表表示的二叉树，算法 6-7 给出了按照先序遍历思想建立二叉树的过程，也就是说，将先序遍历过程中"根结点的访问操作"看作是"根结点的建立操作"。显然，对于空树来说，也需要创建。因此，该算法要求输入的元素序列为包括空树（根为空）在内的二叉树的先序遍历序列。例如，如果欲创建图 6-10（b）所示的二叉树，则元素的输入次序为：ABD##E#FG###C##；其中"#"是一个用于表示"空树"的特殊元素值。

【算法 6-7】
```
int CreateBiTree(BiTree *T)
{
    char ch;scanf("%c",&ch);
    if (ch=='#')*T=NULL;
    else{
        if (!(*T=(BiTree)malloc(sizeof(BiTNode))))
            return 0;
        (*T)->data=ch;
        CreateBiTree(&((*T)->lchild));
        CreateBiTree(&((*T)->rchild));
    }
    return 1;
}
```

2．统计二叉树中叶子结点的个数

根据二叉树递归定义，若二叉树为空，则叶子结点数为 0；若二叉树非空且根结点为叶子结点时，则其叶子结点数为 1；而若二叉树非空并且根结点不是叶子结点时，二叉树的叶子结点的总数为根的"左子树上叶子结点个数"与"右子树上叶子结点个数"的和。据此，可利用递归思想求解二叉树中叶子结点个数，具体实现见算法 6-8。

【算法 6-8】
```
int LeafNodes(BiTree BT)//求二叉树的叶子结点个数
{
    int num1,num2;
    if(BT==NULL)
        return 0;
    else if(BT->lchild==NULL && BT->rchild==NULL)
```

```
                    return 1;
                else
                {
                    num1=LeafNodes(BT->lchild);
                    num2=LeafNodes(BT->rchild);
                    return(num1+num2);
                }
        }
```

3. 求二叉树结点总数

根据二叉树的递归定义，若二叉树为空，则总结点数为 0；若二叉树非空且根结点为叶子结点时，则其结点总数为 1；而若二叉树非空并且根结点不是叶子结点时，二叉树的结点的总数为根的"左子树上结点个数"与"右子树上结点个数"的和加 1。据此，可利用递归思想求解二叉树中的结点个数，具体实现见算法 6-9。

【算法 6-9】

```
int Nodes(BiTree BT)//求二叉树的结点个数
{
    int num1,num2;
    if(BT==NULL)
        return 0;
    else if(BT->lchild==NULL&&BT->rchild==NULL)
        return 1;
    else
    {
        num1=Nodes(BT->lchild);
        num2=Nodes(BT->rchild);
        return(num1+num2+1);
    }
}
```

4. 求二叉树的深度

从二叉树深度的定义可知，若二叉树为空，则其深度为 0；否则其深度为左、右子树深度的较大者加 1。据此，给出的求解二叉树深度的递归算法见算法 6-10。

【算法 6-10】

```
int BTNodeDepth(BiTree BT)//求二叉树 b 的深度
{
    int lchilddep,rchilddep;
    if(BT==NULL)
        return(0);
    else
    {
        lchilddep=BTNodeDepth(BT->lchild);//左子数的高度
        rchilddep=BTNodeDepth(BT->rchild);//右子树的高度
        return(lchilddep>rchilddep)?(lchilddep+1):(rchilddep+1);
    }
}
```

5．查找数据元素

当采用二叉链表来表示二叉树，二叉树中结点位置可以用其存储地址（即结点的指针）来表示。对于给定的元素 e，在二叉树 BT 中查找与 e 相等的结点的过程为：

（1）若二叉树 BT 为空，则树中无此结点，返回 NULL 表示；

（2）若二叉树 BT 非空且根结点的值与 e 相等，则返回根指针 BT。否则，依次在根的左、右子树中查找，若找到，则左子树或右子树找到的结点的位置即为所求问题的解；而当左、右子树中都不存在值与 e 相等的结点时，则说明树 BT 中无此结点，具体算法见算法 6-11。

【算法 6-11】

```
BiTree FindNode(BiTree BT,ElemType x)//返回 data 域为 x 的结点指针
{
    BiTree p;
    if(BT==NULL)
        return NULL;
    else if(BT->data==x)
        return BT;
    else
    {
        p=FindNode(BT->lchild,x);
        if(p!=NULL)
            return p;
        else
            return FindNode(BT->rchild,x);
    }
}
```

6.5　线索二叉树

6.5.1　线索二叉树的概念

按照某种遍历方式对二叉树进行遍历，可以把二叉树中所有结点排列为一个线性序列。在该序列中，除第 1 个结点外，每个结点有且仅有一个直接前驱结点；除最后一个结点外，每个结点有且仅有一个直接后继结点。如图 6-10（a）所示的二叉树的先序序列 ABDEFGC 中"D"的直接前驱结点是"B"，直接后继结点是"E"。

但是，当以二叉链表作为二叉树的存储结构时，只能找到该结点的左、右孩子信息，而不能直接得到结点在任一序列中的直接前驱和直接后继信息，这种信息只有在二叉树遍历的动态过程中才能得到。

在利用二叉链表来存储二叉树时，任何包含 n 个结点的二叉树的二叉链表表示，其 2n 个指针域中有 n+1 个指针域为空。为了保留结点在某种遍历序列中的直接前驱和直接后继的位置信息，可以利用这些空指针域来存储遍历过程中所得到的信息。

下面做如下规定：二叉树的二叉链表存储结构中，若结点的左孩子存在，则 lchild 指针域

指向其左孩子结点，否则，令 lchild 指针域指向其直接前驱结点；若结点的右孩子存在，则 rchild 指针域指向其右孩子结点，否则，令 rchild 指针域指向其直接后继结点。为了避免混淆，需要改造原二叉链表结构，增加两个标志域 ltag 和 rtag，则此时的二叉链表结构改变为图 6-13 所示。

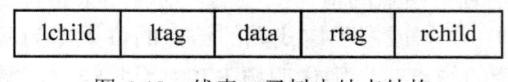

| lchild | ltag | data | rtag | rchild |

图 6-13   线索二叉树中结点结构

其中：

$$ltag=\begin{cases} 0 & \text{lchild域指向结点的左孩子} \\ 1 & \text{lchild域指向结点的直接前驱} \end{cases}$$

$$rtag=\begin{cases} 0 & \text{rchild域指向结点的右孩子} \\ 1 & \text{rchild域指向结点的直接后继} \end{cases}$$

结点中指向某种序列中的直接前驱和直接后继结点的指针称为线索。这种加上了线索的二叉链表称为线索链表，相应的二叉树称为**线索二叉树**（threaded binary tree）。因而，二叉树的二叉线索链表存储结构描述如下：

```
typedef enum{Link,Thread} PointerThread;//Link=0，指针；Thread=1，线索
typedef struct BiThrNode{
    ElemType data;
    PointerThread ltag,rtag;//左右标志
    struct BiThrNode *lchild,*rchild;//左右指针
}BiThrNode,*BiThrTree;
```

为了方便起见，类似于线性链表，在二叉树的线索链表上也增加一个头结点，使它的 lchild 指向二叉树的根结点，rchild 指向某种遍历序列中的最后一个结点；再令二叉树遍历序列中的第一个结点的 lchild（若原先为空）和最后一个结点的 rchild（若原先为空）均指向头结点。

6.5.2   线索化二叉树

我们把对一棵二叉树以某种方式进行遍历使其成为线索二叉树的过程称为线索化，线索化后的二叉树称为线索化二叉树。如图 6-14（a）所示为一棵二叉树，图 6-14（b）所示是该二叉树对应的先序线索化二叉树，图 6-14（c）所示是该二叉树对应的中序线索化二叉树，图 6-14（d）所示是该二叉树对应的后序线索化二叉树，图中实线表示二叉树原来指针所指向的结点（指向左、右子树的结点），虚线表示线索二叉树所添加的线索（指向直接前驱和直接后继）。

由于线索化的实质是将二叉链表中的空指针改为指向前驱、后继的线索，而前驱或后继的信息只有在遍历时才得到，因此线索化的过程即为在遍历过程中修改空指针的过程。为达到建立线索的目的，遍历时需要修改访问顺序相邻的两个结点的指针域。因此，在遍历过程中，附设指针 pre，若指针 p 指向了当前正在访问的结点，则始终保持指针 pre 指向 p 所指结点的前驱。以中序线索化为例，其具体过程见算法 6-12。

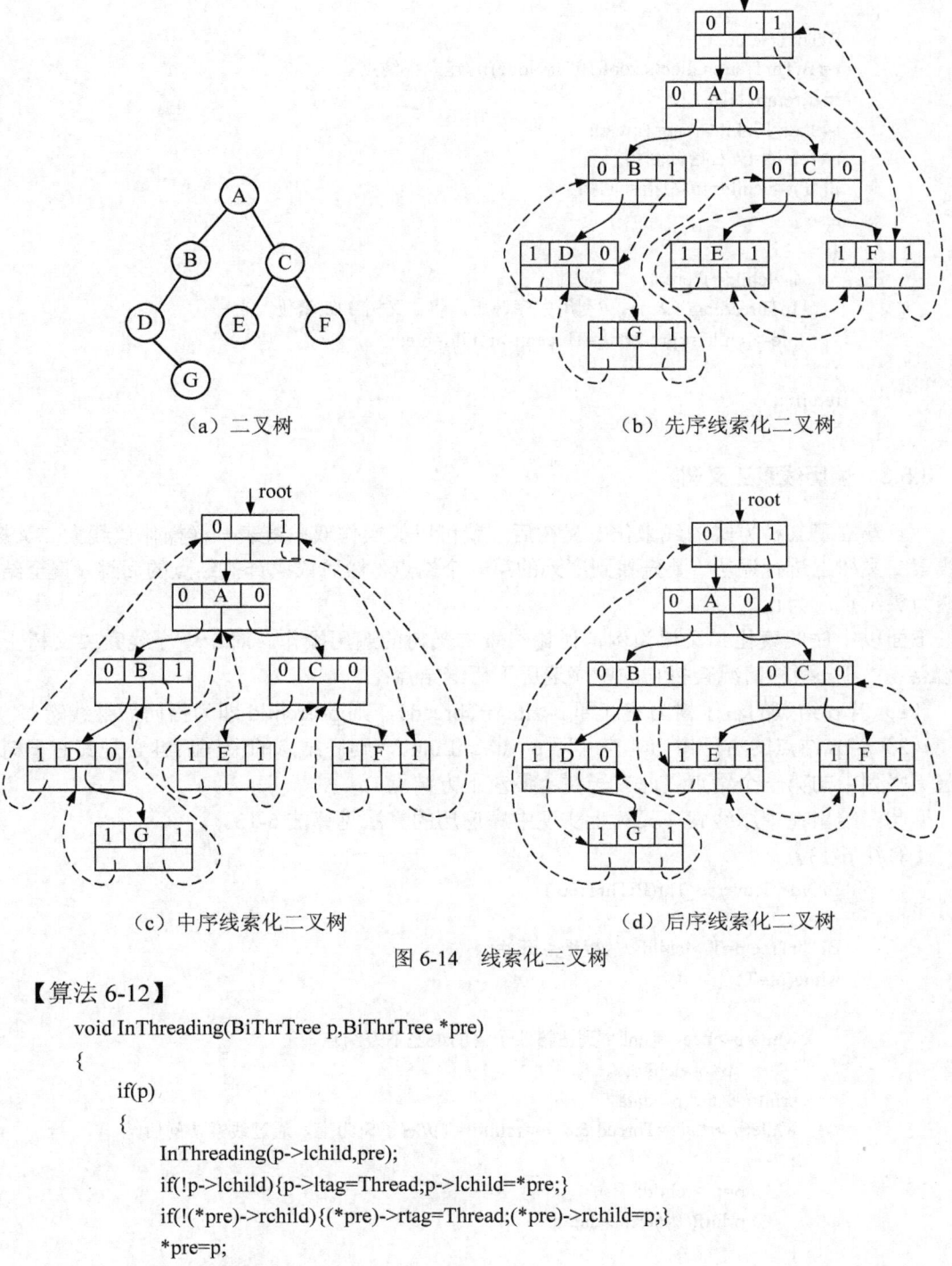

（a）二叉树　　　　　　　　　（b）先序线索化二叉树

（c）中序线索化二叉树　　　　　（d）后序线索化二叉树

图 6-14　线索化二叉树

【算法 6-12】

```
void InThreading(BiThrTree p,BiThrTree *pre)
{
    if(p)
    {
        InThreading(p->lchild,pre);
        if(!p->lchild){p->ltag=Thread;p->lchild=*pre;}
        if(!(*pre)->rchild){(*pre)->rtag=Thread;(*pre)->rchild=p;}
        *pre=p;
        InThreading(p->rchild,pre);
    }
}
```

```
BiThrTree InOrderThreading(BiThrTree T)
{
    BiThrTree pre,t;
    t=(BiThrTree)malloc(sizeof(BiThrNode));//建立头结点
    if(!t)return NULL;
    t->ltag=Link;t->rtag=Thread;
    t->rchild=t;//右指针回指
    if(!T)t->lchild=t;//左指针回指
    else
    {
        t->lchild=T;pre=t;
        InThreading(T,&pre);//利用中序遍历，将二叉树 T 线索化
        pre->rchild=t;pre->rtag=Thread;t->rchild=pre;
    }
    return t;
}
```

6.5.3　遍历线索二叉树

　　一旦建立了某种方式的线索化二叉树后，就可以像操作双向链表一样操作该线索二叉树。在线索二叉树上进行遍历，要先找到序列的第一个结点，然后依次查找结点的后继，直至结点后继为头结点时为止。

　　下面以中序线索化二叉树为例，讨论线索二叉树的遍历操作。对于中序线索二叉树上某个结点 p，可分两种情况查找它的中序遍历下后继结点：

　　（1）若 p 结点的右子树为空（即 p->ltag=Thread），则 p->rchild 即为指向后继线索。

　　（2）若 p 结点的右子树为非空（即 p->ltag=Link），则 p 结点的中序后继必是其右子树中序遍历序列中的第一个结点（此右子树上最左下方结点）。

　　据此，给出在中序线索二叉树上实现中序遍历的算法见算法 6-13。

【算法 6-13】

```
void InOrderTraverse_Thr(BiThrTree T)
{
    BiThrTree p=T->lchild;//从根结点开始
    while(p!=T)
    {
        while(p->ltag==Link)//到达树或子树的最左下方结点
            p=p->lchild;
        printf("%6c",p->data);
        while(p->rtag==Thread && p->rchild!=T)//右子树为空，通过线索访问后继
        {
            p=p->rchild;
            printf("%6c",p->data);
        }
        p=p->rchild;//右子树非空，转到右子树
    }
}
```

在线索二叉树上，头结点的右指针为线索，指向某种序列下的最后一个结点。这样，在线索二叉树上进行遍历，还可按某种序列下的逆序进行，即先由头结点的右指针找到最后一个结点，然后依次查找结点前驱，直至某结点的前驱为空时为止。按照线索二叉树上的这种逆序遍历方法，读者可参照算法 6-13，给出在中序线索二叉树上进行逆序中序遍历的算法。

6.6　树和森林

6.6.1　树的存储结构

在计算机中，树的存储有多种方式，既可以采用顺序存储结构，也可以采用链式存储结构，但无论采用何种存储方式，都要求存储结构不但能存储各结点本身的数据信息，还要能唯一地反映树中各结点之间的逻辑关系。下面介绍几种基本的树的存储方式。

1．双亲表示法

由树的定义可以知道，树中的每个结点都有唯一的一个双亲结点，根据这一特性，可用一组连续的存储空间（一维数组）存储树中的各个结点，数组中的一个元素表示树中的一个结点，数组元素为结构体类型，每个结点除了结点信息域 data 外，还附设一个 parent 域用以指示其双亲结点的位置，树的这种存储方法称为双亲表示法，结构如图 6-15 所示。其存储表示可描述为：

```
#define MAXNODE    <树中结点的最大个数>
typedef struct{
    ElemType data;
    int parent;
}NodeType;
NodeType t[MAXNODE];
```

data	parent

图 6-15　双亲表示法的结点结构图

图 6-16 所示是一棵树及其双亲表示法存储结构。图中用 parent 域的值为-1 表示该结点无双亲结点，即该结点是一个根结点。

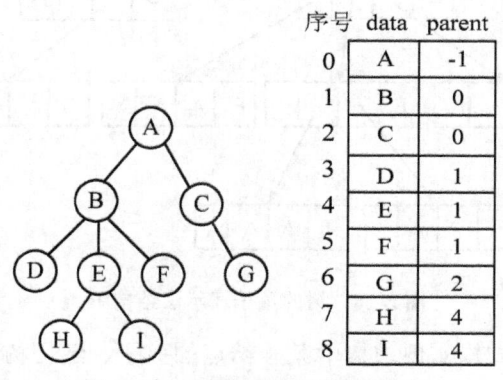

序号	data	parent
0	A	-1
1	B	0
2	C	0
3	D	1
4	E	1
5	F	1
6	G	2
7	H	4
8	I	4

图 6-16　一棵树及其双亲表示法

树的双亲表示法对于在树的操作集合中寻找一个结点的双亲结点或根结点操作很方便，但对于寻找一个结点的孩子结点的操作实现就十分困难了。

2. 孩子表示法

孩子表示法存储结构可以对树中每一个结点用包含一个结点信息域和多个指向该结点孩子的指针域的结构来表示，通过各指针域来反映树中结点与结点之间的关系，其结点结构如图6-17所示。因而，孩子表示法存储结构的形式定义可描述为：

```
#define degree    <树的度>
typedef struct Node{
    ElemType data;
    struct Node sptr[degree];
}CTreeType;
```

结点信息	孩子1	孩子2	…	孩子n

图6-17　孩子表示法的结点结构图

在这种存储结构中，由于树中每个结点的子树个数不同，结点中指针域的个数的设置一般可以采用以下两种方法：

（1）设置每个结点指针域的个数等于该结点的度。这种设置方法虽然在一定程度上节省了存储空间，但由于树中各个结点的组成不同，树的各种操作不容易实现。

（2）设置每个结点指针域的个数等于树的度（即树中所有结点度的最大值）。相对来讲，采用这种设置方法来实现树的各种操作较容易，但为此付出的代价是存储空间的消费。特别是在结点的度数相差很大时，将会浪费很大的存储空间，也就是说，这种设置方法适用于各结点的度数相差不大的情况。

图6-18所示是图6-16所示的树，按树的度设计孩子结点指针域个数及孩子表示法的存储结构。

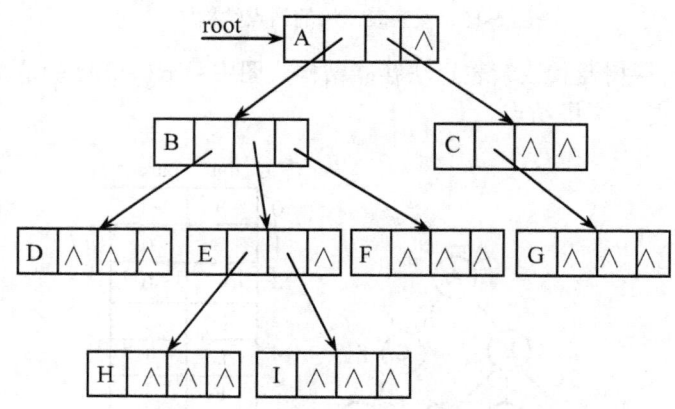

图6-18　树的孩子表示法结构图

采用孩子表示法存储结构实现求树中某一结点的孩子、遍历树等操作较为方便，但如果要求某一结点的父结点就十分困难。

3. 孩子兄弟表示法

孩子兄弟表示法是一种常用的存储结构。在树中，每个结点由一个包含该结点的信息域、指向该结点的第一个孩子结点的指针域，和该结点的下一个兄弟结点的指针域共三个域构成。其结点结构如图 6-19 所示。因而，孩子兄弟表示法存储结构的形式定义为：

```
typedef struct Node{
    ElemType data;
    struct Node *son;
    struct Node *next;
}*CBTreeType;
```

结点信息	指向孩子结点指针	指向下一个兄弟结点指针

图 6-19　孩子兄弟表示法结点结构图

图 6-16 所示的树采用孩子兄弟表示法存储结构如图 6-20 所示。用孩子兄弟表示法表示结点之间的关系，容易实现树的各种操作，是树中使用最多的一种存储结构。

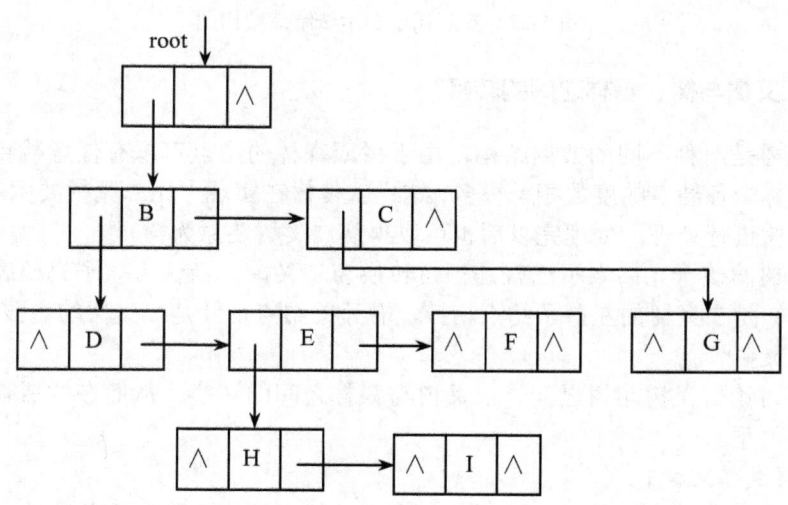

图 6-20　树的孩子兄弟表示法

4. 双亲孩子表示法

双亲孩子表示法是将双亲表示法与孩子表示法相结合的一种表示方法。它将各结点的孩子结点分别组成单链表，同时用一维数组顺序存储树中各结点。图 6-21 给出了图 6-16 所示的树采用双亲孩子表示法的存储结构示意图。在图 6-21 中，data 域中存储的是结点的信息，parent 域中存储的是该结点的双亲结点在数组中的下标，head 域中存储的是孩子单链表的头指针，child 域中存储的是相应孩子结点在数组中的下标，next 域存储的是下一个孩子结点的指针，因而双亲孩子表示法中结点的存储结构如图 6-22 所示。双亲孩子表示法存储结构具有双亲表示法和孩子表示法两种存储结构的优点。

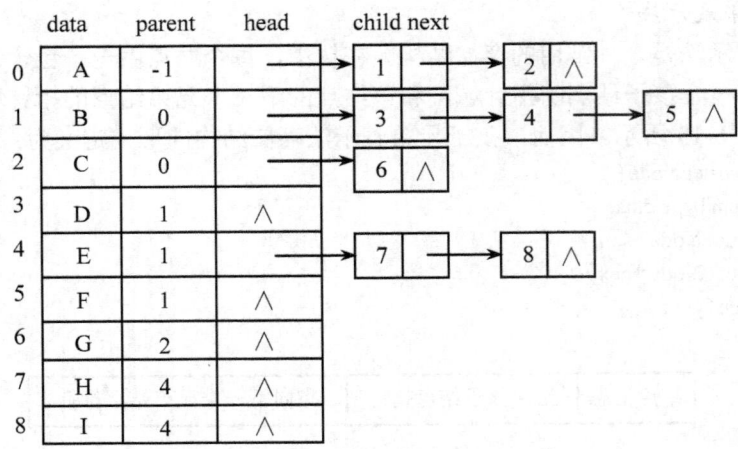

图 6-21　双亲孩子表示法

结点信息	parent	head

图 6-22　双亲孩子表示法结点结构图

6.6.2　二叉树与树、森林之间的转换

树和二叉树是两种不同的数据结构，由于树或森林的结点可以有任意数目的子结点，因而造成树或森林中各结点的度数相差很多，这样就使树在实现上比二叉树要困难得多。但树可以转换为二叉树进行处理，处理完以后也可以再从二叉树还原为树。

实际上，树的孩子兄弟表示法就是把树转换为二叉树。当认为孩子兄弟表示法中的第一个孩子结点指针是二叉树的左孩子结点指针，右兄弟结点指针是二叉树的右孩子结点指针时，树就转换为二叉树。

下面主要讨论二叉树与树之间、二叉树与森林之间的转换，从而在树或森林与二叉树之间建立对应的关系。

1.　树转换成二叉树

由于二叉树与树都可以用二叉链表作为存储结构，则以二叉链表作为媒介可以导出树与二叉树之间的对应关系。也就是说，给定一棵树，可以找到唯一一棵二叉树与之对应，因此可以将树转换成二叉树，其转换步骤是：

（1）加线。在树中所有具有相同双亲结点的兄弟结点之间加一条连线。

（2）抹线。对树中的每一个结点，只保留它与第一个孩子结点之间的连线，删除它与其他孩子结点之间的连线。

（3）旋转。以树的根结点为轴心，将整棵树顺时针旋转 45°，使所得到的二叉树层次清楚、结构分明。

图 6-23 所示为将图 6-23（a）所示的一般树转换成二叉树的过程。根据这个转换方法，转换后所得的二叉树的根结点无右子树，同时二叉树中左分支上的各个结点在原树中是父子关系，而右分支上的各个结点在原树中是兄弟关系。

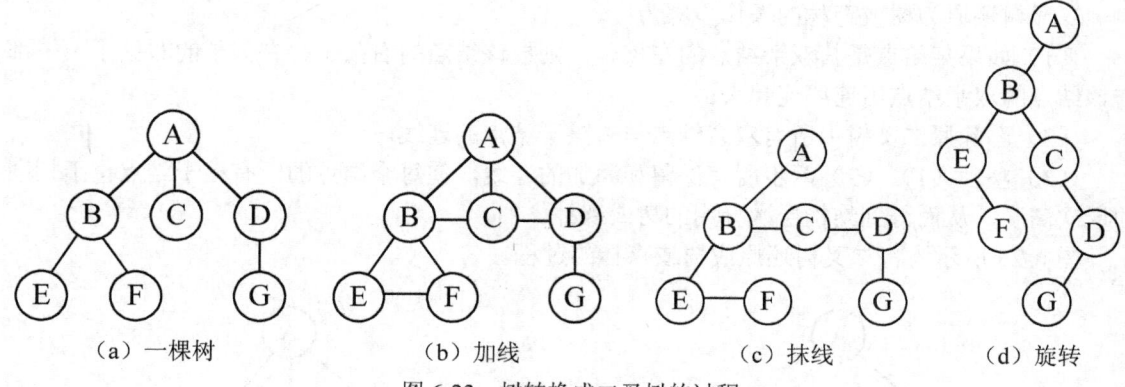

（a）一棵树　　　　　（b）加线　　　　　（c）抹线　　　　　（d）旋转

图 6-23　树转换成二叉树的过程

2. 森林转换成二叉树

由于森林是由若干棵树组成的有限集合，只要将森林中各棵树的根视为兄弟，由于树可以用二叉树来表示，这样，森林同样可以用二叉树来表示。由于树转换成二叉树后，二叉树的根结点没有右孩子，我们可以借助这一转换特点，实现森林和二叉树之间的转换。森林转化为二叉树的过程如下：

（1）将森林中的每棵树依次转换成对应的二叉树。

（2）第一棵二叉树不动，从第二棵二叉树开始，依次把后一棵二叉树（如果存在的话）的根结点作为前一棵二叉树根结点的右孩子连接起来……直到把所有二叉树全部连接在一起成为一棵二叉树。

（3）以树根为轴心，对结点进行旋转整理，使之层次清楚、结构分明。此时所得到的二叉树就是由森林转换得到的二叉树。

图 6-24 所示为将森林转换成二叉树的过程示意图。

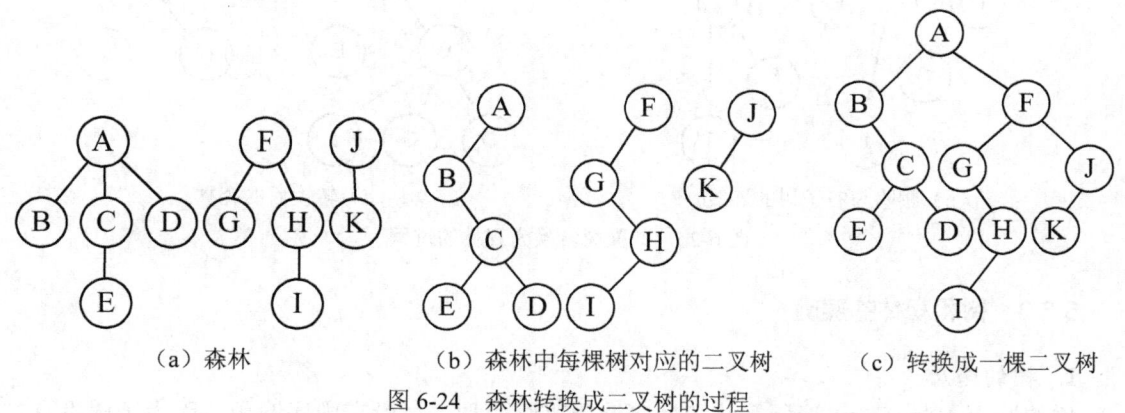

（a）森林　　　　　（b）森林中每棵树对应的二叉树　　　　　（c）转换成一棵二叉树

图 6-24　森林转换成二叉树的过程

3. 二叉树转换为树或森林

树或森林可以转换成二叉树，相应地二叉树也可以还原成树或森林。根据树转换成二叉树后，二叉树没有右子树，森林转换成二叉树后，二叉树有右子树这一特点，可以将二叉树还原成树或森林。

二叉树还原为树或森林的操作步骤为：

（1）如果某结点是其双亲结点的左孩子，则把该结点的右孩子、右孩子的右孩子……都与该结点的双亲结点用连线连起来。

（2）删除原二叉树中所有双亲结点与右孩子结点的连线。

（3）整理（1）、（2）两步所有保留和添加的连线，使每个结点的所有孩子结点位于相同的层次高度，从而得到结构层次分明的树或森林。

图 6-25 所示为将二叉树还原成树或森林的过程。

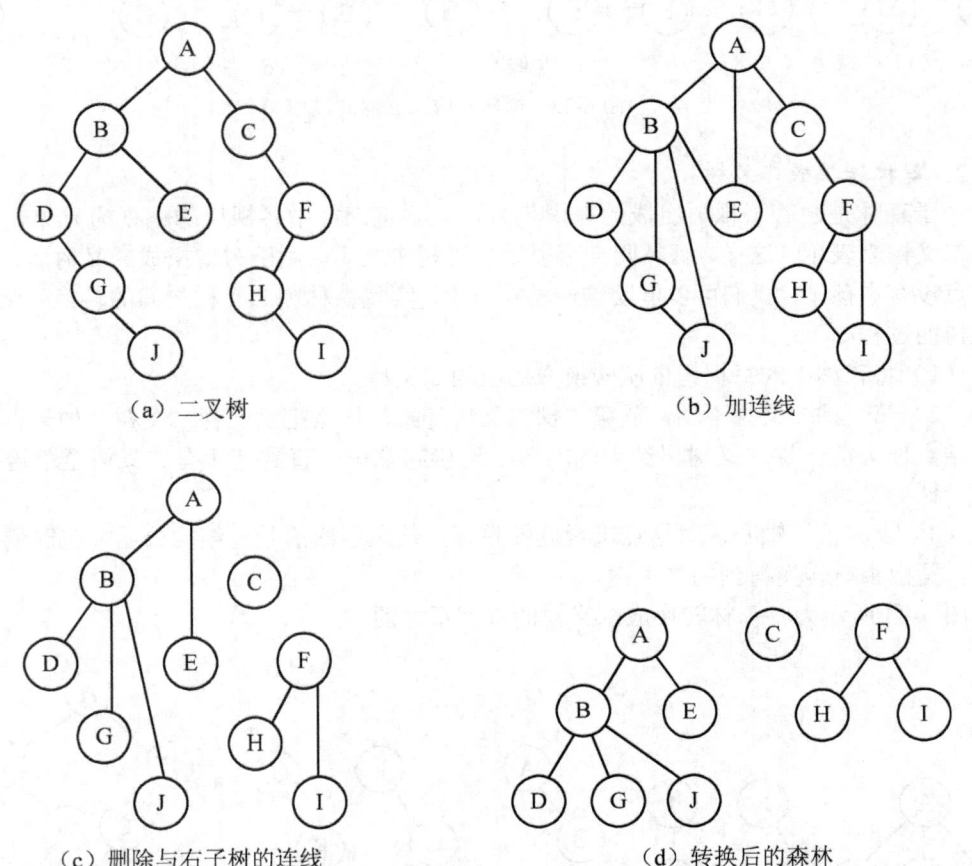

（a）二叉树　　　　（b）加连线　　　（c）删除与右子树的连线　　　（d）转换后的森林

图 6-25　二叉树转换为森林的过程

6.6.3　树和森林的遍历

1．树的遍历

树的遍历主要有先序遍历算法和后序遍历算法两种。树没有中序遍历，因为子树没有左右之分。由于树是递归定义的，因此树的遍历算法可以设计成递归算法。

先序遍历：①访问根结点；②按照从左到右的次序先序遍历根结点的每棵子树。

后序遍历：①按照从左到右的次序先序遍历根结点的每棵子树；②访问根结点。

例如，对图 6-23（a）中树进行先序和后序遍历的序列分别为：ABEFCDG 和 EFBCGDA。

不难发现，树的先序遍历序列和该树转换后二叉树的先序遍历序列相同，树的后序遍历序列和该树转换后二叉树的中序遍历序列相同。

2. 森林的遍历

森林的遍历是对树遍历的推广，森林的遍历主要有先序遍历和后序遍历两种。

先序遍历：

①若森林为空，返回；

②访问森林中第一棵树的根结点；

③先序遍历第一棵树中根结点的子树森林；

④先序遍历除去第一棵树之后剩余的树构成的森林。

后序遍历：

①若森林为空，返回；

②后序遍历森林中第一棵树的根结点的子树森林；

③访问第一棵树的根结点；

④后序遍历除去第一棵树之后剩余的树构成的森林。

例如，对图 6-24（a）中森林进行先序和后序遍历的序列分别为：ABCEDFGHIJK 和 BECDAGIHFKJ。

不难发现，森林的先序遍历序列和该森林转换后二叉树的先序遍历序列相同，森林的后序遍历序列和该森林转换后二叉树的中序遍历序列也相同。

6.7 哈夫曼树

哈夫曼（Huffman）树，又称最优树，是带权路径长度最短的树，有着广泛的应用。哈夫曼树是 Huffman 于 1952 年提出来的。

6.7.1 哈夫曼树的概述

首先介绍几个基本概念：

- 路径：是指在一棵二叉树中，从一个结点到另一个结点所经过的分支序列。
- 路径长度：是指路径上的分支数目。
- 树的路径长度：是指从树根到树中每个结点的路径长度之和。
- 结点的带权路径长度：是指从该结点到树根之间的路径长度与该结点上权值的乘积。
- 树的带权路径长度（WPL）：是指树中所有叶子结点的带权路径长度之和，通常记作 $WPL=W_1l_1+W_2l_2+\cdots+W_il_i+\cdots+W_nl_n$，其中：n 为树中叶子结点的个数；$W_i$ 为第 i 个叶子结点的权值；l_i 为第 i 个叶子结点的路径长度。

给定一组具有确定权值的叶结点，可以构造出多个具有不同带权路径长度的二叉树。例如，给定 4 个叶子结点，设其权值分别为 1、3、5、6，可以构造出形状不同的 4 棵二叉树，如图 6-26 所示，它们的带权路径长度分别为：

（a）WPL=1×2+3×2+5×2+6×2=30

（b）WPL=1×2+3×3+5×3+6×1=32

（c）WPL=6×3+5×3+3×2+1×1=40

（d）WPL=1×3＋3×3＋5×2＋6×1=28

- 哈夫曼（Huffman）（最优）树：是指对具有确定权值的叶结点可以构造出多个具有不同带权路径长度的二叉树，其中具有最小带权路径长度的二叉树。可以证明，图 6-26（d）所示的二叉树的 WPL 值最小，它是一棵哈夫曼树。

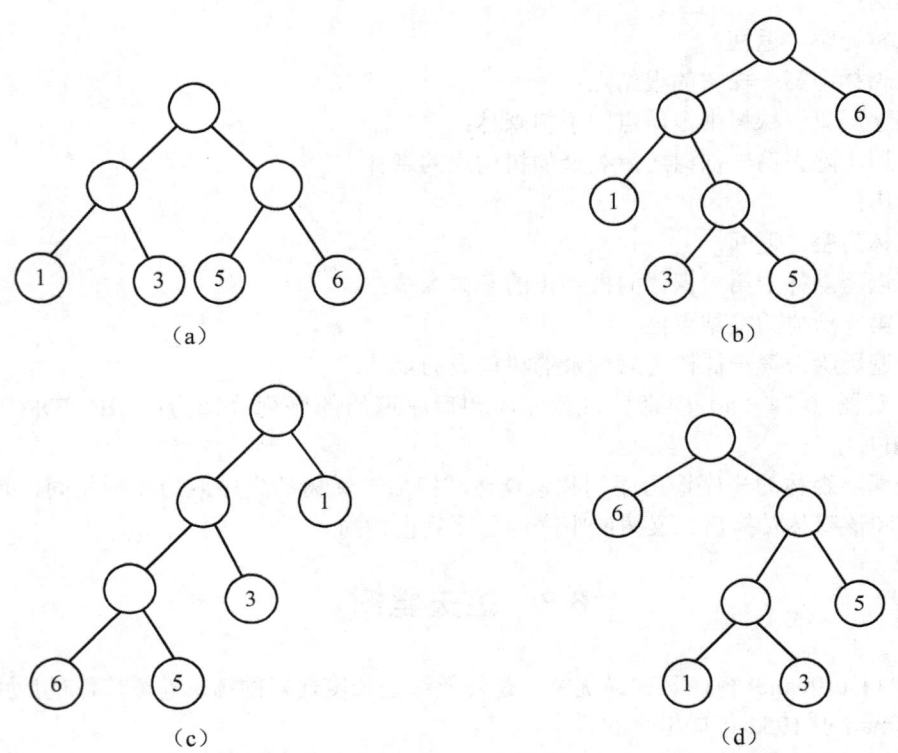

图 6-26　具有相同叶结点和不同带权路径长度的二叉树

6.7.2　哈夫曼树的构造

按照哈夫曼树的定义，要使一棵二叉树的带权路径长度 WPL 值最小，必须使权值越大的叶子结点越靠近根结点。哈夫曼提出的构造最优树的构造算法为：

（1）由给定的 n 个权值$\{W_1, W_2, \cdots, W_n\}$构成 n 棵二叉树的集合 $F=\{T_1, T_2, \cdots, T_n\}$，其中每一棵二叉树 T_i 中只有一个带权为 W_i 的根结点。

（2）在 F 中选取两棵根结点的权值最小的二叉树作为左、右子树构造一棵新的二叉树，新二叉树的根结点的权值为左、右子树上根结点的权值之和。

（3）在 F 中删除作为新二叉树左、右子树的两棵二叉树，同时将新二叉树加入到 F 中。

（4）重复步骤（2）和（3），直到 F 中只含有一棵二叉树为止，这棵二叉树就是所构造的哈夫曼树。

对于一组给定的叶子结点，设它们的权值集合为$\{7,5,3,1\}$，按哈夫曼树构造算法对此集合构造哈夫曼树的过程如图 6-27 所示。

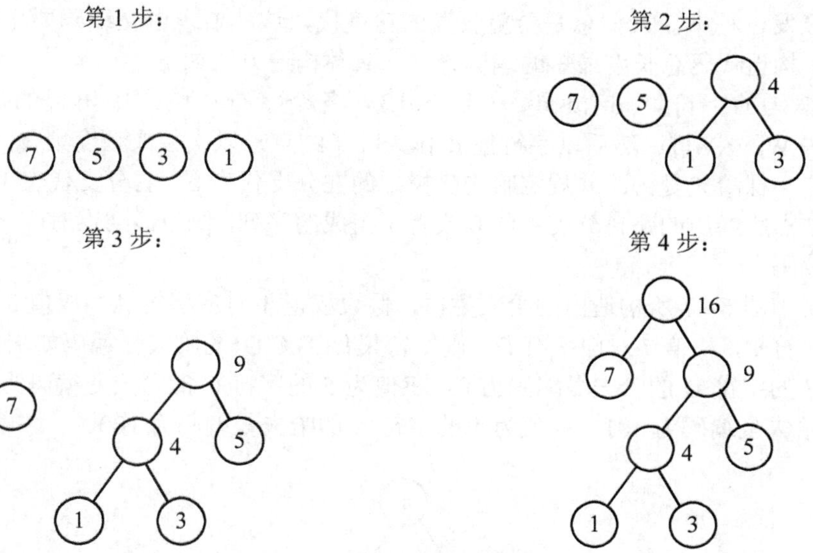

第1步：

第2步：

第3步：

第4步：

图 6-27　哈夫曼树的构造过程

6.7.3　哈夫曼编码

哈夫曼树可用于解决最优化问题。而由哈夫曼树构造的哈夫曼编码可用于构造代码总长度最短的电文编码方案。

在电报收发、数据通信过程中，人们通常需要将传送的文字转换成由二进制字符 0 和 1 组成的二进制串，我们称这个过程为编码。例如，假设要传送的电文为 ABACCDA，电文中只含有 A、B、C、D 四种字符，若这 4 个字符采用图 6-28（a）所示的编码，则电文的代码为 000010000100100111000，代码总长度为 21。若这 4 个字符采用图 6-28（b）所示的编码，则电文的代码为 00010010101100，代码总长度为 14。若这 4 个字符采用图 6-28（c）所示的编码，则电文的代码为 0110010101110，代码总长度仅为 13。从这 3 种编码方案来看，前两种编码方案中的四种字符的编码具有相同的位数，称为等长编码，最后一种编码方案采用了不等长编码，即在编码时考虑了字符出现的概率，让出现频率高的字符（如字符 A），采用尽可能短的编码，出现频率低的字符采用较长的编码，从而构造一种不等长的编码，这时，电文的代码长度最短，仅为 13。

字符	编码
A	000
B	010
C	100
D	111

（a）

字符	编码
A	00
B	01
C	10
D	11

（b）

字符	编码
A	0
B	110
C	10
D	111

（c）

字符	编码
A	01
B	010
C	001
D	10

（d）

图 6-28　字符的 4 种不同的编码方案

在电报收发过程中，人们总是希望收发的速度快，这就要求电文编码要尽可能地短。哈夫曼树可用于构造代码总长度最短的编码方案，具体构造方法如下：

设需要编码的字符集 $d=\{d_1,d_2,\cdots,d_i,\cdots,d_n\}$，各个字符在电文中出现的次数或频度集 $W=\{W_1,W_2,\cdots,W_i,\cdots,W_n\}$。然后以字符集 d 作为叶子结点，以次数或频度集 W 作为叶子结点的权值来构造一棵哈夫曼树。并规定哈夫曼树中的左分支代表 0，右分支代表 1，则从根结点到每个叶子结点所经历的路径分支上的 0 或者 1 组成的序列，便为该结点对应字符的编码，这称为哈夫曼编码。

例如，对于图 6-27 所构造出的哈夫曼树，假设权值 1 对应字符 A，权值 3 对应字符 B，权值 5 对应字符 C，权值 7 对应字符 D，则字符集{A,B,C,D}的哈夫曼编码如图 6-29 所示。这时，权值为 7 的字符 D 的哈夫曼编码为 0，权值为 5 的字符 C 的哈夫曼编码为 11，权值为 3 的字符 B 的哈夫曼编码为 101，权值为 1 的字符 A 的哈夫曼编码为 100。

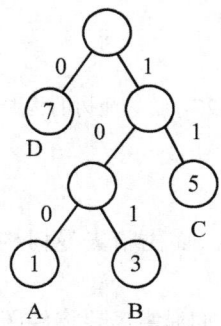

图 6-29　哈夫曼编码

在建立不等长编码时，必须使任何一个字符的编码都不是另一个字符编码的前缀，这样才能保证译码的唯一性。例如，在图 6-28（d）所示的编码方案中，字符 A 的编码是 01，字符 B 的编码是 010，那么字符 A 的编码就成了字符 B 的前缀，这时对于代码串 0101001，在译码时就无法判定是将前两位编码 01 译成字符 A，还是将前三位编码 010 译成字符 B，因而可译为 AAC 或 ABA 或 BDA，这样的编码方案显然不能保证译码的唯一性，这被称为具有二义性的译码。

然而，采用哈夫曼编码，则不会产生二义性问题。这是因为在哈夫曼树中，每个字符结点都是叶结点，它们不可能在根结点到其他结点的路径上，所以任何一个字符的哈夫曼编码不可能是另一个字符的哈夫曼编码的前缀，从而保证了译码的非二义性。

6.7.4　相关算法

根据二叉树的性质，一棵含有 n 个叶子结点的哈夫曼树中共有 2n-1 个结点。可以用一个 2n-1 的向量来表示。由哈夫曼编码的定义可知，既要知道哈夫曼树中的每一个结点其双亲结点信息，又要知道其孩子结点的信息。因此，哈夫曼树的存储结构可定义如下：

```
typedef struct{
    unsigned int weight;
    unsigned int parent,lchild,rchild;
}HTNode,*HuffmanTree;
```

在 HuffmanTree 向量中，weight 域保存结点的权值；lchild 域和 rchild 域分别表示该结点的左、右孩子在 HuffmanTree 向量中的序号；parent 域用来保存结点的双亲结点在 HuffmanTree 向量中的序号。

每个结点的哈夫曼编码放置在一个字符串数组中，并且在程序中根据结点个数动态生成。声明如下：

```
typedef char **HuffmanCode;
```

在程序中我们调用函数 Select()求权值集合中最小值和次最小值，并且使用一个结构将这两个值返回到调用函数中。所以，该结构定义如下：

```
typedef struct{
    unsigned int s1;//权值最小
    unsigned int s2;//权值次最小
}MinCode;
```

构造哈夫曼树及其求哈夫曼编码的算法见算法 6-14：

【算法 6-14】

```
MinCode Select(HuffmanTree HT,unsigned int n)//求权值最小和次最小
{
    unsigned int min,secmin;
    unsigned int temp;
    unsigned int i,s1,s2;
    MinCode code;
    s1=1;s2=1;
    for(i=1;i<=n;i++)
        if(HT[i].parent==0)//假定第一权值最小
        {
            min=HT[i].weight;s1=i;
            break;
        }
    for(;i<=n;i++)//在权值向量中比较找到最小值
        if(HT[i].weight<min&&HT[i].parent==0)
        {
            min=HT[i].weight;s1=i;
        }
    for(i=1;i<=n;i++)//假定剩余第一权值次最小
        if(HT[i].parent==0&&i!=s1)
        {
            secmin=HT[i].weight;s2=i;
            break;
        }
    for(i=1;i<=n;i++)//在权值向量中比较找到次最小
        if(HT[i].weight<secmin&&i!=s1&&HT[i].parent==0)
        {
            secmin=HT[i].weight;s2=i;
        }
    code.s1=s1;code.s2=s2;
    return code;
}
```

```
HuffmanCode HuffmanCoding(HuffmanTree *H1,unsigned int *w,unsigned int n)
{
    unsigned int i,s1=0,s2=0;
    HuffmanTree p,HT;
    HuffmanCode HC;
    char *cd;
    unsigned int f,c,start,m;
    MinCode min;
    if(n<=1)
    {
        printf("Code too small!\n");exit(1);
    }
    m=2*n-1;
    HT=(HuffmanTree)malloc((m+1)*sizeof(HTNode));//动态生成向量
    for(p=HT,i=0;i<=n;i++,p++,w++)
    {
        p->weight=*w;//依次赋权值
        p->parent=0;p->lchild=0;p->rchild=0;//初始化
    }
    for(;i<=m;i++,p++)//初始化剩余结点
    {
        p->weight=0;
        p->parent=0;p->lchild=0;p->rchild=0;
    }
    for(i=n+1;i<=m;i++)//构建哈夫曼树
    {
        min=Select(HT,i-1);
        s1=min.s1;s2=min.s2;
        HT[s1].parent=i;
        HT[s2].parent=i;
        HT[i].lchild=s1;
        HT[i].rchild=s2;
        HT[i].weight=HT[s1].weight+HT[s2].weight;
    }
    HC=(HuffmanCode)malloc((n+1)*sizeof(char *));//生成哈夫曼编码数组
    cd=(char *)malloc(n*sizeof(char *));
    cd[n-1]='\0';
    for(i=1;i<=n;i++)//生成哈夫曼编码
    {
        start=n-1;
        for(c=i,f=HT[i].parent;f!=0;c=f,f=HT[f].parent)
            if(HT[f].lchild==c)cd[--start]='0';
            else cd[--start]='1';
            HC[i]=(char *)malloc((n-start)*sizeof(char *));
            strcpy(HC[i],&cd[start]);
    }
    free(cd);
    *H1=HT;
    return HC;
}
```

习题6

一、选择题

1. 以下说法错误的是＿＿＿＿＿＿。

　A．树形结构的特点是一个结点可以有多个直接前驱

　B．线性结构中的一个结点至多只有一个直接后继

　C．树形结构可以表达（组织）更复杂的数据

　D．树（及一切树形结构）是一种"分支层次"结构

　E．任意只含一个结点的集合是一棵树

2. 下列说法中正确的是＿＿＿＿＿＿。

　A．任意一棵二叉树中至少有一个结点的度为 2

　B．任意一棵二叉树中每个结点的度都为 2

　C．任意一棵二叉树中的度肯定等于 2

　D．任意一棵二叉树中的度可以小于 2

3. 讨论树、森林和二叉树的关系，目的是为了＿＿＿＿＿＿。

　A．借助二叉树上的运算方法实现对树的一些运算

　B．将树、森林按二叉树的存储方式进行存储

　C．将树、森林转换成二叉树

　D．体现一种技巧，没有什么实际意义

4. 树最适合用来表示＿＿＿＿＿＿。

　A．有序数据元素　　　　　　　　　B．无序数据元素

　C．元素之间具有分支层次关系的数据　D．元素之间无联系的数据

5. 不含任何结点的空树＿＿＿＿＿＿。

　A．是一棵树　　　　　　　　　　　B．是一棵二叉树

　C．是一棵树也是一棵二叉树　　　　D．既不是树也不是二叉树

6. 二叉树是非线性数据结构，所以＿＿＿＿＿＿。

　A．它不能用顺序存储结构存储

　B．它不能用链式存储结构存储

　C．顺序存储结构和链式存储结构都能存储

　D．顺序存储结构和链式存储结构都不能使用

7. 假定在一棵二叉树中，双分支结点数为 15，单分支结点数为 30 个，则叶子结点数为＿＿＿＿＿＿个。

　A．15　　　　　　　B．16　　　　　　　C．17　　　　　　　D．47

8. 按照二叉树的定义，具有 3 个结点的不同形状的二叉树有＿＿＿＿＿＿种。

　A．3　　　　　　　 B．4　　　　　　　 C．5　　　　　　　 D．6

9. 按照二叉树的定义，具有 3 个不同数据结点的不同的二叉树有＿＿＿＿＿＿种。

　A．5　　　　　　　 B．6　　　　　　　 C．30　　　　　　　D．32

10. 深度为 5 的二叉树至多有＿＿＿＿＿＿个结点。

　　A．16　　　　　　　B．32　　　　　　　C．31　　　　　　　D．10

11．设高度为 h 的二叉树上只有度为 0 和度为 2 的结点，则此类二叉树中所包含的结点数至少为_____。

　　A．2h　　　　　　　B．2h-1　　　　　　C．2h+1　　　　　　D．h+1

12．对一个满二叉树，m 个树叶，n 个结点，深度为 h，则_____。

　　A．n=h+m　　　　　B．h+m=2n　　　　C．m=h-1　　　　　D．$n=2^h-1$

13．具有 n（n>0）个结点的完全二叉树的深度为_____。

　　A．$\lceil \log_2(n) \rceil$　　　　B．$\lfloor \log_2(n) \rfloor$　　　　C．$\lfloor \log_2(n) \rfloor +1$　　　　D．$\lceil \log_2(n)+1 \rceil$

14．把一棵树转换为二叉树后，这棵二叉树的形态是_____。

　　A．唯一的　　　　　　　　　　　　　B．有多种

　　C．有多种，但根结点都没有左孩子　　　　D．有多种，但根结点都没有右孩子

15．任何一棵二叉树的叶结点在先序、中序和后序遍历序列中的相对次序_____。

　　A．不发生改变　　　　B．发生改变　　　　C．不能确定　　　　D．以上都不对

16．如果某二叉树的前序遍历结果为 stuwv，中序遍历为 uwtvs，那么该二叉树的后序为_____。

　　A．uwvts　　　　　　B．vwuts　　　　　　C．wuvts　　　　　　D．wutsv

17．某二叉树的前序遍历结点访问顺序是 abdgcefh，中序遍历的结点访问顺序是 dgbaechf，则其后序遍历的结点访问顺序是_____。

　　A．bdgcefha　　　　B．gdbecfha　　　　C．bdgaechf　　　　D．gdbehfca

18．在一非空二叉树的中序遍历序列中，根结点的右边_____。

　　A．只有右子树上的所有结点　　　　　　B．只有右子树上的部分结点

　　C．只有左子树上的部分结点　　　　　　D．只有左子树上的所有结点

19．如图 6-30 所示二叉树的中序遍历序列是_____。

　　A．abcdgef　　　　　B．dfebagc　　　　　C．dbaefcg　　　　　D．defbagc

20．一棵二叉树如图 6-31 所示，其中序遍历的序列为_____。

　　A．abdgcefh　　　　B．dgbaechf　　　　C．gdbehfca　　　　D．abcdefgh

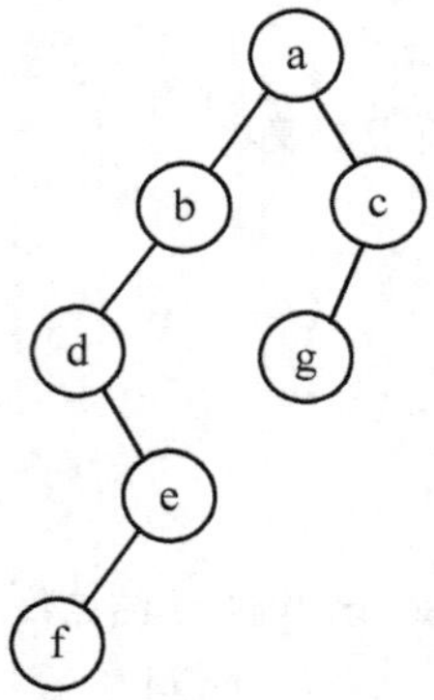

图 6-30　二叉树 1 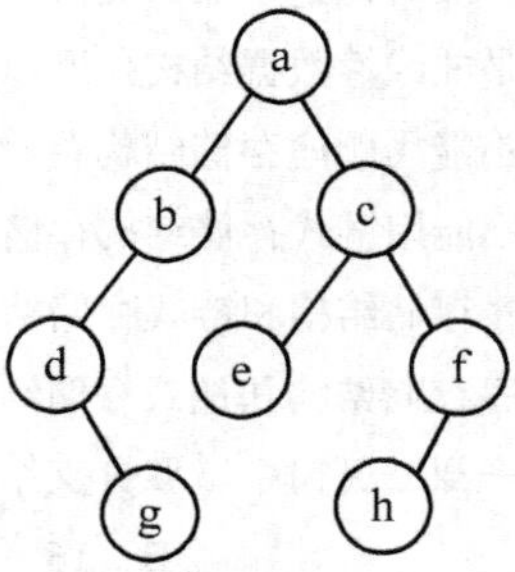　　　　　　　　图 6-31　二叉树 2

21．设 a、b 为一棵二叉树上的两个结点，在中序遍历时，a 在 b 前的条件是_____。

　　A．a 在 b 的右方　　B．a 在 b 的左方　　C．a 是 b 的祖先　　D．a 是 b 的子孙

22．实现任意二叉树的后序遍历的非递归算法而不使用栈结构，最佳方案是二叉树采用_____存储结构。

　　A．二叉链表　　　　　　　　　　　　　B．广义表存储结构

C.　三叉链表　　　　　　　　　　　　　　D.　顺序存储结构

23.　一棵左右子树均不空的二叉树在先序线索化后，其中空的链域的个数是＿＿＿＿＿＿。

A.　0　　　　　　　　B.　1　　　　　　　　C.　2　　　　　　　　D.　不确定

24.　引入二叉线索树的目的是＿＿＿＿＿＿。

A.　加快查找结点的前驱或后继的速度　　　　B.　为了能在二叉树中方便的进行插入与删除

C.　为了能方便的找到双亲　　　　　　　　　D.　使二叉树的遍历结果唯一

25.　n 个结点的线索二叉树上含有的线索数为＿＿＿＿＿＿。

A.　2n　　　　　　　　B.　n-1　　　　　　　C.　n+1　　　　　　　D.　n

26.　下面几个符号串编码集合中，不是前缀编码的是＿＿＿＿＿＿。

A.　{0,10,110,1111}　　　　　　　　　　　　B.　{11,10,001,101,0001}

C.　{00,010,0110,1000}　　　　　　　　　　　D.　{b,c,aa,ac,aba,abb,abc}

27.　以下说法错误的是＿＿＿＿＿＿。

A.　哈夫曼树是带权路径长度最短的树，路径上权值较大的结点离根较近

B.　若一个二叉树的树叶是某子树的中序遍历序列中的第一个结点，则它必是该子树的后序遍历序列中的第一个结点

C.　已知二叉树的前序遍历和后序遍历序列并不能唯一地确定这棵树，因为不知道树的根结点是哪一个

D.　在前序遍历二叉树的序列中，任何结点的子树的所有结点都是直接跟在该结点之后

二、填空题

1.　树和二叉树的三个主要差别为＿＿＿＿＿＿、＿＿＿＿＿＿、＿＿＿＿＿＿。

2.　从概念上讲，树与二叉树是两种不同的数据结构，将树转化为二叉树的基本目的是＿＿＿＿＿＿。

3.　深度为 k 的完全二叉树至少有＿＿＿＿＿＿个结点，至多有＿＿＿＿＿＿个结点，若按自上而下，从左到右次序给结点编号（从 1 开始），则编号最小的叶子结点的编号是＿＿＿＿＿＿。

4.　具有 n 个结点的二叉树中一共有＿＿＿＿＿＿个指针域，其中只有＿＿＿＿＿＿个用来指向结点的左右孩子，其余的＿＿＿＿＿＿个指针域为 NULL。

5.　在二叉树中，指针 p 所指结点为叶子结点的条件是＿＿＿＿＿＿。

6.　一棵二叉树的第 i（i≥1）层最多有＿＿＿＿＿＿个结点；一棵有 n（n>0）个结点的满二叉树共有＿＿＿＿＿＿个叶子和＿＿＿＿＿＿个非终端结点。

7.　二叉树的基本组成部分是：根（N）、左子树（L）和右子树（R）。因而二叉树的遍历次序有六种。最常用的是三种：前序法（即按 NLR 次序），后序法（即按＿＿＿＿＿＿次序）和中序法（也称对称序法，即按 LNR 次序）。这三种方法相互之间有关联。若已知一棵二叉树的前序序列是 BEFCGDH，中序序列是 FEBGCHD，则它的后序序列必是＿＿＿＿＿＿。

8.　二叉树的先序序列和中序序列相同的条件是＿＿＿＿＿＿。

9.　一个无序序列可以通过构造一棵＿＿＿＿＿＿而变成一个有序树，构造树的过程即为对无序序列进行排序的过程。

10.　若一个二叉树的叶子结点是某子树的中序遍历序列中的最后一个结点，则它必是该子树的＿＿＿＿＿＿序列中的最后一个结点。

11.　中序遍历的递归算法平均空间复杂度为＿＿＿＿＿＿。

12.　若以{4,5,6,7,8}作为叶子结点的权值构造哈夫曼树，则其带权路径长度是＿＿＿＿＿＿。

三、判断题

1. 完全二叉树一定存在度为 1 的结点。　　　　　　　　　　　　　　　　　（　　）
2. 对于有 n 个结点的二叉树，其高度为 $\log_2 n$。　　　　　　　　　　　（　　）
3. 二叉树的遍历只是为了在应用中找到一种线性次序。　　　　　　　　　　（　　）
4. 一棵一般树的结点的前序遍历和后序遍历，分别与它相应二叉树的结点的前序遍历和后序遍历一致。

　　　　　　　　　　　　　　　　　　　　　　　　　　　　　　　　　（　　）
5. 用一维数组存储二叉树时，总是以前序遍历顺序存储结点。　　　　　　　（　　）
6. 中序遍历一棵二叉排序树的结点就可得到排好序的结点序列。　　　　　　（　　）
7. 完全二叉树中，若一个结点没有左孩子，则它必是树叶。　　　　　　　　（　　）
8. 二叉树只能用二叉链表表示。　　　　　　　　　　　　　　　　　　　　（　　）
9. 给定一棵树，可以找到唯一的一棵二叉树与之对应。　　　　　　　　　　（　　）
10. 用链表（llink-rlink）存储包含 n 个结点的二叉树，结点的 2n 个指针区域中有 n-1 个空指针。

　　　　　　　　　　　　　　　　　　　　　　　　　　　　　　　　　（　　）
11. 树形结构中元素之间存在一个对多个的关系。　　　　　　　　　　　　（　　）
12. 将一棵树转成二叉树，根结点没有左子树。　　　　　　　　　　　　　（　　）
13. 度为二的树就是二叉树。　　　　　　　　　　　　　　　　　　　　　（　　）
14. 二叉树中序线索化后，不存在空指针域。　　　　　　　　　　　　　　（　　）
15. 哈夫曼树的结点个数不能是偶数。　　　　　　　　　　　　　　　　　（　　）
16. 哈夫曼是带权路径长度最短的树，路径上权值较大的结点离根较近。　　（　　）

四、编程题

1. 有一二叉链表，编写按层次顺序（同一层自左至右）遍历二叉树的算法。
2. 要求二叉树按二叉链表形式存储，写一个判别给定的二叉树是否是完全二叉树的算法。
3. 试编写算法，对一棵二叉树根结点不变，将左、右子树进行交换，树中每个结点的左、右子树进行交换。
4. 试写出复制一棵二叉树的算法。二叉树采用二叉链表方式存储。
5. 已知二叉树按照二叉链表方式存储，T 为指向该二叉树根结点的指针，p 和 q 分别为指向该二叉树中任意两个结点的指针，试编写一算法 AnceStor(T,p,q,r)，找到 p 和 q 的最近共同祖先结点 r。
6. 请设计一个算法，要求该算法把二叉树的叶子结点按从左到右的顺序连成一个单链表，表头指针为 head。二叉树按二叉链表方式存储，链接时用叶子结点的右指针域来存放单链表指针。并分析算法的时间、空间复杂度。
7. 已知二叉树以二叉链表存储，编写算法完成：对于树中每一个元素值为 x 的结点，删去以它为根的子树，并释放相应的空间。
8. 分别写出算法，实现在中序线索二叉树 T 中查找给定结点*p 在中序序列中的前驱与后继。在先序线索二叉树 T 中，查找给定结点*p 在先序序列中的后继。在后序线索二叉树 T 中，查找给定结点*p 在后序序列中的前驱。

第7章 图

图是一种比线性表和树更为复杂的非线性结构。在图中，数据元素间的关系是多对多的，任何两个元素间都可能存在关系，元素之间的关系是任意的。图可以描述各种复杂的数据对象，它是计算机应用过程中对实际问题进行抽象和描述的强有力工具。因此，图的应用极为广泛，已经被广泛应用到数学、物理、遗传学、信息论和计算机科学领域。通过本章的学习，读者应该掌握以下内容：

- 图的定义和相关术语；
- 图的主要存储结构；
- 图的深度优先和广度优先两种遍历算法；
- 最小生成树的概念及 Prim 算法和 Kruskal 算法的实现；
- 拓扑排序、关键路径的相关概念和求解思想；
- 最短路径问题和 Dijkstra 算法、Floyd 算法的设计思想。

7.1 图的概述

7.1.1 图的定义

图（graph）是由非空的顶点（vertices）集合和一个描述顶点之间关系——边（edges）（或者弧）的有限集合组成的一种数据结构。可以用二元组定义为：

$$G=(V,E)$$

其中，G 表示一个图，V 是图 G 中顶点的集合，E 是图 G 中边的集合。

图 7-1 给出了一个无向图的示例 G_1，在该图中，(v_i,v_j) 表示顶点 v_i 和顶点 v_j 之间有一条无向直接连成，也称边。

$$G_1=(V,E)$$
$$V=\{v_1,v_2,v_3,v_4,v_5\}$$
$$E=\{(v_1,v_2),(v_1,v_4),(v_2,v_3),(v_3,v_4),(v_3,v_5),(v_2,v_5)\}$$

如图 7-2 则是一个有向图的示例 G_2，在该图中，$<v_i,v_j>$ 表示顶点 v_i 和顶点 v_j 之间有一条有向直接连线，也称为弧。其中 v_i 称为弧尾，v_j 称为弧头。

$$G_2=(V,E)$$
$$V=\{v_1,v_2,v_3,v_4\}$$
$$E=\{<v_1,v_2>,<v_1,v_3>,<v_3,v_4>,<v_4,v_1>\}$$

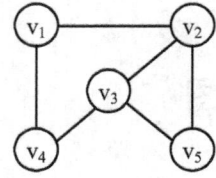
图 7-1 无向图 G_1

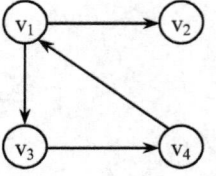
图 7-2 有向图 G_2

7.1.2 图的相关术语

（1）无向图。在一个图中，如果任意两个顶点构成的偶对$(v_i,v_j)\in E$ 是无序的，即顶点之间的连线是没有方向的，则称该图为无向图。如图 7-1 所示是一个无向图 G_1。

（2）有向图。在一个图中，如果任意两个顶点构成的偶对$<v_i,v_j>\in E$ 是有序的，即顶点之间的连线是有方向的，则称该图为有向图。如图 7-2 所示是一个有向图 G_2。

（3）无向完全图。在有 n 个结点的无向图中，若有 n(n-1)/2 条边，则称此图为无向完全图。图 7-3（a）的 G_3 就是无向完全图。无向完全图中的顶点个数和边的个数都达到最大值。

（4）有向完全图。在有 n 个结点的有向图中，若有 n(n-1)条边，则称此图为有向完全图。图 7-3（b）的 G_4 就是有向完全图。同理，有向完全图中的顶点个数和边的个数也都达到最大值。

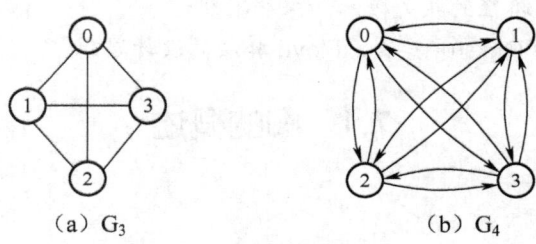

（a）G_3 （b）G_4

图 7-3 有向图和无向图

（5）稀疏图、稠密图。有很少条边或弧的图称为稀疏图，有很多条边和弧的图称为稠密图。

（6）顶点的度、入度和出度。顶点的度（degree）是指依附于某顶点 v 的边数，通常记为 TD(v)。在有向图中，要区别顶点的入度与出度的概念。顶点 v 的入度是指以顶点为终点的弧的数目。记为 ID(v)；顶点 v 的出度是指以顶点 v 为始点的弧的数目，记为 OD(v)。有 TD(v)=ID(v)+OD(v)。

例如，在 G_1 中有：

$TD(v_1)=2$ $TD(v_2)=3$ $TD(v_3)=3$ $TD(v_4)=2$ $TD(v_5)=2$

在 G_2 中有：

$ID(v_1)=1$ $OD(v_1)=2$ $TD(v_1)=3$

$ID(v_2)=1$ $OD(v_2)=0$ $TD(v_2)=1$

$ID(v_3)=1$ $OD(v_3)=1$ $TD(v_3)=2$

$ID(v_4)=1$ $OD(v_4)=1$ $TD(v_4)=2$

可以证明，在一个有 n 个顶点、e 条有向边（或无向边）的图中，恒有下列关系式：

$$e = \frac{1}{2}\sum_{i=1}^{n}TD(v_i)$$

（7）权和网。有些图的边或弧附带有数据信息，这些附带的数据信息称为边或弧的权值。权值可以表示实际问题中从一个顶点到另一个顶点的距离、花费的代价、所需的时间等。边或弧带有权值的图称作网，并且称带权无向图为无向网，带权有向图为有向网。图 7-4 就是带权值的图。其中，图 7-4（a）是一个工程的施工进度图，图 7-4（b）是一个交通网络图。

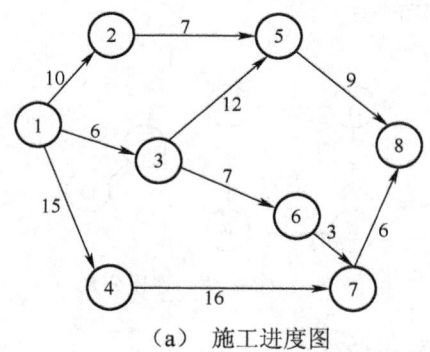

（a） 施工进度图   （b）交通网络图

图 7-4 带权图

（8）路径、路径长度。顶点 v_p 到顶点 v_q 之间的路径（path）是指顶点序列 $v_p,v_{i1},v_{i2},\cdots,$ v_{im},v_q。其中，(v_p,v_{i1})，(v_{i1},v_{i2})，$\cdots$，(v_{im},v_q) 分别为图中的边。路径上边的数目称为路径长度。图 7-1 所示的无向图 G1 中，$v_1 \rightarrow v_4 \rightarrow v_3 \rightarrow v_5$ 与 $v_1 \rightarrow v_2 \rightarrow v_5$ 是从顶点 v_1 到顶点 v_5 的两条路径，路径长度分别为 3 和 2。

（9）回路、简单路径、简单回路。如果其起始点和终止点是同一顶点，则称其为回路或者环（cycle）。如果路径上所有顶点除去起始点和终止点外彼此都是不同的，则称该路径为简单路径。在图 7-1 中，前面提到的 v_1 到 v_5 的两条路径都为简单路径。除起始点与终止点外，其他顶点不重复出现的回路称为简单回路，或者简单环。如图 7-2 中的 $v_1 \rightarrow v_3 \rightarrow v_4 \rightarrow v_1$。

（10）子图。对于图 G=(V,E)，G'=(V',E')，若有 V'⊆V，E'⊆E，则称图 G' 是 G 的一个子图。图 7-5 给出了 G_5 与其子图 G_5'。

（11）连通图、连通分量。在无向图 G 中，如果从一个顶点 v_i 到另一个顶点 v_j（i≠j）有路径，则称顶点 v_i 和 v_j 是连通的。如果图 G 中任意两顶点都是连通的，则称该图是连通图，否则称其为非连通图。无向图 G 的极大连通子图称为 G 的连通分量。这里极大的含义是指包含所有连通的顶点以及和这些顶点相关联的所有边。显然，连通图的连通分量只有一个，就是它本身，而非连通图的连通分量则有多个。例如，图 7-6（a）中有两个连通分量，如图 7-6（b）所示。

（12）强连通图、强连通分量。在有向图 G 中，若任意两个顶点 v_i 和 v_j 都连通，即从 v_i 到 v_j 都存在路径，则有向图 G 是强连通图，否则称为非强连通图。有向图 G 的极大强连通子图称为 G 的强连通分量。这里极大的含义是指包含所有连通的顶点以及和这些顶点相关联的所有弧。显然，强连通图的强连通分量只有一个，就是它本身，而非强连通图的强连通分量则有多个。例如，图 7-7（a）有向图 G2 中有两个连通分量，如图 7-7（b）所示。

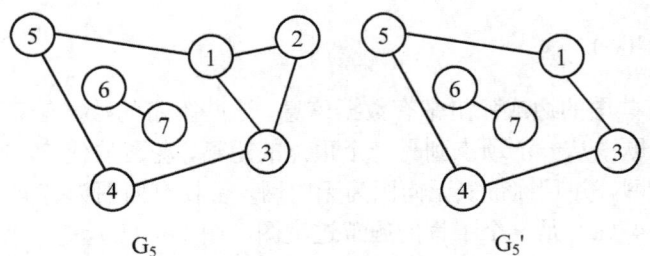

图 7-5　图和子图

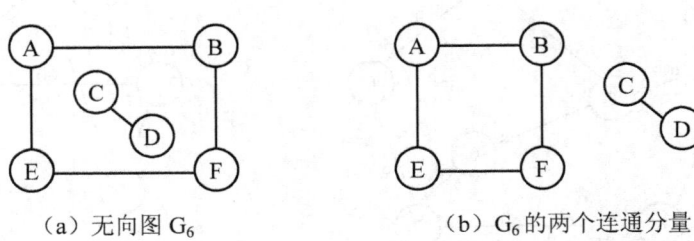

（a）无向图 G_6　　　　　　（b）G_6 的两个连通分量

图 7-6　无向图及连通分量示意图

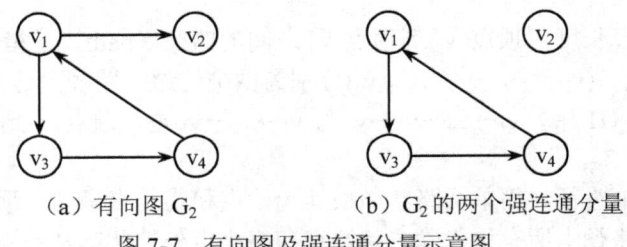

（a）有向图 G_2　　　　　　（b）G_2 的两个强连通分量

图 7-7　有向图及强连通分量示意图

（13）生成树。所谓连通图 G 的生成树，是 G 的包含其全部 n 个顶点的一个极小连通子图。它必定包含且仅包含 G 的 n-1 条边。图 7-8（a）和图 7-8（b）给出图 7-1 中 G_1 的两棵生成树，图 7-8（c）和图 7-8（d）给出的则是它的非生成树。在生成树中添加任意一条属于原图中的边必定会产生回路，因为新添加的边使其所依附的两个顶点之间有了第二条路径。若生成树中减少任意一条边，则必然成为非连通的。

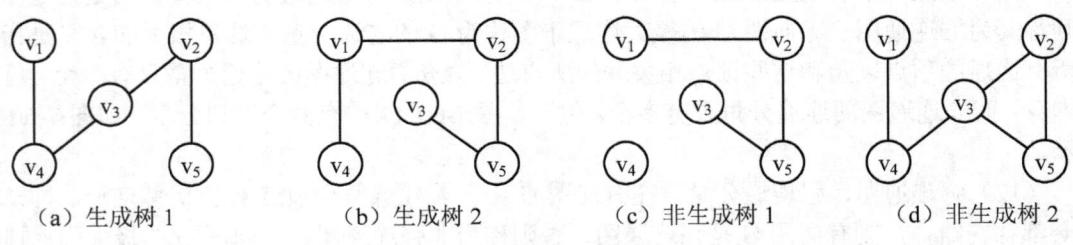

（a）生成树 1　　　（b）生成树 2　　　（c）非生成树 1　　　（d）非生成树 2

图 7-8　无向图 G_1 的两棵生成树和两棵非生成树

（14）生成森林。在非连通图中，由每个连通分量都可得到一个极小连通子图，即一棵生成树。这些连通分量的生成树就组成了一个非连通图的生成森林。图 7-9 给出了非连通图 G_6 的生成森林。

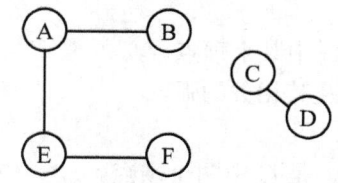

图 7-9　非连通图 G_6 的生成森林

7.1.3　图的 ADT 描述

下面给出图的抽象数据类型定义。

ADT Graph{

数据对象 V：一个集合，该集合中的所有元素具有相同的特性。

数据关系 E：$\{(v_i,v_j)|v_i,v_j \in V \wedge P(v_i,v_j)\}$

基本操作 P：

（1）CreateGraph(&G,V,E);。

初始条件：V 是图的顶点集，E 是图中弧的集合。

操作结果：按 V 和 E 的定义构造图 G。

（2）DestroyGraph(&G);。

初始条件：图 G 存在。

操作结果：销毁图 G。

（3）LocateVex(G,u);。

初始条件：图 G 存在，u 和 G 中顶点有相同特征。

操作结果：若 G 中存在和 u 相同的顶点，则返回该顶点在图中位置；否则返回其他信息。

（4）GetVex(G,v);。

初始条件：图 G 存在，v 是 G 中某个顶点。

操作结果：返回 v 的值。

（5）FirstAdjVex(G,v);。

初始条件：图 G 存在，v 是 G 中某个顶点。

操作结果：返回 v 的第一个邻接点。若该顶点在 G 中没有邻接点，则返回"空"。

（6）NextAdjVex(G,v,w);。

初始条件：图 G 存在，v 是 G 中某个顶点，w 是 v 的邻接顶点。

操作结果：返回 v 的（相对于 w 的）下一个邻接点。若 w 是 v 的最后一个邻接点，则返回"空"。

（7）PutVex(*G,v,value);。

初始条件：图 G 存在，v 是 G 中某个顶点。

操作结果：对 v 赋值 value。

（8）InsertVex(&G,v);。

初始条件：图 G 存在，v 和图中顶点有相同的特征。

操作结果：在图 G 中增添新顶点 v。

（9）DeleteVex(&G,v);。

初始条件：图 G 存在，v 是 G 中某个顶点。

操作结果：删除 G 中顶点 v 及其相关的弧。

（10）InsertArc(&G,v,w);。

初始条件：图 G 存在，v 和 w 是 G 中两个顶点。

操作结果：在 G 中增添弧<v,w>，若 G 是无向的，则还增添对称弧<w,v>。

（11）DeleteArc(&G,v,w);。

初始条件：图 G 存在，v 和 w 是 G 中两个顶点。

操作结果：在 G 中删除弧<v,w>，若 G 是无向的，则还删除对称弧<w,v>。

（12）DFSTraverse(G,Visit());。

初始条件：图 G 存在，Visit 是顶点的应用函数。

操作结果：对图 G 进行深度优先遍历。遍历过程中对每个顶点调用函数 Visit 一次且仅一次。一旦 visit() 失败，则操作失败。

（13）BFSTraverse(G,Visit());。

初始条件：图 G 存在，Visit 是顶点的应用函数。

操作结果：对图 G 进行广度优先遍历。遍历过程中对每个顶点调用函数 Visit 一次且仅一次。一旦 visit()失败，则操作失败。

}ADT Graph

7.2　图的存储结构

从图的定义来看，一个图包括两个部分，即顶点集合和顶点之间的关系。因此，图的存储结构不仅要存储图中各个顶点本身的信息，还要存储图中顶点之间的关系。下面介绍图的两种最重要的存储结构。

7.2.1　邻接矩阵存储结构

1．邻接矩阵存储结构的含义

所谓邻接矩阵（adjacency matrix）的存储结构，就是用一维数组存储图中顶点的信息，用矩阵表示图中各顶点之间的邻接关系。假设图 G=(V,E)有 n 个顶点，即 $V=\{v_0,v_1,\cdots,v_{n-1}\}$，E 可用如下形式的矩阵 A 描述，对于 A 中的每一个元素 A[i][j]，满足：

$$A[i][j]=\begin{cases}1 & \text{若图中存在边}(v_i,v_j)\text{或弧}<v_i,v_j>\\0 & \text{若图中不存在边}(v_i,v_j)\text{或弧}<v_i,v_j>\end{cases}$$

由于矩阵 A 中的元素 A[i][j]表示了顶点 i 和顶点 j 之间边的关系，或者说，A 中的元素 A[i][j]表示了顶点 i 和其他顶点 j（0≤j≤n-1）的邻接关系，所以矩阵 A 称作邻接矩阵。

在图的邻接矩阵存储结构中，顶点信息使用一维数组存储，边信息的邻接矩阵使用二维数组存储。图 7-10（a）是一个无向图 G_7，图 7-10（b）是对应的邻接矩阵存储结构。

图 7-11（a）是一个有向图 G_8，图 7-11（b）是对应的邻接矩阵存储结构，其中，V 表示图的顶点集合，A 表示图的邻接矩阵。

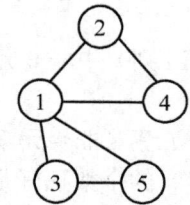

（a）无向图 G_7 （b）无向图 G_7 的顶点信息和邻接矩阵

图 7-10 无向图 G_7 和它的邻接矩阵

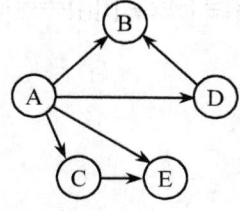

（a）有向图 G_8 （b）有向图 G_8 的顶点信息和邻接矩阵

图 7-11 有向图 G_8 和它的邻接矩阵

对于网（或称带权图），邻接矩阵 A 的定义为：

$$A[i][j] = \begin{cases} W_{ij} & \text{若网中存在边}(v_i,v_j)\text{或弧} <v_i,v_j> \text{ 且其权值为}W_{ij} \\ \infty & \text{若网中不存在边}(v_i,v_j)\text{或弧} <v_i,v_j> \end{cases}$$

其中，$W_{ij}>0$，W_{ij} 是边(i,j)或弧$<i,j>$的权值，权值 W_{ij} 表示了从顶点 i 到顶点 j 的代价或称费用，否则放∞（∞表示计算机所允许的大于所有权值的数）。有种特殊的网允许 W_{ij} 为负值，本书不讨论此种网。

图 7-12（a）是一个带权图，图 7-12（b）是对应的邻接矩阵存储结构。其中，V 表示图的顶点集合，A 表示图的邻接矩阵。

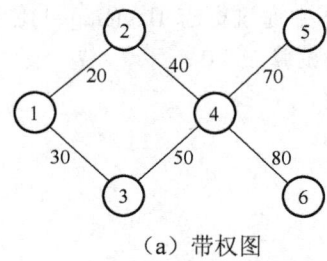

（a）带权图 （b）带权图的顶点信息和邻接矩阵

图 7-12 带权图和它的邻接矩阵

2. 邻接矩阵存储结构特点

（1）存储空间。

无向图和无向网的邻接矩阵必定是对称矩阵，因此，在存放矩阵元素时，也可以只需存放上三角或下三角的矩阵元素即可。

有向图的邻接矩阵一般不是对称矩阵，只有当其为有向完全图时，它的邻接矩阵才是对称矩阵。

（2）顶点的度。

对于无向图（无向网）来说，邻接矩阵的第 i 行（或第 i 列）中非 0 元素（非∞元素）的个数正好是第 i 行（或第 i 列）对应顶点的度。

对于有向图（有向网）来说，邻接矩阵的第 i 行中非 0 元素（非∞元素）的个数正好是第 i 行对应的顶点的出度，而其第 i 列中非 0 元素（非∞元素）的个数正好是第 i 列对应顶点的入度。

（3）邻接关系。

在邻接矩阵中，判断任意两个顶点 v_i 和 v_j 之间是否相邻，只需检查矩阵元素 A[i][j]即可。也容易求得任意一个顶点 v_i 的所有邻接顶点，即当 A[i][j]≠0 或 A[i][j]≠∞时，则 v_j 为 v_i 的邻接顶点。

3. 邻接矩阵存储结构的类型定义

```
#define MaxVerNum 100//设置邻接矩阵的最大顶点数
typedef char VertexType;//设置图的顶点信息为字符
typedef int EdgeType;//设置边上权值为整型
typedef struct{
    VertexType vexs[MaxVerNum];//图的顶点信息表
    EdgeType edges[MaxVerNum][MaxVerNum];//图的邻接矩阵
    int n,e;//图的顶点数和边数
}MGraph;//图的邻接矩阵表示结构定义
```

这里需要说明的是存储顶点信息的一维数组 vexs 的类型是用 VertexType 类型来表示的，这里把它定义成字符，在实际应用中可以根据需要把它重新定义为其他系统预定义类型或结构类型。此外，邻接矩阵 edges 的类型用 EdgeType 类型表示，这里把它定义成整型。在实际应用中，若权值的类型是其他数据类型，则只需简单修改即可。

4. 创建一个图的邻接矩阵存储

创建一个图的邻接矩阵算法，首先输入要创建的是有向图还是无向图，接下来输入要创建的图的顶点数和边数，再输入图的各个顶点，接下来将图的邻接矩阵先初始化为 0，然后输入构成边或弧的顶点号及权值（非网图权值输入 1），程序中通过标志 flag(flag=1)创建无向图的相对应的另一条边。创建一个图的邻接矩阵存储的算法见算法 7-1：

【算法 7-1】

```
void CreateMGraph(MGraph *g)//建立图 g 的邻接矩阵表示
{
    int i,j,k,w;
    int flag;
    printf("创建:有向图选 0,无向图选 1\n");
    scanf("%d",&flag);
    printf("请输入顶点数和边数(格式为:顶点数,边数)\n");
    scanf("%d,%d",&g->n,&g->e);
    printf("输入顶点的信息,每个顶点以回车作为结束:\n");
    for(i=0;i<g->n;i++)
    {
        getchar();
        scanf("%c",&(g->vexs[i]));
```

```
    }
    for(i=0;i<g->n;i++)//将邻接矩阵数组初始化
        for(j=0;j<g->n;j++)
            g->edges[i][j]=0;
    for(k=0;k<g->e;k++)
    {
        printf("输入顶点号 i,顶点号 j,权值 w(非网图权值为 1):\n");
        scanf("%d,%d,%d",&i,&j,&w);
        g->edges[i][j]=w;
        if (flag)//构造无向图
            g->edges[j][i]=w;
    }
}
```

7.2.2　邻接表存储结构

1. 邻接表存储结构的含义

图的邻接矩阵表示法虽然有其自身的优点，但对于稀疏图来讲，用邻接矩阵的表示方法会造成存储空间的很大浪费。邻接表（adjacency list）是图的一种顺序存储与链式存储结合的存储方法。邻接表表示法类似于树的孩子链表表示法。就是对于图 G 中的每个顶点 v_i，将所有邻接于 v_i 的顶点 v_j 链成一个单链表，这个单链表就称为顶点 v_i 的邻接表，再将所有点的邻接表表头放到数组中，就构成了图的邻接表。

显然，在图的邻接表中，有两种不同的结点结构，即顶点（类似单链表的头结点）结构和边表（单链表）中的表结点结构。

（1）顶点结构。

顶点结点的结构如图 7-13（a）所示。顶点结点由两部分构成，其中顶点域（vertex）用于存储顶点的名或其他有关信息；指针域（firstedge）用于指向链表中第一个顶点（即与顶点 v_i 邻接的第一个邻接点）。所有顶点结点以顺序结构（向量）的形式存储，以便可以随机访问任一顶点的边表（单链表），并把这个向量称为顶点表。

（2）表结点结构。

单链表中结点的结构如图 7-13（b）所示，它由三部分组成，其中邻接点域（adjvex）用于存放与顶点 v_i 相邻接的顶点在图中的位置；指针域（next）用于指向与顶点 v_i 相关联的下一条边或弧的结点；数据域（info）用于存放与边或弧相关的信息（如赋权图中每条边或弧的权值等）。邻接表存储结构中把这个单链表也称为边表。

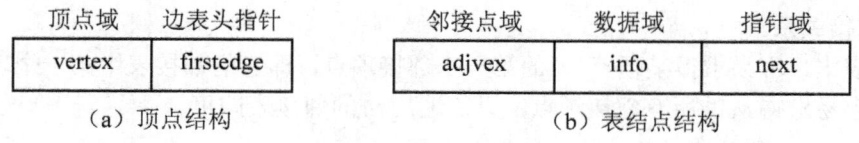

（a）顶点结构　　　　　　（b）表结点结构

图 7-13　邻接表表示的结点结构

图 7-14 是无向图 G_7 的邻接表存储结构。图 7-15 是有向图 G_8 的邻接表存储结构。其中行数组的 vertex 域存储图的顶点信息，firstedge 域为该顶点的邻接顶点单链表的头指针。第 i 行

单链表中的 adjvex 域存储边(i,j)或弧<i,j>的邻接顶点 j，对于任意一条边(i,j)或弧<i,j>，因 i 值和存储该顶点的下标值一致，所以不需要再另外存储。如果是带权图再增加 info 域，第 i 行单链表中的 adjvex 域值为 j 的 info 域中存储了边(i,j)或弧<i,j>的权值 w_{ij}。

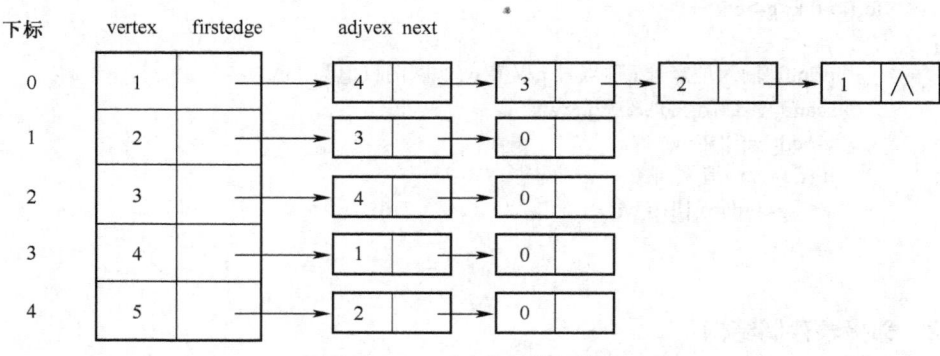

图 7-14　无向图 G_7 的邻接表

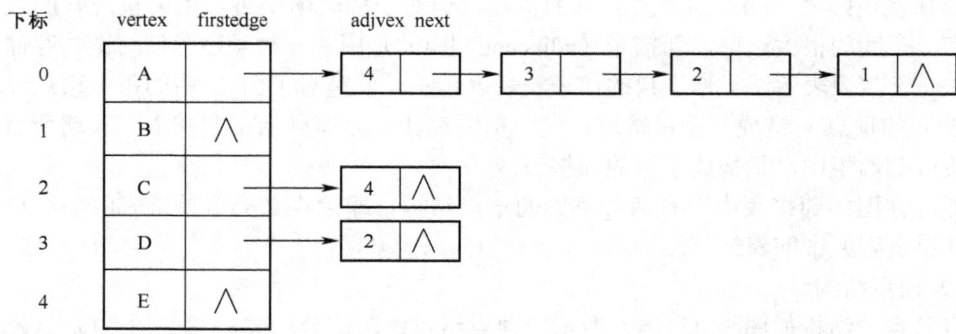

图 7-15　有向图 G_8 的邻接表

2. 邻接表存储结构的特点

（1）顶点的度。

对于含有 n 个顶点 e 条边的无向图或无向网，某顶点 v_i 的度就是该顶点的邻接顶点链表中表结点的个数。整个无向图或无向网图的邻接表中共有 2e 个表结点。

对于含有 n 个顶点 e 条边的有向图或有向网图，某顶点 v_i 的出度就是该顶点的邻接边表中表结点的个数，但要求顶点 v_i 的入度比较复杂，需要遍历整个邻接表，v_i 的入度就是图的邻接表中所有邻接点域为 v_i 在图中的位置的表结点个数的总和。整个有向图或有向网的邻接表中共有 e 个表结点。

（2）邻接关系。

在邻接表中，容易求得某顶点 v_i 的第一个邻接顶点，即它的邻接表中第一个表结点对应的顶点，也容易求得 v_i 的所有邻接顶点，只需遍历 v_i 的邻接表即可。

3. 有向图的逆邻接表

在有向图的邻接表中，顶点 v_i 的邻接表中的表结点都是由从 v_i 所发出的弧的终点所构成的，如果规定顶点 v_i 的邻接表中的表结点是由所有射向 v_i 的弧的弧尾顶点所构成的，则这样的邻接表称为逆邻接表。

在逆邻接表中容易求得顶点的入度，只需统计该顶点的逆邻接表中表结点的个数即可。图 7-16 给出有向图 G_8 的逆邻接表。

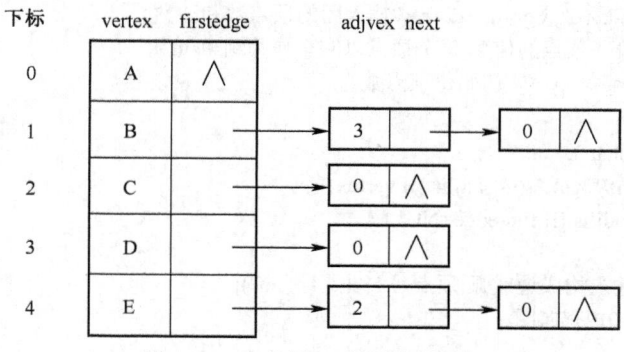

图 7-16 有向图 G_8 的逆邻接表

4. 邻接表存储结构的类型定义

邻接表存储结构的类型定义程序：

```
#define MaxVerNum 100//定义最大顶点数为 100
typedef char VertexType;//设置图的顶点信息为字符
typedef struct Node{//边表表结点结构
    int adjvex;
    struct Node *next;
}EdgeNode;
typedef struct VNode{//顶点结点结构
    VertexType vertex;
    EdgeNode *firstedge;
}VNode,AdjList[MaxVerNum];
typedef struct{
    AdjList adjlist;
    int n,e;//顶点数和边数
    int kind;//有向图为 0，无向图为 1
}ALGraph;
```

5. 创建一个图的邻接表存储

创建一个图的邻接表存储算法，首先输入要创建的是有向图还是无向图，接下来输入要创建的图的顶点数和边数，再输入图的各个顶点，并将各个顶点的边表头指针初始化为 NULL，然后输入构成边(v_i,v_j)或弧<v_i,v_j>的起始顶点号，如果是有向图（flag=0）只需将顶点号 j 插入 v_i 顶点的邻接表中即可，而对于无向图（flag=1）不仅要将 j 插入到 v_i 的邻接表中，还要将 i 插入到 v_j 的邻接表中。创建一个图的邻接表存储的算法见算法 7-2：

【算法 7-2】

```
void CreateALGraph(ALGraph *g)//建立图的邻接矩阵表示
{
    int i,j,k;
    int flag;
    EdgeNode *s1,*s2;
    printf("创建:有向图选 0,无向图选 1\n");
```

```
            scanf("%d",&flag);
            printf("请输入顶点数和边数(格式为:顶点数,边数)\n");
            g->kind=flag;
            scanf("%d,%d",&g->n,&g->e);//输入图的顶点数和边数
            printf("输入顶点的信息,每个顶点以回车作为结束:\n");
            for(i=0;i<g->n;i++)//初始化顶点数组
            {
                getchar();
                scanf("%c",&(g->adjlist[i].vertex));
                g->adjlist[i].firstedge=NULL;
            }
            printf("输入构成边或弧:顶点号 i,顶点号 j:\n");
            if(flag==0)//有向图
            {
                for(k=1;k<=g->e;k++)
                {
                    scanf("%d,%d",&i,&j);
                    s1=(EdgeNode*)malloc(sizeof(EdgeNode));
                    s1->adjvex=j;
                    s1->next=g->adjlist[i].firstedge;
                    g->adjlist[i].firstedge=s1;
                }
            }
            else//无向图
            {
                for(k=1;k<=g->e;k++)
                {
                    scanf("%d,%d",&i,&j);
                    s1=(EdgeNode*)malloc(sizeof(EdgeNode));
                    s1->adjvex=j;
                    s2=(EdgeNode*)malloc(sizeof(EdgeNode));
                    s2->adjvex=i;
                    s1->next=g->adjlist[i].firstedge;
                    g->adjlist[i].firstedge=s1;
                    s2->next=g->adjlist[j].firstedge;
                    g->adjlist[j].firstedge=s2;
                }
            }
        }
```

7.3   图的遍历

图的遍历是指从图中的任一顶点出发，对图中的所有顶点访问一次且只访问一次。图的遍历操作和树的遍历操作功能相似。图的遍历是图的一种基本操作，图的许多其他操作都建立在遍历操作的基础之上。

由于图结构本身的复杂性，所以图的遍历操作也较复杂，主要表现在以下四个方面：

（1）在图结构中，没有一个"自然"的首结点，图中任意一个顶点都可作为第一个被访问的结点。

（2）在非连通图中，从一个顶点出发，只能够访问它所在的连通分量上的所有顶点，因此，还需考虑如何选取下一个出发点以访问图中其余的连通分量。

（3）在图结构中，如果有回路存在，那么一个顶点被访问后，有可能沿回路又回到该顶点。

（4）在图结构中，一个顶点可以和其他多个顶点相连，当这样的顶点访问过后，存在如何选取下一个要访问的顶点的问题。

图的遍历通常有深度优先搜索和广度优先搜索两种方式，下面分别介绍。

7.3.1 深度优先遍历

图的深度优先搜索（Depth-First Search，DFS）遍历类似于树的先根遍历，其基本思想如下：假设初始状态是图中所有顶点未曾被访问，则深度优先搜索可从图中某个顶点发 v 出发，访问此顶点，然后依次从 v 的未被访问的邻接点出发深度优先遍历图，直至图中所有和 v 有路径相通的顶点都被访问到；若此时图中尚有顶点未被访问，则另选图中一个未曾被访问的顶点做起始点，重复上述过程，直至图中所有顶点都被访问到为止。

现以图 7-17（a）无向图 G_9 为例说明深度优先搜索过程。假定 v_1 是出发点，首先访问 v_1。因 v_1 有两个邻接点 v_2、v_3 均未被访问过，可以选择 v_2 作为新的出发点，访问 v_2 之后，再找 v_2 的未访问过的邻接点。同 v_2 邻接的有 v_1、v_4、v_5，其中 v_1 已被访问过，而 v_4、v_5 尚未被访问过，可以选择 v_4 作为新的出发点。重复上述搜索过程，继续依次访问 v_8、v_5。访问 v_5 之后，由于与 v_5 相邻的顶点均已被访问过，搜索退回到 v_8。由于 v_8、v_4、v_2 都是已被访问的邻接点，因此搜索过程连续地从 v_8 退回到 v_4，再退回到 v_2，最后退回到 v_1。这时选择 v_1 的未被访问过的邻接点 v_3，继续往下搜索，依次访问 v_3、v_6、v_7，从而遍历了图中全部顶点。在这个过程中得到的顶点的访问序列为：$v_1 \rightarrow v_2 \rightarrow v_4 \rightarrow v_8 \rightarrow v_5 \rightarrow v_3 \rightarrow v_6 \rightarrow v_7$。

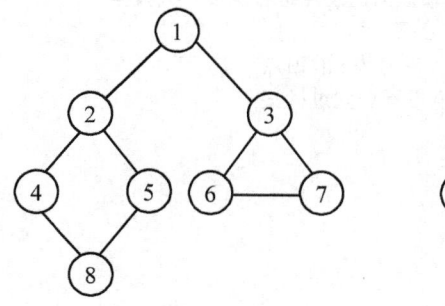
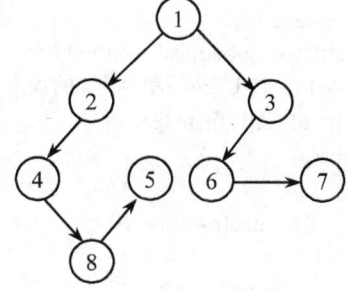

（a）无向图 G_9　　　　（b）G_9 的深度优先搜索遍历过程

图 7-17　深度优先搜索遍历过程示例

显然，图的深度优先搜索是一个递归过程。为了在遍历过程中便于区分顶点是否已被访问，需附设访问标志数组 visited[n]，其初值为 0，一旦某个顶点被访问，则其相应的分量置为 1。在图的存储结构说明语句后面必须添加以下语句：

```
typedef enum{FALSE,TRUE}boolean;
boolean visited[MaxVerNum];//顶点访问标记向量
```

算法 7-3 给出了对以邻接矩阵为存储结构的图，从某一个顶点 start 出发，递归进行深度优先遍历的算法。

【算法 7-3】

```
void DFSM(MGraph *g,int i)
{//对以邻接矩阵表示的图，以序号为 i 的顶点为出发点进行深度优先搜索
    int j;
    printf("%c",g->vexs[i]);//访问序号为 i 的顶点
    visited[i]=TRUE;//将序号为 i 的顶点设置访问过标记
    for(j=0;j<g->n;j++)//扫描邻接矩阵的第 i 行，做以下操作
        if((g->edges[i][j]!=0)&&(!visited[j]))//寻找序号为 i 的顶点的未访问过的邻接点
        {
            printf("-->");
            DFSM(g,j);//以序号为 j 的顶点为出发点进行深度优先搜索
        }
}
void DFSMTraverse(MGraph *g,int start)
{//对以邻接矩阵表示的图，从最初顶点 start 出发进行深度优先搜索
    int i;
    for(i=0;i<g->n;i++)//将图的所有顶点设置为未访问过
        visited[i]=FALSE;
    DFSM(g,start);//对图进行深度优先搜索
    printf("\n");
}
```

算法 7-4 给出了对以邻接表为存储结构的图，从某一个顶点 start 出发，递归进行深度优先遍历的算法。

【算法 7-4】

```
void DFSAL(ALGraph *g,int i)
{//对以邻接表表示的图，以序号为 i 的顶点为出发点进行深度优先搜索
    EdgeNode *p;
    printf("%c",g->adjlist[i].vertex);//访问序号为 i 的顶点
    visited[i]=TRUE;//将序号为 i 的顶点设置访问过标记
    p=g->adjlist[i].firstedge;
    while(p)
    {
        if(!visited[p->adjvex])
        {
            printf("-->");
            DFSAL(g,p->adjvex);
        }
        p=p->next;
    }
}
void DFSALTraverse(ALGraph *g,int start)
```

```
{//对以邻接表表示的图，从最初顶点 start 出发进行深度优先搜索
    int i;
    for(i=0;i<g->n;i++)//将图的所有顶点设置为未访问过
        visited[i]=FALSE;
    DFSAL(g,start);//对图进行深度优先搜索
    printf("\n");
}
```

但是需要注意的是，若没有给出图，而是给出了一个图的邻接矩阵，要对这个邻接矩阵所表示的图进行深度优先遍历，则其深度优先遍历序列就是唯一的。同理，若没有给出图，而是给出了一个图的邻接表，要对这个邻接表所对应的图进行深度优先遍历，则其深度优先遍历序列也是唯一的。对于图采用邻接矩阵和邻接表存储分别进行深度优先遍历，如果要得到相同的遍历序列，对邻接表的边表是有要求的，即边表的顶点序号必须是递增的。由于邻接表的边表是采用头插法产生的，所以在创建邻接表存储时输入边或弧的起始点和终止点时，起始点点序号必须从大到小输入，同样终止点的序号也要求从大到小输入。例如，图 G_9 的边输入顺序是：(v_8,v_5)，(v_8,v_4)，(v_7,v_6)，(v_7,v_3)，(v_6,v_3)，(v_5,v_2)，(v_4,v_2)，(v_3,v_1)，(v_2,v_1)。

7.3.2　广度优先遍历

图的广度优先搜索（Breadth-First Search，BFS）遍历类似于树的按层次遍历，其基本思想是：假设从图中某顶点 v 出发，在访问了 v 之后依次访问 v 的各个未曾访问过的邻接点，然后分别从这些邻接点出发依次访问它们的邻接点，并使"先被访问的顶点的邻接点"先于"后被访问的顶点的邻接点"被访问，直至图中所有已被访问的顶点的邻接点都被访问到。若此时图中尚有顶点未被访问，则另选图中一个未曾被访问的顶点做起始点，重复上述过程，直至图中所有顶点都被访问到为止。换句话说，广度优先搜索遍历图的过程中以 v 为起始点，由近至远，依次访问和 v 有路径相通且路径长度为 1，2……的顶点。

下面以图 7-17（a）为例说明广度优先搜索的过程。首先从起点 v_1 出发访问 v_1。v_1 有两个未曾访问的邻接点 v_2 和 v_3。先访问 v_2，再访问 v_3。然后再先访问 v_2 的未曾访问过的邻接点 v_4、v_5 及 v_3 的未曾访问过的邻接点 v_6 和 v_7，最后访问 v_4 的未曾访问过的邻接点 v_8。至此图中所有顶点均已被访问过。得到的顶点访问序列为：$v_1 \rightarrow v_2 \rightarrow v_3 \rightarrow v_4 \rightarrow v_5 \rightarrow v_6 \rightarrow v_7 \rightarrow v_8$。

和深度优先搜索类似，在遍历的过程中也需要一个访问标志数组。并且，为了顺次访问路径长度为 2、3……的顶点，需附设队列以存储已被访问的路径长度为 1、2……的顶点。

现在，以图的邻接矩阵的形式作为图的存储结构，给出广度优先搜索遍历算法 7-5：

【算法 7-5】

```
void BFSM(MGraph *g,int k)
{//对以邻接矩阵表示的图，以序号为 k 的顶点为出发点进行广度优先搜索
    int i,j;
    InitQueue(&Q);
    printf("%c",g->vexs[k]);//访问序号为 k 的顶点
    visited[k]=TRUE;//将序号为 k 的结点设置为已访问过
    EnQueue(&Q,k);//将序号为 k 的顶点入队
    while(!QueueEmpty(Q))
    {
```

```
            DeQueue(&Q,&i);
            for(j=0;j<g->n;j++)//寻找序号为 i 顶点的邻接点，并做如下处理
                if((g->edges[i][j]!=0)&&(!visited[j]))
                {//若序号为 i 的顶点有未访问过邻接点
                    printf("-->%c",g->vexs[j]);//访问序号为 j 的顶点
                    visited[j]=TRUE;//将序号为 j 的顶点设置访问过标记
                    EnQueue(&Q,j);//将序号为 j 的顶点入队
                }
        }
    }
    void BFSMTraverse(MGraph *g,int start)
    {//对以邻接矩阵表示的图，从最初顶点 start 开始进行广度优先搜索
        int i;
        for(i=0;i<g->n;i++)//将所有顶点设置为未访问过
        visited[i]=FALSE;
        BFSM(g,start);//对邻接矩阵表示的图进行广度优先搜索
        printf("\n");
    }
```

算法 7-6 给出了对以邻接表为存储结构的图，从某一个顶点 start 出发，进行广度优先遍历的算法：

【算法 7-6】

```
    void BFSAL(ALGraph *g,int k)
    {//对以邻接表表示的图，以序号为 i 的顶点为出发点进行广度优先搜索
        int i;
        EdgeNode *p;
        InitQueue(&Q);
        printf("%c",g->adjlist[k].vertex);//访问序号为 k 的顶点
        visited[k]=TRUE;//将序号为 k 的结点设置为已访问过
        EnQueue(&Q,k);//将序号为 k 的顶点入队
        while(!QueueEmpty(Q))
        {
            DeQueue(&Q,&i);
            p=g->adjlist[i].firstedge;
            while(p)
            {
                if(!visited[p->adjvex])
                {
                    printf("-->%c",g->adjlist[p->adjvex].vertex);//访问 p->adjvex 的顶点
                    visited[p->adjvex]=TRUE;
                    EnQueue(&Q,p->adjvex);
                }
                p=p->next;
            }
```

```
        }
    }
    void BFSALTraverse(ALGraph *g,int start)
    {//对以邻接矩阵表示的图，从最初顶点 start 出发进行广度优先搜索
        int i;
        for(i=0;i<g->n;i++)//将所有顶点设置为未访问过
        visited[i]=FALSE;
        BFSAL(g,start);//对邻接矩阵表示的图进行广度优先搜索
        printf("\n");
    }
```

同样，若没有给出图，而是给出了一个图的邻接矩阵，要对这个邻接矩阵所表示的图进行广度优先遍历，则其广度优先遍历序列就是唯一的。若没有给出图，而是给出了一个图的邻接表，要对这个邻接表所对应的图进行广度优先遍历，则其广度优先遍历序列也是唯一的。

7.3.3　非连通图的遍历

以上所讨论的深度优先搜索遍历和广度优先搜索遍历，对于连通图，则从图中任一顶点出发就能访问到图中所有顶点。如果要遍历一个非连通图，则只能访问到起始点所在连通分量中的所有顶点，其他连通分量的顶点是不能访问到的。为此需要从其他每个连通分量中选择新的起始点才能遍历图中的所有顶点，即需多次调用 DFS 或 BFS，每一次都得到一个连通分量；调用 DFS 或 BFS 的次数就是连通分量的个数。因此很容易写出非连通图的遍历算法和计算一个图的连通分量的算法。下面给出以邻接矩阵为存储结构，通过调用深度优先搜索算法实现的计算连通分量的算法。

【算法 7-7】

```
    void component(MGraph *g)
    {
        int i,count=0;
        for(i=0;i<g->n;i++)
            visited[i]=0;//初始化标志数组
        for(i=0;i<g->n;i++)
        {
            if(!visited[i])
            {
                count=count+1;
                DFSM(g,i);//从顶点 i 出发遍历一个连通分量
                printf("comp end\n");
            }
        }
        printf("Total Components:%d\n",count);
    }
```

在此算法中做适当更改，例如将 DFSM(i)改为 BFSM(i)，即可成为通过调用广度优先搜索算法实现的计算连通分量的算法。

7.4 最小生成树

7.4.1 生成树和最小生成树的概念

1. 生成树

在 6.1 节中曾经给出生成树的概念，下面再从图的遍历的角度来看一下生成树的概念。

设 G=(V,E)是个连通图，当从连通图任一顶点出发遍历图 G 时，将边集 E(G)分成两个集合 A(G)和 B(G)。其中 A(G)是遍历图时所经过的边的集合，B(G)是遍历图时未经过的边的集合。显然，G'=(V,A)是图 G 的子图。我们称子图 G'是连通图 G 的生成树。

图的生成树不是唯一的。如对图 7-17 中的图 G_9，当按深度和广度优先搜索法进行遍历就可以得到图 7-18 所示的两种不同的生成树，并分别称为深度优先生成树和广度优先生成树。

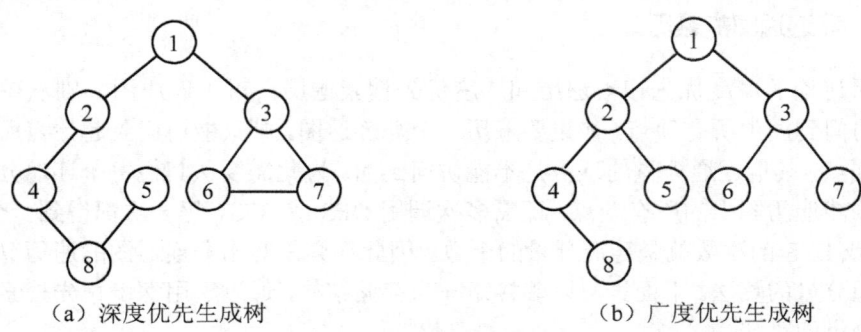

（a）深度优先生成树　　　　　　　　（b）广度优先生成树

图 7-18　连通图 G_9 的两棵生成树

一个有 n 个顶点的连通图的生成树是原图的极小连通子图，它包含原图中的所有 n 个顶点，并且有保持图连通的最少的边。由生成树的定义可知：

（1）若在生成树中删除一条边，就会使该生成树因变成非连通图而不再满足生成树的定义；

（2）若在生成树中增加一条边，就会使该生成树中因存在回路而不再满足生成树的定义；

（3）一个连通图的生成树可能有许多。

使用不同的遍历图的方法可以得到不同的生成树。如对无向图使用深度优先搜索遍历方法与使用广度优先搜索遍历方法，将会得到两个结构不同的生成树；从不同的顶点出发，也可以得到不同的生成树。

2. 最小生成树

对于一个带权无向连通图（连通网）G 来说，一棵生成树的代价是指树中各条边上的权值之和，在 G 的所有生成树中，其中代价最小的生成树就称为 G 的最小代价生成树，简称为最小生成树。

求网络的最小生成树是一个具有重大实际意义的问题。例如，要求沟通 n 个城市之间的通信线路，至少需要建造 n-1 条通信线路。可以把 n 个城市看作图的 n 个顶点，各个城市之间的通信线路看作边，相应的建设花费作为边的权，这样就构成了一个网络。由于在 n 个城市之间，可行线路有(n*(n-1))/2 条，那么，如何选择其中的 n-1 条线路（边）在 n 个城市间建成全都能相互通信的网，并且总的建设花费为最小？这就是求该网络的最小生成树问题。

构造最小生成树的方法有许多种，典型的构造方法有两种：一种称作普里姆（prim）算法，另一种称作克鲁斯卡尔（kruskal）算法。

7.4.2　普里姆算法

1.　基本思想

假设 G=(V,E) 为一连通网，顶点集 V={$v_1,v_2,\cdots,v_n$}，E 为网中所有带权边的集合。设置两个新的集合 U 和 T，其中集合 U 用于存放 G 的最小生成树中的顶点，集合 T 存放 G 的最小生成树中的边。令集合 U 的初值为 U={v_1}（假设构造最小生成树时，从顶点 v_1 出发），集合 T 的初值为 T={}。

从初始状态开始，重复执行下列运算：

从所有 u∈U，v∈V-U 的边中，选取具有最小权值的边(u,v)，将顶点 v 加入集合 U 中，将边(u,v)加入集合 T 中，如此不断重复，直到 U=V 时，最小生成树构造完毕，这时集合 T 中包含了最小生成树的所有边。

图 7-19 给出了用普里姆算法构造最小生成树的过程。图 7-19（a）是一个有 7 个顶点、10 条无向边的带权图。初始时算法的集合 U={A}（假设构造最小生成树时，从顶点 A 出发），集合 V-U={B,C,D,E,F,G}，T={}，如图 7-19（b）所示。在所有 u 为集合 U 中顶点，v 为集合 V-U 中顶点的边(u,v)中，寻找具有最小权值的边(u,v)，寻找到的是边(A,B)，权为 50，把顶点 B 从集合 V-U 加入到集合 U 中，把边(A,B)加入到 T 中，如图 7-19（c）所示。在所有 u 为集合 U 中顶点，v 为集合 V-U 中顶点的边(u,v)中寻找具有最小权值的边(u,v)，寻找到的是边(B,E)，权为 40，把顶点 E 从集合 V-U 加入到集合 U 中，把边(B,E)加入到 T 中，如图 7-19（d）所示；随后依次从集合 V-U 加入到集合 U 中的顶点为 D、F、G、C，依次加入到 T 中的边为(E,D)，权为 50，(D,F)，权为 30，(D,G)，权为 42，(G,C)，权为 45，分别如图 7-19（e）、（f）、（g）、（h）所示。最后得到的图 7-19（h）就是原带权连通图的最小生成树。

2.　普里姆算法的实现

用邻接矩阵作为存储结构的带权连通图（网），为实现普里姆算法，需设置三个辅助一维数组 s[MaxVerNum]、w[MaxVerNum]和 neig[MaxVerNum]（MaxVerNum 定义最大顶点数），其中 s[j]=1（j 表示顶点 v_j 的序号）则表明顶点 v_j 已经加入到集合 U，否则若 s[j]=0 则表明顶点 v_j 尚未加入到集合 U 中，即仍在 V-U 中；w[j]表示 V-U 中顶点 v_j 与集合 U 中各顶点构成的边的权值中最小权值；neig[j]表示 V-U 中顶点 v_j 与集合 U 中各顶点构成的边的权值中最小权值的顶点号。例如，V-U 集合中 v_j 与 U 集合中 v_i 构成的权值最小，则 w[j]=weight$_{ji}$，neig[j]=i。

假设初始状态时，U={v_0}（v_0 为出发的顶点），s[0]=1，它表示顶点 v_0 已加入集合 U 中，数组 w 除 0 外其他各分量的值是顶点 v_0 到其余各顶点所构成的直接边的权值，数组 neig 除 0 外其他各分量的值都是 0。然后不断选取权值最小的边(u$_i$,v$_j$)（u$_i$∈U，v$_j$∈V-U），每选取一条边，就将 s[j]置为 1，表示顶点 v_j 已加入集合 U 中。由于顶点 v_j 从集合 V-U 进入集合 U 后，这两个集合的内容发生了变化，就要重新求解剩余每个顶点（V-U 集合）到集合 U 中的最小权值 w 和对应的顶点号 neig，即更新数组 w 和 neig 中部分分量的内容，直到 U=V 为止。

基于上述思想，可以给出普里姆算法，见算法 7-8。

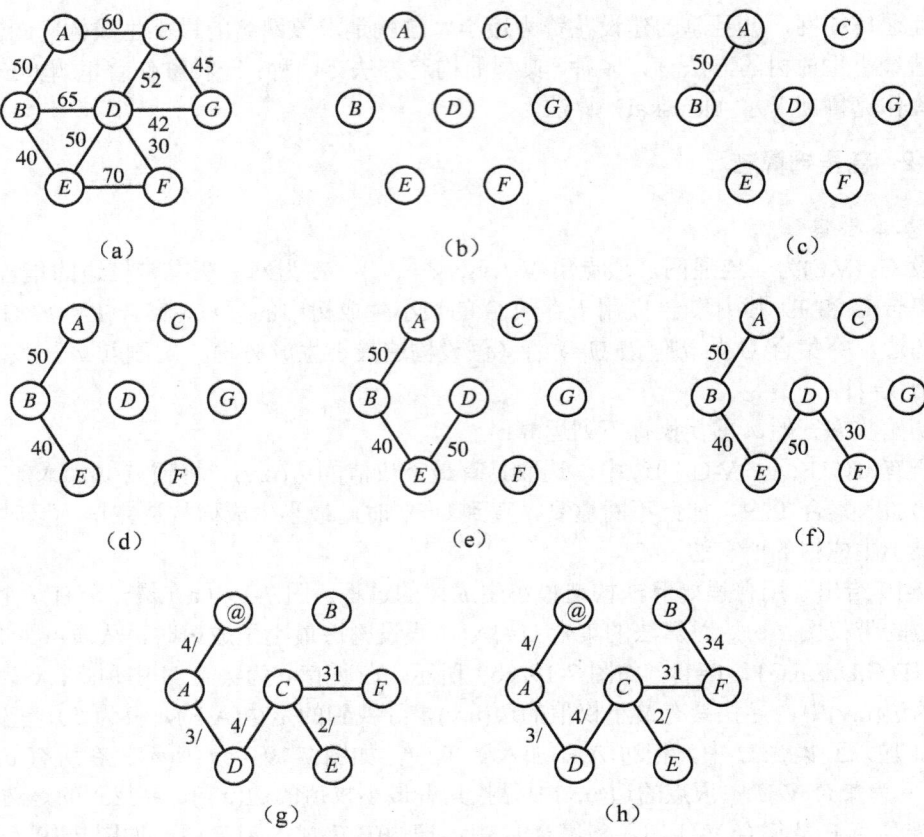

图 7-19   普里姆算法构造最小生成树

【算法 7-8】

```
void prim(MGraph *g, int start)
{//利用 prim 算法从顶点 start 开始构造最小生成树
    int s[MaxVerNum],w[MaxVerNum],neig[MaxVerNum];
    int i,j,u,min;
    s[start]=1;//将顶点 start 加到 U 中
    for(j=0;j<g->n;j++)//初始化集合 V-U 中各顶点的 w 和 neig
    {
        if(j!=start)
        {
            neig[j]=start;
            w[j]=g->edges[start][j];
            s[j]=0;
        }
    }
    for(i=1;i<g->n;i++)
    {
        min=INFINITY;
        for(j=0;j<g->n;j++)//寻找各个 w[j]中的最小值
        {
```

```
            if(!s[j]&&w[j]<min)
            {
                    min=w[j];u=j;
            }
        }
        printf("(%c,%c),weight=%d\n",g->vexs[neig[u]],g->vexs[u],w[u]);
        s[u]=1;//将顶点 u 加到 U 中
        for(j=0;j<g->n;j++)//更新 w 和 neig 部分分量的值
            if(!s[j]&&g->edges[u][j]<w[j])
            {
                    w[j]=g->edges[u][j];neig[j]=u;
            }
    }
}
```

7.4.3　克鲁斯卡尔算法

1. 基本思想

克鲁斯卡尔算法是一种按照网中边的权值递增的顺序构造最小生成树的方法。其基本思想是：首先选取全部的 n 个顶点，将其看成 n 个连通分量；然后按照网中边的权值由小到大的顺序，不断选取当前未被选取的边集中权值最小的边。依据生成树的概念，n 个结点的生成树，有 n-1 条边，故反复上述过程，直到选取了 n-1 条边为止，就构成了一棵最小生成树。

对于图 7-19（a）所示的无向连通网，按照克鲁斯卡尔算法构造最小生成树的过程如图 7-20 所示。根据克鲁斯卡尔算法构造最小生成树的方法，按照网 G 中边的权值从小到大的顺序，反复选择当前尚未被选取的边集合中权值最小的边加入到最小生成树中，直到网中所有顶点都加入到最小生成树中为止。最后，图 7-20（f）所示就是所构造的最小生成树。对比图 7-20（f）和图 7-19（h）可以发现，虽然构造最小生成树的方法不同，但克鲁斯卡尔算法构造的最小生成树和普里姆算法构造的最小生成树结构完全相同。

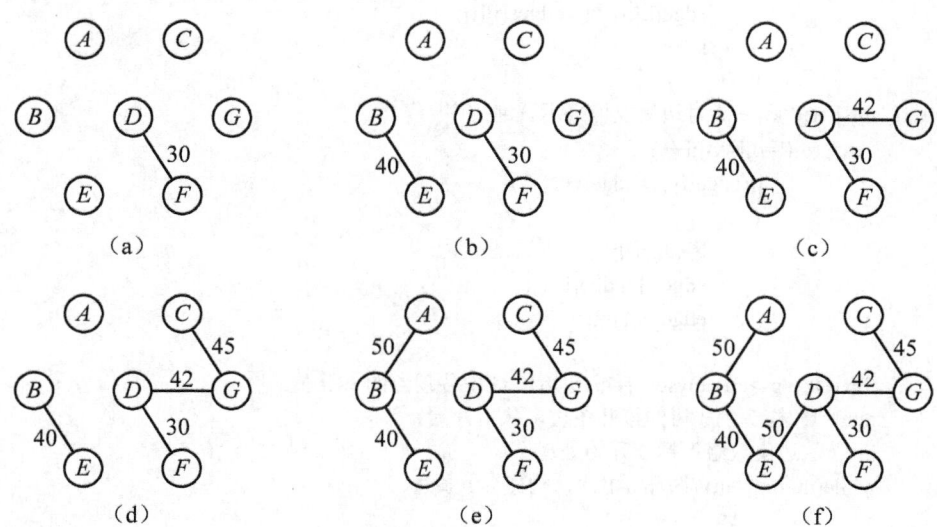

图 7-20　克鲁斯卡尔算法构造最小生成树的过程

2. 克鲁斯卡尔算法的实现

从克鲁斯卡尔算法的基本思想可看出，其核心问题是当选择出当前权值最小的边后，如何判断将其加入到最小生成树中是否产生回路？解决办法是定义一个辅助数组 vset，用它来存放 G 中的顶点所在的连通分量的编号，即 vset[i]存放的是 G 中下标为 i 的顶点（G.vexs[i]）所在的连通分量的编号。初始时，n 个顶点有 n 个连通分量，每个连通分量的编号就是顶点的数组小标号，即 vset[i]=i。

将当前权值最小的边加入到最小生成树时，判断此边的两个顶点的连通分量编号是否相等，如果相等，则在同一个连通分量上加入将产生的回路，这条边应舍弃；若不相等则将该边加入到最小生成树中，然后，这条边所关联的两个顶点，需将它们分属的两个连通分量中所有顶点按照其中一个连通分量的编号重新统一，表示这些顶点已经在同一个连通分量上。

基于上述思想可以给出克鲁斯卡尔算法，见算法 7-9。

【算法 7-9】

```
void kruskal(MGraph *g)
{//利用 kruskal 算法构造图 G 的最小生成树
    int i,j,k,s1,s2,num,vset[MaxVerNum];//vset 辅助数组
    int v1,v2;
    struct edgeType{//定义边信息结构
        int u,v;//每条边两个顶点的数组下标号
        int w;//权值
    }t,*edge;
    edge=(struct edgeType *)malloc(g->e*sizeof(struct edgeType));
    k=0;
    for(i=0;i<g->n;i++)//扫描邻接矩阵，将边信息存储到边集数组
        for(j=0;j<g->n;j++)
            if(g->edges[i][j]!=INFINITY && i<j)
            {
                edge[k].u=i;edge[k].v=j;
                edge[k].w=g->edges[i][j];
                k++;
            }
    for(j=1;j<k;j++)//对边集权值采用冒泡排序
        for(i=0;i<k-j;i++)
            if(edge[i].w>edge[i+1].w)
            {
                t=edge[i];
                edge[i]=edge[i+1];
                edge[i+1]=t;
            }
    for(i=0;i<g->e;i++)vset[i]=i;//初始化 G 中各顶点的 vset 值
    num=1;//构造生成树的第几条边，从 1 开始
    j=0;//从边集数组下标 0 开始处理
    while(num<g->n)//循环 n-1 次，构建 n-1 条边
    {
        v1=edge[j].u;v2=edge[j].v;//取边的两个顶点号
```

```
        s1=vset[v1];s2=vset[v2];//分别求两个顶点的连通分量的编号
        if(s1!=s2)
        {
                printf("(%c,%c)--weight=%d\n",g->vexs[v1],g->vexs[v2],edge[j].w);
                num++;
                for(i=0;i<g->n;i++)
                        if(vset[i]==s2)vset[i]=s1;//将 vset 值为 s2 的顶点的 vset 值改为 s1
        }
        j++;
    }
}
```

7.5 拓扑排序与关键路径

7.5.1 拓扑排序

1. AOV 网的概念

所有的工程或者某种流程都可以分为若干个小的工程或者阶段，称这些小的工程或阶段为"活动"。若以图中的顶点来表示活动，有向边表示活动之间的优先关系，则这样的有向图称为 AOV 网（Activity On Vertex Network）。在 AOV 网中，若从顶点 v_i 到顶点 v_j 之间存在一条有向路径，称顶点 v_i 是顶点 v_j 的前驱，或者称顶点 v_j 是顶点 v_i 的后继。若 $<v_i,v_j>$ 是图中的弧，则称顶点 v_i 是顶点 v_j 的直接前驱，顶点 v_j 是顶点 v_i 的直接后继。

AOV 网中的弧表示了活动之间存在的制约关系。例如，计算机专业的学生必须完成一系列规定的专业基础课和专业课才能毕业，这个过程就可以被看成是一个大的工程，而活动就是学习每一门课程。我们不妨把这些课程的名称与相应的代号列于表 7-1。

表 7-1 计算机专业的学生必须完成课程的名称与相应代号

课程代号	课程名	先行课程名	课程代号	课程名	先行课程名
C_1	程序设计导论	无	C_9	算法分析	C_3
C_2	数值分析	C_1, C_{14}	C_{10}	高级语言	C_3, C_4
C_3	数据结构	C_1, C_{14}	C_{11}	编译系统	C_{10}
C_4	汇编语言	C_1, C_{13}	C_{12}	操作系统	C_{11}
C_5	自动机理论	C_{15}	C_{13}	解析几何	无
C_6	人工智能	C_3	C_{14}	微积分	C_{13}
C_7	计算机图形学	C_3, C_4, C_{10}	C_{15}	线性代数	C_{14}
C_8	计算机原理	C_4			

其中 C_1、C_{13} 是独立于其他课程的基础课，而有的课却需要有先行课（如学完解析几何才能学微积分），前提条件规定了课程之间的优先关系。这种优先关系可以用图 7-21 所示的有向图来表示。其中，顶点表示课程，有向边表示前提条件，若课程 C_i 为课程 C_j 的先行课，则必然存在有向边 $<C_i,C_j>$。

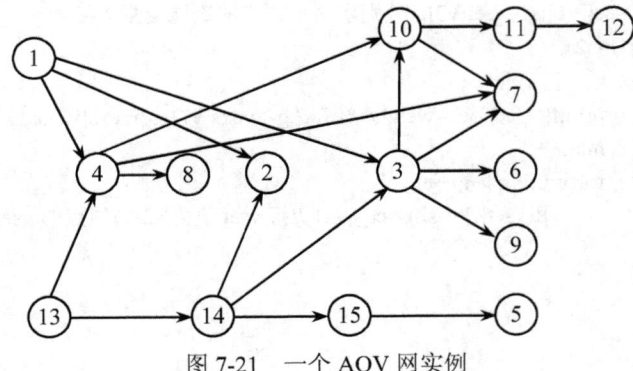

图 7-21   一个 AOV 网实例

显然，任何一个可执行程序也可以划分为若干个程序段（或若干语句），由这些程序段组成的流图也是一个 AOV 网。

对于一个 AOV 网，常要以有向图的次序关系为前提，为每个单项活动进行的先后安排一个线性序列的次序关系，如对图 7-21 来说，$(C_1, C_{13}, C_4, C_8, C_{14}, C_{15}, C_5, C_2, C_3, C_{10}, C_7, C_{11}, C_{12}, C_6, C_9)$ 是一个可行的线性序列，因为有向图 C_i 是 C_j 的前驱，则在上述线性序列中 C_i 排在 C_j 的前面。在 AOV 网中不允许出现环，因为环意味着某项子工程的开工将以本身工作完成为先决条件，这显然是不合理的。因此，对给定的 AOV 网应首先判定网中是否存在回路，而测试一个 AOV 网是否存在回路的方法就是对 AOV 网进行排序。

2. 拓扑排序

假设 G=(V,E) 是一个具有 n 个顶点的有向图，V 中全部顶点排成一个线性序列，该线性序列具有以下性质：

（1）若在有向图 G 中存在从顶点 v_i 到 v_j 的一条路径，则在顶点序列中顶点 v_i 必须排在顶点 v_j 之前。

（2）对于有向图 G 中没有路径的一对顶点 v_i、v_j，在线性序列中也建立一个先后关系，或者 v_i 优先 v_j，或者 v_j 优先 v_i。

满足这样的性质的线性序列称为拓扑有序序列。构造拓扑序列的过程称为拓扑排序。

若 AOV 有环，则找不到该网的拓扑有序序列。反之，任何无环有向图，其所有顶点都可以排在一个拓扑有序序列里。一个 AOV 网的拓扑有序序列不是唯一的。例如，对图 7-21 的有向图顶点进行拓扑排序，还可以得到 $(C_1, C_{13}, C_4, C_8, C_{14}, C_{15}, C_2, C_3, C_{10}, C_{11}, C_{12}, C_9, C_6, C_7, C_5)$。

对 AOV 网进行拓扑排序的方法和步骤如下：

（1）从 AOV 网中选择一个没有前驱的顶点（该顶点的入度为 0）并且输出它；

（2）从网中删去该顶点，并且删去从该顶点发出的全部有向边；

（3）重复上述两步，直到剩余网中不再存在没有前驱的顶点为止。

操作的结果有两种：一种是网中全部顶点都被输出，这说明网中不存在有向回路，拓扑排序成功；另一种是网中顶点未被全部输出，剩余的顶点均有前驱顶点，这说明网中存在有向回路，不存在拓扑有序序列。

图 7-22 给出了在一个 AOV 网上实施上述步骤的例子。

这样得到一个拓扑序列：v_1，v_6，v_4，v_3，v_2，v_5。

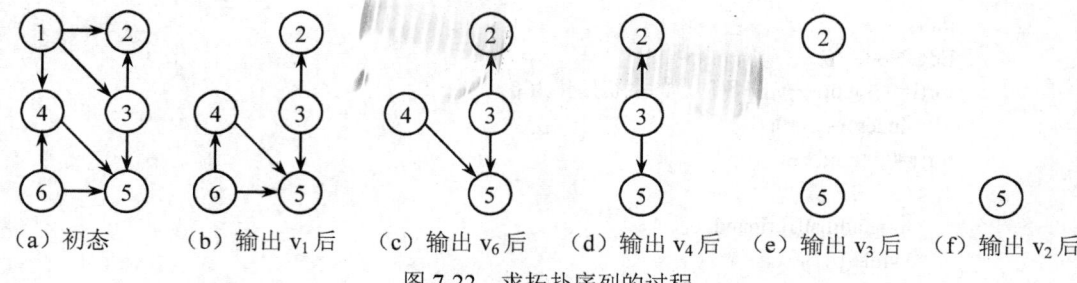

图 7-22　求拓扑序列的过程

3. 拓扑排序算法设计

为了实现上述算法，对 AOV 网采用邻接表存储方式，并且邻接表中顶点结点中增加一个记录顶点入度的数据域，即顶点结构设为：

count	vertex	firstedge

其中，vertex、firstedge 的含义如前所述；count 为记录顶点入度的数据域。边结点的结构同 7.2.2 节所述。图 7-22（a）中的 AOV 网的邻接表如图 7-23 所示。

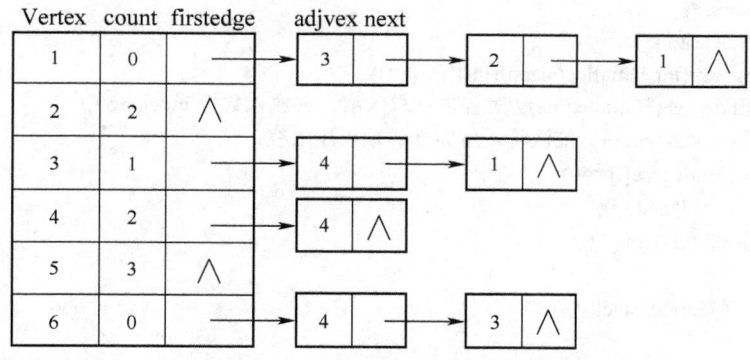

图 7-23　图 7-22（a）所示的一个 AOV 网的邻接表

增加一个辅助数组 indegree[n]来存放每一个结点的入度，indegree 数组的下标与顶点数组 AdjList 下标一致。算法中设置了一个堆栈，凡是网中入度为 0 的顶点都将其入栈。为此，拓扑排序的算法步骤为：

（1）将没有前驱的顶点（入度为 0）压入栈；

（2）从栈中退出栈顶元素输出，并把该顶点引出的所有有向边删去，即把它的各个邻接顶点的入度减 1；

（3）将新的入度为 0 的顶点再入堆栈；

（4）重复（1）～（3），直到栈为空为止。此时或者是已经输出全部顶点，或者剩下的顶点中没有入度为 0 的顶点。

从上面的步骤可以看出，栈在这里的作用只是起到一个保存当前入度为零点的顶点，并使之处理有序。这种有序可以是后进先出，也可以是先进先出，故此也可用队列来辅助实现。

【算法 7-10】

```
void findIndegree(ALGraph g,int *indegree)
{//对各顶点求入度，并放入数组 indegree 中
```

```
        int i;
        EdgeNode *p;
        for(i=0;i<g.n;i++)//将各顶点的度初始化为 0
            indegree[i]=0;
        for(i=0;i<g.n;i++)
        {
            p=g.adjlist[i].firstedge;
            while(p)
            {
                indegree[p->adjvex]++;
                p=p->next;
            }
        }
    }
    void Topo_Sort(ALGraph *G)
    {//对邻接链表为存储的图 G，输出其一种拓扑序列
        int i,j,k,*indegree;
        EdgeNode *ptr;
        SqStack *s;
        InitStack(&s);
        indegree=(int *)malloc(sizeof(int)*(G->n));
        findIndegree(*G,indegree);//对各顶点求入度，并放入数组 indegree 中
        for(i=0;i<G->n;i++)//依次将入度为 0 的顶点压入栈
            if(indegree[i]==0)
                Push(s,i);
        for(i=0;i<G->n;i++)
        {
            if (EmptyStack(*s))
            {
                printf("The network has a cycle");
                return;
            }
            Pop(s,&j);//从栈中退出一个顶点并输出
            printf("%d-",G->adjlist[j].vertex);
            ptr=G->adjlist[j].firstedge;
            while(ptr!=NULL)
            {
                k=ptr->adjvex;
                indegree[k]--;        //当前输出顶点邻接点的入度减 1
                if(indegree[k]==0)    //新的入度为 0 的顶点进栈
                    Push(s,k);
                ptr=ptr->next;        //找到下一个邻接点
            }
        }
        free(indegree);
    }
```

7.5.2　关键路径

1．AOE 网的概念

若在带权的有向图中，以顶点表示事件，以有向边表示活动，边上的权值表示活动的开销（如该活动持续的时间），则此带权的有向图称为 AOE 网（Activity On Edge Network）。

如果用 AOE 网来表示一项工程，那么，仅考虑各个子工程之间的优先关系还不够，更多的是关心整个工程完成的最短时间是多少；哪些活动的延期将会影响整个工程的进度，而加速这些活动是否会提高整个工程的效率。因此，通常在 AOE 网中列出完成预定工程计划所需要进行的活动，每个活动计划完成的时间，要发生哪些事件以及这些事件与活动之间的关系，从而可以确定该项工程是否可行，估算工程完成的时间以及确定哪些活动是影响工程进度的关键。

AOE 网具有以下两个性质：

（1）只有在某顶点所代表的事件发生后，从该顶点出发的各有向边所代表的活动才能开始。

（2）只有在进入某顶点的各有向边所代表的活动都已经结束，该顶点所代表的事件才能发生。

例如，图 7-24 是一个 AOE 网。其中有 9 个事件 $v_1,v_2,\cdots,v_9$；11 项活动 $a_1,a_2,\cdots,a_{11}$。每个事件表示在它之前的活动已经完成，在它之后的活动可以开始。如 v_1 表示整个工程开始，v_9 表示整个工程结束。v_5 表示活动 a_4 和 a_5 已经完成，活动 a_7 和 a_8 可以开始。与每个活动相联系的权表示完成该活动所需的时间。如活动 a_1 需要 6 天时间可以完成。其中，v_1 称为源点，是整个工程的开始，其入度为 0；v_9 为汇点，是整个工程的结束，其出度为 0。

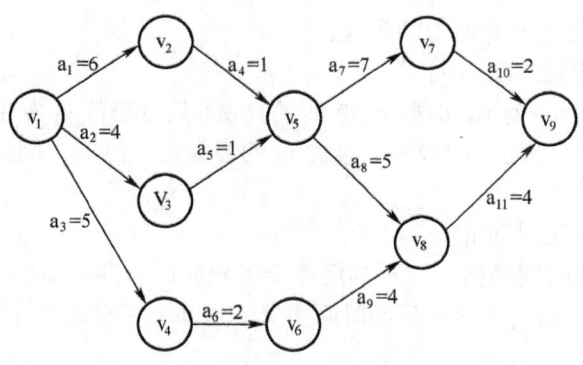

图 7-24　一个 AOE 网实例

对 AOE 网有待研究的问题是：

（1）完成整个工程至少需要多少时间；

（2）哪些活动是影响工程进度的关键。

为了求解这两个问题，就需要求解 AOE 网的关键路径。

2．关键路径的概念

由于 AOE 网中的某些活动能够同时进行，故完成整个工程所必须花费的时间应该为源点到汇点的最大路径长度（这里的路径长度是指该路径上的各个活动所需时间之和）。具有最大路径长度的路径称为关键路径。关键路径上的活动称为关键活动。

显然，关键路径长度是整个工程所需的最短工期。这就是说，要缩短整个工期，必须加快关键活动的进度。

例如，图 7-24 所示的 AOE 网的一条关键路径是(v_1,v_2,v_5,v_7,v_9)，其路径长度为 16。

3. 关键路径的求解方法

（1）相关定义。

为了在 AOE 网中找出关键路径，需要定义几个参量，并且说明其计算方法。

① 事件的最早发生时间 ve[k]。

ve[k]是指从源点到顶点的最大路径长度代表的时间。这个时间决定了所有从顶点发出的有向边所代表的活动能够开工的最早时间。根据 AOE 网的性质，只有进入 v_k 的所有活动$<v_j,v_k>$都结束时，v_k 代表的事件才能发生；而活动$<v_j,v_k>$的最早结束时间为 ve[j]+dut($<v_j,v_k>$)。所以计算 v_k 发生的最早时间的方法如下：

$$\begin{cases} ve[1]=0 \\ ve[k]=Max\{ve[j]+dut(<v_j,v_k>)\}\ <v_j,v_k>\in p[k] \end{cases}$$ （7-1）

其中，p[k]表示所有到达 v_k 的有向边的集合；dut($<v_j,v_k>$)为有向边$<v_j,v_k>$上的权值。

② 事件的最迟发生时间 vl[k]。

vl[k]是指在不推迟整个工期的前提下，事件 v_k 允许的最晚发生时间。设有向边$<v_j,v_k>$代表从 v_k 出发的活动，为了不拖延整个工期，v_k 发生的最迟时间必须保证不推迟从事件 v_k 出发的所有活动$<v_j,v_k>$的终点 v_j 的最迟时间 vl[j]。vl[k]的计算方法如下：

$$\begin{cases} vl[n]=ve[n] \\ vl[k]=Min\{vl[j]-dut(<v_k,v_j>)\}\ <v_k,v_j>\in s[k] \end{cases}$$ （7-2）

其中，s[k]为所有从 v_k 发出的有向边的集合。

③ 活动 a_i 的最早开始时间 e[i]。

若活动 a_i 是由弧$<v_k,v_j>$表示，根据 AOE 网的性质，只有事件 v_k 发生了，活动 a_i 才能开始。也就是说，活动 a_i 的最早开始时间应等于事件 v_k 的最早发生时间。因此，有：

e[i]=ve[k] （7-3）

④ 活动 a_i 的最晚开始时间 l[i]。

活动 a_i 的最晚开始时间是指，在不推迟整个工程完成日期的前提下，必须开始的最晚时间。若由弧$<v_k,v_j>$表示，则 a_i 的最晚开始时间要保证事件 v_j 的最迟发生时间不拖后。因此，应该有：

l[i]=vl[j]-dut($<v_k,v_j>$) （7-4）

（2）求解方法。

① 对 AOE 网进行拓扑排序，拓扑排序过程中从源点开始按拓扑序列的顺序求出每个事件的最早发生时间 ve[i]；

② 按逆拓扑序列的顺序从汇点开始求每个事件的最晚发生时间 vl[i]；

③ 求出每个活动 a_i 的最晚开始时间 l[i]与最早开始时间 e[i]；

④ 找出 l[i]=e[i]的活动即为关键活动，关键活动所在的路径就关键路径。

对于图 7-24 所示的 AOE 网，按以上步骤的计算结果如图 7-25 所示，可得到 a_1，a_4，a_7，a_8，a_{10}，a_{11} 是关键活动。

顶点	ve[i]	vl[i]
v_1	0	0
v_2	6	6
v_3	4	6
v_4	5	6
v_5	7	7
v_6	7	8
v_7	14	14
v_8	12	12
v_9	16	16

活动	e[i]	l[i]	l[i]-e[i]
a_1	0	0	0
a_2	0	2	2
a_3	0	1	1
a_4	6	6	0
a_5	4	6	2
a_6	5	6	1
a_7	7	7	0
a_8	7	7	0
a_9	7	8	1
a_{10}	14	14	0
a_{11}	12	12	0

（a）顶点发生时间　　　　　　　　　　　　（b）活动的开始时间

图 7-25　关键路径计算示例

　　求出 AOE 网中所有关键活动后，只要删去 AOE 网中所有的非关键活动，即可得到 AOE 网的关键路径。这时从开始顶点到达完成顶点的所有路径都是关键路径。一个 AOE 网的关键路径可以不止一条，如图 7-24 的 AOE 网中有二条关键路径，分别为$(v_1, v_2, v_5, v_7, v_9)$和$(v_1, v_2, v_5, v_8, v_9)$，它们的路径长度都是 16，如图 7-26 所示。

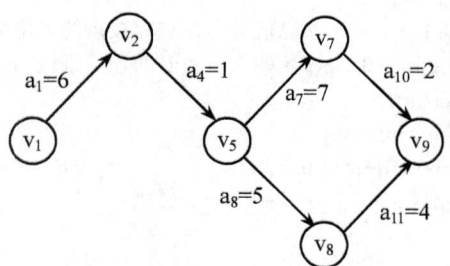

图 7-26　图 7-24 所示 AOE 网的关键路径

4. 关键路径算法设计

　　求每个顶点最早发生的时间函数 Topo_Order() 与拓扑排序函数 Topo_Sort() 类似，主要增加两个功能，一是按拓扑排序顶点顺序，将每次得到的顶点压入栈 t 中，在 Criticalpath() 函数中将栈 t 依次出栈，就实现了按逆拓扑序列的顺序从汇点开始求每个事件的最晚发生时间 vl；二是在拓扑排序过程中求得每个顶点的 ve。注意：ve 被定义为一个全局的数组，这样保证 Criticalpath() 函数可以直接使用它。Criticalpath() 函数前半部分主要是求每个顶点的最迟发生时间，后半部分主要是求每个事件的 e 和 l，最后打印输出关键活动。具体算法见 7-11。

【算法 7-11】

```
int Topo_Order(ALGraph *G,SqStack *t)
{//对邻接链表存储的图 G 在拓扑排序过程中求出每个顶点 ve（全局变量），
 //并将顶点依次压入栈 t。s 为零入度顶点栈。无回路返回 1，否则为 0
```

```
        int i,j,k,*indegree;
        EdgeNode *ptr;
        SqStack *s;
        InitStack(&s);
        indegree=(int *)malloc(sizeof(int)*(G->n));
        findIndegree(*G,indegree);//求各顶点的入度
        for(i=0;i<G->n;i++)
            ve[i]=0;
        for(i=0;i<G->n;i++)//依次将入度为 0 的顶点压入链式栈
            if(indegree[i]==0)
                Push(s,i);
        for(i=0;i<G->n;i++)
        {
            if (EmptyStack(*s))
            {
                printf("The network has a cycle");
                return 0;
            }
            Pop(s,&j);     //从栈中退出一个顶点并输出
            Push(t,j);     //将顶点压入栈 t
            ptr=G->adjlist[j].firstedge;
            while(ptr!=NULL)
            {
                k=ptr->adjvex;
                indegree[k]--;        //当前输出顶点邻接点的入度减 1
                if(indegree[k]==0)    //新的入度为 0 的顶点进栈
                    Push(s,k);
                if(ve[j]+ptr->info>ve[k])
                    ve[k]=ve[j]+ptr->info;
                ptr=ptr->next;        //找到下一个邻接点
            }
        }
        free(indegree);
        return 1;
}

int Criticalpath(ALGraph *G)
{
        SqStack *t;
        int i,j,k,*vl,e,l,dut;
        EdgeNode *ptr;
        char tag;
        InitStack(&t);
        vl=(int *)malloc(sizeof(int)*(G->n));//事件最迟发生时间
        if(!Topo_Order(G,t))//求事件最早发生时间
            return 0;
```

```
for(i=0;i<G->n;i++)//初始化顶点事件的最迟发生时间
    vl[i]=ve[G->n-1];
while(!EmptyStack(*t))
{
    Pop(t,&j);
    ptr=G->adjlist[j].firstedge;
    while(ptr!=NULL)
    {
        k=ptr->adjvex;
        dut=ptr->info;
        if(vl[k]-dut<vl[j])
            vl[j]=vl[k]-dut;
        ptr=ptr->next;
    }
}
for(j=0;j<G->n;j++)//求 e、l 和关键活动
{
    for(ptr=G->adjlist[j].firstedge;ptr;ptr=ptr->next)
    {
        k=ptr->adjvex;
        dut=ptr->info;
        e=ve[j];
        l=vl[k]-dut;
        tag=(e==l)?'*':' ';
        printf("<%d,%d> e=%d l=%d %c\n",j,k,e,l,tag);
    }
}
free(vl);
return 1;
}
```

7.6 最短路径

    对于无权图，若从一个顶点到另一个顶点存在一条路径，则称该路径的路径长度为该路径上所经过的边的数目。图中从一个顶点到另一个顶点可能存在多条路径，我们把路径长度最短的那条路径称为最短路径，其路径长度称为最短路径长度或最短距离。

    对于有权图，若从一个顶点到另一个顶点存在一条路径，考虑到边上的权值，通常把路径上所经过边的权值之和为该路径上的带权路径长度。网中从一个顶点到另一个顶点可能存在多条路径，我们把带权路径长度最短的那条路径也称为最短路径，其带权路径长度也称为最短路径长度或最短距离。

    最短路径问题是图的又一个比较典型的应用问题。例如，某一地区的一个公路网，给定了该网内的 n 个城市以及这些城市之间的相通公路的距离，能否找到城市 A 到城市 B 之间一条距离最近的通路呢？如果将城市用点表示，城市间的公路用边表示，公路的长度作为边的权值，那么，这个问题就可归结为在网图中，求点 A 到点 B 的所有路径中，边的权值之和最短

的那一条路径。在非网图中，假定边的权值都为 1，就可以将它转换为网图。下面用带权的有向图为例，讨论两种最常见的最短路径问题。

7.6.1　单源最短路径

设有向网 G=(V,E)中含有 n 个顶点，分别为 v_0，v_1，…，v_{n-1}，且各边上的权值均为非负，给定 G 的一个顶点 s，现在要求从 s 到其余各个顶点的最短路径长度，s 称为源点。这就是单源最短路径问题。

例如，在图 7-27（a）所示的有向图中，源点为 v_0，图 7-27（b）给出了从 v_0 到其余各个顶点的最短路径及其路径长度。

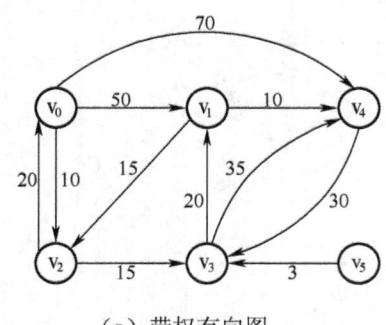

源点	终点	最短路径	路径长度
v_0	v_1	(v_0,v_2,v_3,v_1)	45
	v_2	(v_0,v_2)	10
	v_3	(v_0,v_2,v_3)	25
	v_4	(v_0,v_2,v_3,v_1,v_4)	55
	v_5	—	∞

（a）带权有向图　　　　　　　　　（b）顶点 v_0 的单源最短路径

图 7-27　单源最短路径示例

1. 迪杰斯特拉（dijkstra）算法思想

本节讨论单源点的最短路径问题：给定带权有向图 G=(V,E)和源点 $v \in V$，求从 v 到 G 中其余各顶点的最短路径。在下面的讨论中假设源点为 v_0。

迪杰斯特拉算法是按照从源点到其余各个顶点的最短路径长度递增的次序，来逐一求解从源点到其余各个顶点的最短路径的。该算法的基本思想是：设置两个顶点的集合 S 和 T=V-S，集合 S 中存放已找到最短路径的顶点，集合 T 存放当前还未找到最短路径的顶点。初始状态时，集合 S 中只包含源点 v_0，然后不断从集合 T 中选取到顶点 v_0 路径长度最短的顶点 u 加入到集合 S 中，集合 S 每加入一个新的顶点 u，都要修改顶点 v_0 到集合 T 中剩余顶点的最短路径长度值，集合 T 中各顶点新的最短路径长度值为原来的最短路径长度值，与顶点 u 的最短路径长度值加上 u 到该顶点的路径长度值中的较小值。此过程不断重复，直到集合 T 的顶点全部加入到 S 中为止。

2. 迪杰斯特拉算法求解过程

首先，引进一个辅助向量 D，它的每个分量 D[i]表示当前所找到的从始点 v 到每个终点 v_i 的最短路径的长度。它的初态为：若从 v 到 v_i 有弧，则 D[i]为弧上的权值；否则置 D[i]为∞。显然，长度为：

$$D[j]=Min\{D[i]| v_i \in V\}$$

的路径就是从 v 出发的长度最短的一条路径，此路径为(v,v_j)。

那么，下一条长度次短的路径是哪一条呢？假设该次短路径的终点是 v_k，则可想而知，这条路径或者是(v,v_k)，或者是(v,v_j,v_k)。它的长度或者是从 v 到 v_k 的弧上的权值，或者是 D[j]

和从 v_j 到 v_k 的弧上的权值之和。

依据前面介绍的算法思想，在一般情况下，长度次短的路径的长度必是：

D[j]=Min{D[i]| v_i∈V-S}

其中，D[i]或者等于弧(v,v_i)上的权值，或者是 D[k]（v_k∈S）与弧(v_k,v_i)上的权值之和。

根据以上分析，可以得到如下描述的算法：

（1）假设用带权的邻接矩阵 edges 来表示带权有向图，edges[i][j]表示弧<v_i,v_j>上的权值。若<v_i,v_j>不存在，则置 edges[i][j]为∞（在计算机上可用允许的最大值代替）。S 为已找到从 v 出发的最短路径的终点的集合，它的初始状态为空集。那么，从 v 出发到图上其余各顶点（终点），v_i 可能达到最短路径长度的初值为：

D[i]=edges[LocateVex(G,v)][i]，v_i∈V

（2）选择 v_j，使得：

D[j]=Min{D[i]| v_i∈V-S}

v_j 为当前求得的一条从 v 出发的最短路径的终点，令：

S=S∪{v_j}

（3）修改从 v 出发到集合 V-S 上任一顶点 v_k 可达的最短路径长度，如果：

D[j]+edges[j][k]<D[k]

则修改 D[k]为：

D[k]=D[j]+edges[j][k]

重复操作（2）、（3）共 n-1 次。由此求得从 v 到图上其余各顶点的最短路径是依路径长度递增的序列。

对于图 7-27（a）所示的有向网，以 v_0 为源点，用迪杰斯特拉算法求解单源最短路径的过程如表 7-2 所示。

表 7-2　v_0 到其余各个顶点的最短路径的求解过程

集合 s	当前路径长度					最短路径长度	最短路径终点	前方顶点	路径
	D[v_1]	D[v_2]	D[v_3]	D[v_4]	D[v_5]	D[k]	k	path[k]	
v_0	50	10	∞	70	∞	10	v_2	v_0	v_0,v_2
v_0,v_2	50		25	70	∞	25	v_3	v_2	v_0,v_2,v_3
v_0,v_2,v_3	45			60	∞	45	v_1	v_3	v_0,v_2,v_3,v_1
v_0,v_1,v_2,v_3				55	∞	55	v_4	v_1	v_0,v_2,v_3,v_1,v_4
v_0,v_2,v_3,v_1,v_4					∞	∞	v_5	—	
v_0,v_2,v_3,v_1,v_4,v_5	s=v 求解完毕								

3．迪杰斯特拉算法设计

在程序开始声明为全局变量的三个辅助数组 d[MaxVerNum]、path[MaxVerNum]、final[MaxVerNum]，每个数组的下标与顶点数组下标相对应，其中数组 d[i]用来存放源点 v 到各顶点 v_i 的最短路径；path[i]数组存放源点 v 到达 v_i 顶点最短路径的前一个顶点下标；final[i]=1 表明顶点 v_i 加入到集合 S，final[i]=0 表明 v_i 尚未加入到集合 S 中。

算法 7-12 给出了迪杰斯特拉算法的具体实现。

【算法 7-12】

```
void dijkstra(MGraph G,int v)
{//以顶点 v 为源点，求它到其余顶点的最短路径
    int i,j,k,min;
    final[v]=1;//源点 v 加入到集合 S
    for(i=0;i<G.n;i++)//初始化 V-S 中的顶点信息
        if(i!=v){
            d[i]=G.edges[v][i];
            if(G.edges[v][i]<INFINITY)path[i]=v;
            else path[i]=-1;
            final[i]=0;
        }
    for(j=1;j<G.n;j++){//求 v 到其余各顶点的最短路径
        min=INFINITY;
        for(i=0;i<G.n;i++)
            if(!final[i]&&d[i]<min)
            {   min=d[i];k=i;}//选择一条最短路径，其终点为 k
        final[k]=1;//k 加到集合 S
        for(i=0;i<G.n;i++)//k 加入后更新 v 到 V-S 剩余顶点的最短路径
            if(!final[i]&&G.edges[k][i]<INFINITY&&G.edges[k][i]+d[k]<d[i])
            {
                d[i]=G.edges[k][i]+d[k];path[i]=k;
            }
    }
}
void short_dijkstra(MGraph G,int v)
{
    int b[100];//存放 v 到各个顶点的路径
    int i,j,p,m;
    dijkstra(G,v);//调用迪杰斯特拉算法
    for(i=0;i<G.n;i++)
        if(i!=v)
        {
            printf("起点:%d,终点:%d 路径:",v,i);
            p=path[i];
            if(p==-1)printf("无\n");
            else
            {
                m=0;b[m++]=i;
                    while(p!=v){b[m++]=p;p=path[p];}
                b[m]=v;
                for(j=m;j>0;j--)printf("%d->",b[j]);
                printf("%d,长度为:%d\n",b[0],d[i]);
            }
        }
}
```

7.6.2 任意两个顶点间的最短路径

设有向网 G=(V,E)中含有 n 个顶点，分别为 v_0，v_1，…，v_{n-1}，现在要求 G 中任意两个顶点间的最短路径长度，这就是任意两个顶点间的最短路径问题。

对于此问题，若边上的权值均为非负，则可以借助于迪杰斯特拉算法来求解，即只需每次选择一个顶点为源点，重复执行迪杰斯特拉算法 n 次，便可求得任意两对顶点之间的最短路径。

但是若边上的权值可以为负，则上述方法不再适用。这里介绍一种更直观的，而且可以处理负权值的算法，即弗洛依德（floyd）算法，它从另外一个角度来计算任意两个顶点间的最短路径，它允许边上权值为负，但不允许图中存在一个负值的回路。

1. 弗洛依德（floyd）算法的基本思想

设有向网 G=(V,E)采用邻接矩阵存储结构，采用弗洛依德算法求 G 中各个顶点间的最短路径，其基本思想如下。

假设求从顶点 v_i 到 v_j 的最短路径。如果从 v_i 到 v_j 有弧，则从 v_i 到 v_j 存在一条长度为edges[i][j]的路径，该路径不一定是最短路径，尚需进行 n 次试探。首先考虑路径(v_i,v_0,v_j)是否存在（即判别弧$<v_i,v_0>$和$<v_0,v_j>$是否存在）。如果存在，则比较(v_i,v_j)和(v_i,v_0,v_j)的路径长度，取长度较短者为从 v_i 到 v_j 的中间顶点的序号不大于 0 的最短路径。假如在路径上再增加一个顶点 v_1，也就是说，如果$(v_i,…,v_1)$和$(v_1,…,v_j)$分别是当前找到的中间顶点的序号不大于 0 的最短路径，那么$(v_i,…,v_1,…,v_j)$就有可能是从 v_i 到 v_j 的中间顶点的序号不大于 1 的最短路径。将它和已经得到的从 v_i 到 v_j 中间顶点序号不大于 0 的最短路径相比较，从中选出中间顶点的序号不大于 1 的最短路径后，再增加一个顶点 v_2，继续进行试探，依次类推。在一般情况下，若$(v_i,…,v_k)$和$(v_k,…,v_j)$分别是从 v_i 到 v_k 和从 v_k 到 v_j 的，中间顶点的序号不大于 k-1 的最短路径，则将$(v_i,…,v_k,…,v_j)$和已经得到的从 v_i 到 v_j 且中间顶点序号不大于k-1 的最短路径相比较，其长度较短者便是从 v_i 到 v_j 的中间顶点的序号不大于 k 的最短路径。这样，在经过 n 次比较后，最后求得的必是从 v_i 到 v_j 的最短路径。

2. 弗洛依德算法的求解过程

设有向网 G=(V,E)采用邻接矩阵存储结构，为了描述简洁，将顶点 G.vexs[i]称为顶点 i。根据求解的基本思想，弗洛依德算法中设置了两类辅助数组，即 D 和 Path，下面分别进行介绍。

（1）辅助数组 D。

设置n+1 个二维数组，即 $D^{(-1)}$，$D^{(0)}$，$D^{(1)}$，…，$D^{(n-1)}$。其中数组元素 $D^{(k)}[i][j]$的值为顶点 i 到顶点 j 的，中间顶点序号不大于 k 的最短路径长度。规定 $D^{(-1)}$ 等于 G 各边的邻接矩阵的初始值，即 $D^{(-1)}[n][n]$=G.edges[n][n]。$D^{(n-1)}$中保存的就是图中任意两个顶点间的最短路径长度（最终结果），即 $D^{(n-1)}[i][j]$为顶点 i 到顶点 j 的最短路径。

根据弗洛依德算法思想求解 $D^{(k)}[i][j]$值的过程为：

① 若求从顶点 i 到顶点 j 的中间顶点序号不大于 k 的最短路径,不包含顶点 k，即弧$<v_i,v_k>$或弧$<v_k,v_j>$不存在，此时有式（7-5）成立。

$$D^{(k)}[i][j]=D^{(k-1)}[i][j]$$

(7-5)

② 若求从顶点 i 到顶点 j 的中间顶点序号不大于 k 的最短路径，包含顶点 k，则这条路径

可看成是$(v_i,\cdots,v_k,\cdots,v_j)$，它是由两条子路径$(v_i,\cdots,v_k)$和$(v_k,\cdots,v_j)$构成的，其长度因为是这两条子路径之和，而两条子路径应该是 v_k 没有加入的路径长度，即为中间顶点不超过 k-1 的最短路径长度，前者为 $D^{(k-1)}[i][k]$，后者为 $D^{(k-1)}[k][j]$，因此有式 7-6 成立。

$$D^{(k)}[i][j]=D^{(k-1)}[i][k]+D^{(k-1)}[k][j] \tag{7-6}$$

将式（7-5）和式（7-6）的结果进行比较，即将不包含顶点 k 和包含顶点 k 的两种情况下，得到的最短路径长度相比较，取较小者作为当前求得的顶点 i 到顶点 j 的中间顶点序号不大于 k 的最短路径长度，因此有式（7-7）成立。

$$D^{(k)}[i][j]=\min\{D^{(k-1)}[i][j],D^{(k-1)}[i][k]+D^{(k-1)}[k][j]\}, \quad 0\leqslant k\leqslant n-1 \tag{7-7}$$

（2）辅助数组 Path。

设置 n+1 个二维数组，即 $Path^{(-1)}$，$Path^{(0)}$，$Path^{(1)}$，…，$Path^{(n-1)}$。其中数组元素 $Path^{(k)}[i][j]$ 的值为顶点 i 到顶点 j 的，中间顶点序号不大于 k 的最短路径上顶点 j 的前方顶点。规定 $Path^{(-1)}$ 是开始处理前的初始化状态，$<v_i,v_j>$有弧，则 $Path^{(-1)}[i][j]=i$，否则 $Path^{(-1)}[i][j]=-1$。

Path 数组的作用是，通过其信息反向追溯构造出任意两个顶点间的最短路径。例如，顶点 i 到顶点 j 的最短路径上，最后一个顶点是 j，它的前一个顶点则是 k= $Path^{(n-1)}[i][j]$，再前一个顶点则是 k'=$Path^{(n-1)}[i][k]$……依次类推，第一个顶点是 i，最终可构造这条最短路径。

对于图 7-28 所示的有向网，现用弗洛依德算法求任意两个顶点间的最短路径长度。图 7-29 给出了求解过程。

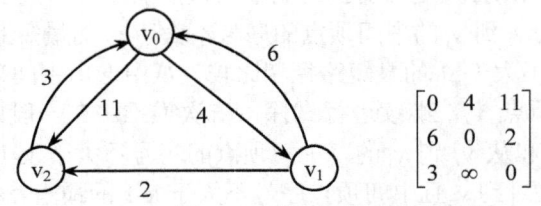

图 7-28　有向网及其邻接矩阵

$$D^{(-1)}=\begin{bmatrix} 0 & 4 & 11 \\ 6 & 0 & 2 \\ 3 & \infty & 0 \end{bmatrix} \quad D^{(-1)}=\begin{bmatrix} 0 & 4 & 11 \\ 6 & 0 & 2 \\ 3 & 7 & 0 \end{bmatrix} \quad D^{(-1)}=\begin{bmatrix} 0 & 4 & 6 \\ 6 & 0 & 2 \\ 3 & 7 & 0 \end{bmatrix} \quad D^{(-1)}=\begin{bmatrix} 0 & 4 & 6 \\ 5 & 0 & 2 \\ 3 & 7 & 0 \end{bmatrix}$$

$$Path^{(-1)}=\begin{bmatrix} -1 & 0 & 0 \\ 1 & -1 & 1 \\ 2 & -1 & -1 \end{bmatrix} \quad Path^{(0)}=\begin{bmatrix} -1 & 0 & 0 \\ 1 & -1 & 1 \\ 2 & 0 & -1 \end{bmatrix} \quad Path^{(1)}=\begin{bmatrix} -1 & 0 & 1 \\ 1 & -1 & 1 \\ 2 & 0 & -1 \end{bmatrix} \quad Path^{(2)}=\begin{bmatrix} -1 & 0 & 1 \\ 2 & -1 & 1 \\ 2 & 0 & -1 \end{bmatrix}$$

图 7-29　图 7-27 弗洛依德算法求解过程

3. 弗洛依德算法设计

在设计算法时，考虑到要节省内存空间，只定义一个二维数组 D，初始时将图的邻接矩阵 G.edges 赋值给 D，此后所有的探测过程均在数组 D 中进行，算法结束时，数组 D 中存放的就是任意两个顶点间的最短路径长度。同理，二维数组 Path 也只定义一个。弗洛依德算法的具体实现见算法 7-13。

【算法 7-13】

```
void floyd(MGraph G)
{
    int i,j,k;
    for(i=0;i<G.n;i++)
        for(j=0;j<G.n;j++)
        {
            D[i][j]=G.edges[i][j];
            if(i!=j&&G.edges[i][j]<INFINITY)
                Path[i][j]=i;
            else
                Path[i][j]=-1;
        }
    for(k=0;k<G.n;k++)
        for(i=0;i<G.n;i++)
            for(j=0;j<G.n;j++)
                if(D[i][k]+D[k][j]<D[i][j])
                {
                    D[i][j]=D[i][k]+D[k][j];
                    Path[i][j]=Path[k][j];
                }
}
void shortestPath_Floyd(MGraph G)
{
    int i,j,p,m,k;
    int b[100];
    floyd(G);
    for(i=0;i<G.n;i++)
        for(j=0;j<G.n;j++)
            if(i!=j)
            {
                printf("起点:%d,终点:%d 路径:",i,j);
                p=Path[i][j];
                if(p==-1)printf("无\n");
                else
                {
                    m=0;b[m++]=j;
                    while(p!=i){b[m++]=p;p=Path[i][p];}
                    b[m]=i;
                    for(k=m;k>0;k--)printf("%d->",b[k]);
                    printf("%d,长度为:%d\n",b[0],D[i][j]);
                }
            }
}
```

习题 7

一、选择题

1. 设有无向图 G=(V,E) 和 G'=(V',E')，如 G' 为 G 的生成树，则下面不正确的说法是＿＿＿＿＿。
   A．G' 为 G 的子图
   B．G' 为 G 的连通分量
   C．G' 为 G 的极小连通子图，且 V'=V
   D．G' 是 G 的无环子图

2. 以下说法正确的是＿＿＿＿＿。
   A．连通分量是无向图中的极小连通子图
   B．强连通分量是有向图中的极大强连通子图
   C．在一个有向图的拓扑序列中，若顶点 a 在顶点 b 之前，则图中必有一条弧 <a,b>
   D．对有向图 G，如果从任意顶点出发进行一次深度优先或广度优先搜索能访问到每个顶点，则该图一定是完全图

3. 设无向图的顶点个数为 n，则该图最多有＿＿＿＿＿条边。
   A．n-1   B．n(n-1)/2   C．n(n+1)/2   D．0   E．n^2

4. 要连通具有 n 个顶点的有向图，至少需要＿＿＿＿＿条边。
   A．n-1   B．n   C．n+1   D．2n

5. 在一个图中，所有顶点的度数之和等于所有边数的＿＿＿＿＿倍。
   A．1/2   B．1   C．2   D．4

6. 具有 4 个顶点的无向完全图有＿＿＿＿＿条边。
   A．6   B．12   C．16   D．20

7. 任何一个带权的无向连通图的最小生成树＿＿＿＿＿。
   A．只有一棵
   B．有一棵或多棵
   C．一定有多棵
   D．可能不存在

8. 图中有关路径的定义是＿＿＿＿＿。
   A．由顶点和相邻顶点偶对构成的边所形成的序列
   B．由不同顶点所形成的序列
   C．由不同边所形成的序列
   D．上述定义都不是

9. ＿＿＿＿＿的邻接矩阵是对称矩阵。
   A．有向图   B．无向图   C．AOV 网   D．AOE 网

10. 对于一个具有 n 个顶点的无向图，若采用邻接矩阵表示，则该矩阵的大小是＿＿＿＿＿。
    A．n   B．$(n-1)^2$ C．n-1   D．n^2

11. 对于一个具有 n 个顶点和 e 条边的无向图，若采用邻接表表示，则表头向量的大小为＿＿①＿＿；所有邻接表中的结点总数是＿＿②＿＿。
    ① A．n   B．n+1   C．n-1   D．n+e
    ② A．e/2   B．e   C．2e   D．n+e

12. 下列说法不正确的是＿＿＿＿＿。

A. 图的遍历是从给定的源点出发每一个顶点仅被访问一次

B. 遍历的基本算法有两种：深度遍历和广度遍历

C. 图的深度遍历不适用于有向图

D. 图的深度遍历是一个递归过程

13. 已知一个图如图 7-30 所示，若从顶点 a 出发按深度搜索法进行遍历，则可能得到的一种顶点序列为 ___①___；按广度搜索法进行遍历，则可能得到的一种顶点序列为 ___②___。

① A. a,b,e,c,d,f   B. a,c,f,e,b,d   C. a,e,b,c,f,d   D. a,e,d,f,c,b

② A. a,b,c,e,d,f   B. a,b,c,e,f,d   C. a,e,b,c,f,d   D. a,c,f,d,e,b

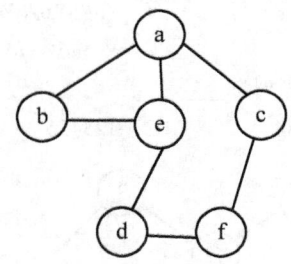

图 7-30　无向图

14. 已知一有向图的邻接表存储结构如图 7-31 所示。

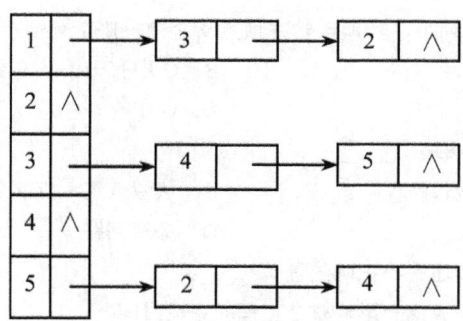

图 7-31　图的邻接表存储

（1）根据有向图的深度优先遍历算法，从顶点 v_1 出发，所得到的顶点序列是_____。

A. v_1,v_2,v_3,v_5,v_4 　　　　　　　　　　B. v_1,v_2,v_3,v_4,v_5

C. v_1,v_3,v_4,v_5,v_2 　　　　　　　　　　D. v_1,v_4,v_3,v_5,v_2

（2）根据有向图的广度优先遍历算法，从顶点 v_1 出发，所得到的顶点序列是_____。

A. v_1,v_2,v_3,v_4,v_5 　　　　　　　　　　B. v_1,v_3,v_2,v_4,v_5

C. v_1,v_2,v_3,v_5,v_4 　　　　　　　　　　D. v_1,v_4,v_3,v_5,v_2

15. 采用邻接表存储的图的深度优先遍历算法类似于二叉树的_____。

A. 先序遍历　　　　B. 中序遍历　　　　C. 后序遍历　　　　D. 按层遍历

16. 采用邻接表存储的图的广度优先遍历算法类似于二叉树的_____。

A. 先序遍历　　　　B. 中序遍历　　　　C. 后序遍历　　　　D. 按层遍历

17. 在图采用邻接表存储时，求最小生成树的 Prim 算法的时间复杂度为_____。

A．O(n)　　　　　B．O(n+e)　　　　C．O(n^2)　　　　D．O(n^3)

18．＿＿＿＿＿方法可以判断出一个有向图是否有环（回路）。

　　A．深度优先遍历　　B．拓扑排序　　　C．求最短路径　　　　D．求关键路径

19．判定一个有向图是否存在回路除了可以利用拓扑排序方法外，还可以利用＿＿＿＿＿。

　　A．求关键路径的方法　　　　　　　　B．求最短路径的 Dijkstra 方法

　　C．广度优先遍历算法　　　　　　　　D．深度优先遍历算法

20．已知有向图 G=(V,E)，其中 V={v$_1$,v$_2$,v$_3$,v$_4$,v$_5$,v$_6$,v$_7$}，E={<v$_1$,v$_2$>,<v$_1$,v$_3$>,<v$_1$,v$_4$>,<v$_2$,v$_5$>,<v$_3$,v$_5$>,<v$_3$,v$_6$>, <v$_4$,v$_6$>,<v$_5$,v$_7$>,<v$_6$,v$_7$>}，G 的拓扑序列是＿＿＿＿＿。

　　A．v$_1$,v$_3$,v$_4$,v$_6$,v$_2$,v$_5$,v$_7$　　　　　　　B．v$_1$,v$_3$,v$_2$,v$_6$,v$_4$,v$_5$,v$_7$

　　C．v$_1$,v$_3$,v$_4$,v$_5$,v$_2$,v$_6$,v$_7$　　　　　　　D．v$_1$,v$_2$,v$_5$,v$_3$,v$_4$,v$_6$,v$_7$

21．图 7-32 所示的拓扑排列的结果序列为＿＿＿＿＿。

　　A．125634　　　　　B．516234　　　　C．123456　　　　D．521634

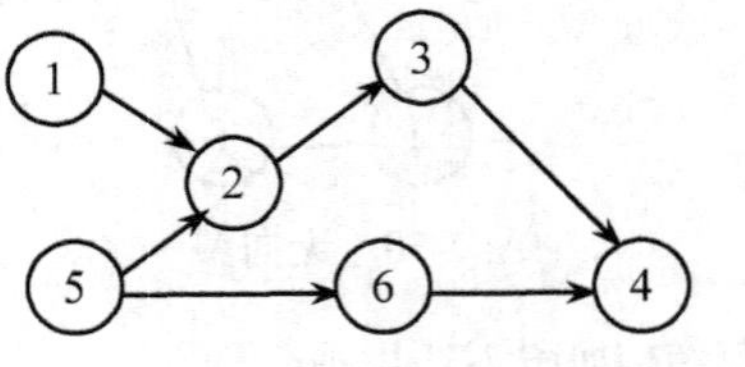

图 7-32　AOV 图

22．在有向图 G 的拓扑序列中，若顶点 v$_i$ 在顶点 v$_j$ 之前，则下列情形不可能出现的是＿＿＿＿＿。

　　A．G 中有弧<v$_i$,v$_j$>　　　　　　　B．G 中有一条从 v$_i$ 到 v$_j$ 的路径

　　C．G 中没有弧<v$_i$,v$_j$>　　　　　　D．G 中有一条从 v$_j$ 到 v$_i$ 的路径

23．关键路径是事件结点网络中＿＿＿＿＿。

　　A．从源点到汇点的最长路径　　　　　B．从源点到汇点的最短路径

　　C．最长回路　　　　　　　　　　　　D．最短回路

24．下列关于 AOE 网的叙述中不正确的是＿＿＿＿＿。

　　A．关键活动不按期完成就会影响整个工程的完成时间

　　B．任何一个关键活动提前完成，那么整个工程将会提前完成

　　C．所有的关键活动提前完成，那么整个工程将会提前完成

　　D．某些关键活动提前完成，那么整个工程将会提前完成

25．对于一个有向图，若一个顶点的入度为 k1，出度为 k2，则对应逆邻接表中该顶点单链表中的结点数为＿＿＿＿＿。

　　A．k1　　　　　　　B．k2　　　　　　C．k1-k2　　　　　D．k1+k2

二、填空题

1．n 个顶点的连通图至少有＿＿＿＿＿条边。

2．设无向图 G 有 n 个顶点和 e 条边，每个顶点 V$_i$ 的度为 d$_i$（1≤i≤n），则 e=＿＿＿＿＿。

3．在有 n 个顶点的有向图中，若要使任意两点间可以互相到达，则至少需要＿＿＿＿＿条弧。

4．在无权图 G 的邻接矩阵 A 中，若(v$_i$,v$_j$)或<v$_i$,v$_j$>是属于图 G 的边集合，则对应元素 A[i][j]等于＿＿＿＿＿，

否则等于_____。

5. 在无向图 G 的邻接矩阵 A 中，若 A[i][j]等于 1，则 A[j][i]等于_____。

6. n 个顶点的连通图用邻接矩阵表示时，该矩阵至少有_____个非零元素。

7. 在有向图的邻接矩阵表示中，计算第 i 个顶点入度的方法是_____。

8. 已知图 G 的邻接表如图 7-33 所示，其从顶点 v₁ 出发的深度优先搜索序列为_____，其从顶点 v1 出发的广度优先搜索序列为_____。

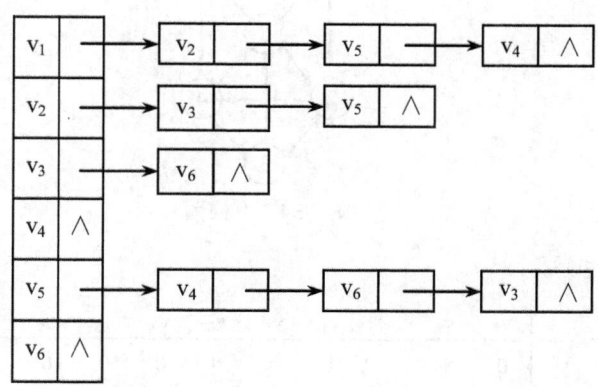

图 7-33　图的邻接表存储

9. 遍历图的过程实质上是_____。BFS 遍历图的时间复杂度为_____，DFS 遍历图的时间复杂度为_____，两者不同之处在于_____，反映在数据结构上的差别是_____。

10. 已知一无向图 G=(V,E)，其中 V={a,b,c,d,e}，E={(a,b),(a,d),(a,c),(d,c),(b,e)}，现用某一种图遍历方法从顶点 a 开始遍历图，得到的序列为 abecd，则采用的是_____遍历方法。

11. 构造连通网最小生成树的两个典型算法是_____。

12. 一个图的_____表示法是唯一的，而_____表示法是不唯一的。

13. 有向图中的结点前驱后继关系的特征是_____。

14. 无向图 G 的顶点度数最小值大于等于_____时，G 至少有一条回路。

15. Dijkstra 最短路径算法从源点到其余各顶点的最短路径的路径长度按_____次序依次产生，该算法弧上的权出现_____情况时，不能正确产生最短路径。

16. 有向图 G=(V,E)，其中 V(G)={0,1,2,3,4,5}，用<a,b,d>三元组表示弧<a,b>及弧上的权 d.E(G)为{<0,5,100>,<0,2,10>,<1,2,5>,<0,4,30>,<4,5,60>,<3,5,10>,<2,3,50>,<4,3,20>}，则从源点 0 到顶点 3 的最短路径长度是_____，经过的中间顶点是_____。

17. AOV 网中，结点表示_____，边表示_____。AOE 网中，结点表示_____，边表示_____，边上权值表示_____。

18. 在 AOE 网中，从源点到汇点路径上各活动时间总和最长的路径称为_____。

19. 在 AOV 网中，存在环意味着_____，这是_____的；对程序的数据流图来说，它表明存在_____。

三、应用题

1. 已知如图 7-34 所示的有向图，请给出该图的：

（1）每个顶点的入/出度；

（2）邻接距阵；

（3）邻接表；

（4）逆邻接表；

（5）强连通分量。

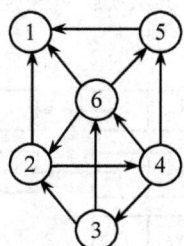

图 7-34　有向图

2．已知图的邻接矩阵为：

	v_1	v_2	v_3	v_4	v_5	v_6	v_7	v_8	v_9	v_{10}
v_1	0	1	1	1	0	0	0	0	0	0
v_2	0	0	0	1	1	0	0	0	0	0
v_3	0	0	0	1	0	1	0	0	0	0
v_4	0	0	0	0	0	1	1	0	1	0
v_5	0	0	0	0	0	0	1	0	0	0
v_6	0	0	0	0	0	0	0	1	1	0
v_7	0	0	0	0	0	0	0	0	1	0
v_8	0	0	0	0	0	0	0	0	0	1
v_9	0	0	0	0	0	0	0	0	0	1
v_{10}	0	0	0	0	0	0	0	0	0	0

当用邻接表作为图的存储结构，且邻接表都按序号从大到小排序时，试写出：

（1）以顶点 v_1 为出发点的唯一的深度优先遍历；

（2）以顶点 v_1 为出发点的唯一的广度优先遍历；

（3）该图唯一的拓扑有序序列。

3．求构造图 7-35、图 7-36 所示的最小生成树。

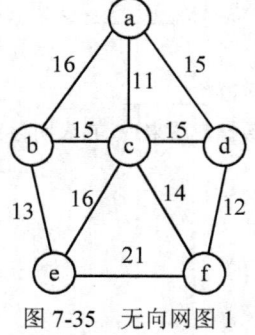

图 7-35　无向网图 1

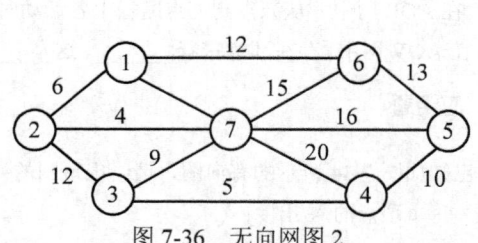

图 7-36　无向网图 2

4．已知世界六大城市为：北京（Pe）、纽约（N）、巴黎（Pa）、伦敦（L）、东京（T）、墨西哥（M），表 7-3 给定了这六大城市之间的交通里程：

表 7-3　世界六大城市交通里程表（单位：百公里）

	Pe	N	Pa	L	T	M
Pe		109	82	81	21	124
N	109		58	55	108	32
Pa	82	58		3	97	92
L	81	55	3		95	89
T	21	108	97	95		113
M	124	32	92	89	113	

（1）画出这六大城市的交通网络图；

（2）画出该图的邻接表表示法；

（3）画出该图按权值递增的顺序来构造的最小（代价）生成树。

5．已知 AOE 网有 9 个结点：v_1，v_2，v_3，v_4，v_5，v_6，v_7，v_8，v_9，其邻接矩阵如下：

（1）请画出该 AOE 图；

（2）计算完成整个计划需要的时间；

（3）求出该 AOE 网的关键路径。

∝	6	4	5	∝	∝	∝	∝	∝
∝	∝	∝	1	∝	∝	∝	∝	∝
∝	∝	∝	1	∝	∝	∝	∝	∝
∝	∝	∝	∝	2	∝	∝	∝	∝
∝	∝	∝	∝	∝	9	7	∝	∝
∝	∝	∝	∝	∝	∝	4	∝	∝
∝	∝	∝	∝	∝	∝	∝	2	∝
∝	∝	∝	∝	∝	∝	∝	∝	4
∝	∝	∝	∝	∝	∝	∝	∝	∝

四、编程题

1．假设以邻接矩阵作为图的存储结构，编写算法判别在给定的有向图中是否存在一个简单有向回路，若存在，则以顶点序列的方式输出该回路（找到一条即可）。注：图中不存在顶点到自己的弧。

2．设计一个算法将一个无向图的邻接矩阵转换成邻接链表。

3．已知无向图采用邻接表存储方式，试写出删除边(i,j)的算法。

4．利用广度优先搜索判别，以邻接链表方式存储的有向图中是否存在由顶点 v_i 到顶点 v_j 的路径（i≠j）。

5．设计一个算法，删除无向图的邻接矩阵中给定的顶点。

6．以邻接矩阵作为图的存储结构，设计一个深度优先遍历图的非递归算法。

7．设计一个算法，采用邻接表存储 AOV 网，用深度优先遍历法进行拓扑排序，检测其中是否存在环。

第8章 查找

为了取得某一条数据，必须扫描某一范围的数据，这个扫描的过程就是查找（search）。查找是生活中经常用到的一个操作，如在英汉字典中查找某个英文单词的中文解释；在新华字典中查找某个汉字的读音、含义；在对数表、平方根表中查找某个数的对数、平方根；邮递员送信件要按收件人的地址确定位置等。可以说查找是为了得到某个信息而常进行的工作。通过本章的学习，读者应该掌握以下内容：

- 基本概念与术语；
- 静态查找表；
- 动态查找表；
- 哈希表查找（杂凑法）。

8.1 基本概念

在日常生活中，人们几乎每天都要进行"查找"工作。如在学生成绩表中查找某位学生的成绩，在图书馆的书目中查找某书的编号或某位作者所编书籍的书名等。为了便于说明，首先介绍一些与查找相关的基本概念。

8.1.1 相关术语

1. 关键字

关键字是数据元素（或记录）中某个项或组合项的值，用它可以标识一个数据元素（或记录）。能唯一确定一个数据元素（或记录）的关键字，称为主关键字；而不能唯一确定一个数据元素（或记录）的关键字，称为次关键字。

2. 查找表

查找表是由具有同一类型（属性）的数据元素（或记录）组成的集合。分为静态查找表和动态查找表两类。

静态查找表：仅对查找表进行查找操作，而不能改变表的结构。

动态查找表：对查找表除进行查找操作外，可能还要向表中插入新的数据元素，或删除表中已存在的数据元素，即可以改变表的结构。

3. 查找

在查找表中确定一个关键字等于给定值的数据元素的过程称为查找。若在查找表中找到这样的数据元素，则称查找成功，结束查找过程，并给出找到的数据元素的信息，或指示该数据元素的位置。要是整个表检测完，还没有找到，则查找失败，此时，查找结果应给出一个查找失败的信息。

4. 平均查找长度

在各种查找问题中，虽然不同数据元素的数据域差别很大，但查找算法只与数据元素的关键字有关，与其他域无关，由于查找运算的主要操作是将数据元素的关键字和给定值进行比较，所以，通常把查找过程中对关键字的比较次数作为衡量一个查找算法优劣的标准。因而就把查找过程中关键字的平均比较次数称为平均查找长度（average search length），通常用 ASL 表示。对于有 n 条记录的查找表，查找某记录成功时的平均查找长度定义为：

$$ASL=\sum_{i=1}^{n}p_i \times C_i$$

其中，n 为查找表中的记录个数，p_i 为查找第 i 个记录的概率，如果待查找的记录都存在的话，则有 $p_1+p_2+\cdots+p_n=1$，通常情况下，我们认为在查找表中查找每一个记录的概率是相等的，即 $p_1=p_2=\cdots=p_n=1/n$；c_i 为查找第 i 个记录所需进行的比较次数。

查找成功和查找失败的平均查找长度通常不同。查找成功时的平均查找长度用 ASL_{succ} 表示，查找失败时的平均查找长度用 ASL_{fail} 表示。

8.1.2 查找表结构

查找算法的性能直接依赖于查找表的数据结构。因此，要实现一种查找技术，必须完成以下几方面的工作：

（1）建立查找表的数据结构。

（2）设计查找算法。

（3）维护数据结构，实现插入、删除等操作。

对于用不同方式组织起来的查找表，相应的查找方法也不相同。反过来，为了提高查找速度，又往往采用某种特殊的组织方式来组织需要查找的信息，例如，查找某一英文单词时，因为英语词典是按照字母顺序编排的，可以采用折半查找，先在英语词典中间找一个位置，确定一个范围，再逐步缩小这个范围，最后找到需要的单词。又例如，查找电话号码时，需要先搜索电话号码簿的分类目录，找到通话对方所属类别在号码簿中的开始页数，再到该类中顺序查找。这就是分块（索引顺序）查找方法，其组织方式就是索引结构。

在详细介绍各种方法前，本章约定查找表的数据元素类型如下：

```
typedef struct RecType
{
    KeyType key;//关键字的类型，由用户使用时定义
    ItemType item1;//数据元素的其他数据项
        …
}RecType;
```

8.2 静态查找表

在静态查找表中，"静态"的含义是指查找表一旦建立就相对稳定，不再变化或很少变化，或者说查找表的建立是一次性的。所以静态查找表的组织方式主要考虑如何提高查找效率，而不必过多考虑维护的代价。在静态查找表的组织方式中，以数组的顺序存储方式来组织查找表

是最简单的一种，本节主要介绍在静态查找表上的查找方法。

用数组的顺序存储方式来组织的静态查找表的类型定义如下：

```
#define MaxTableSize 100
typedef RecType SqList[MaxTableSize+1];
```

8.2.1　顺序查找

1. 基本思想

顺序查找的基本思想是：从顺序表的一端开始（可以从前端开始，也可以从后端开始），顺序扫描查找表，用给定记录的关键字逐个与顺序表中各记录的关键字进行比较，若在顺序表中找到待查找的记录，则查找成功，函数返回该记录在顺序表中的位置，即其在结构体数组 SqList 中的下标位置；否则查找失败，给出失败信息，函数返回 0。

在设计算法时，还可以进行优化。可以将数组 SqList 的下标为 0 的单元作为哨兵单元，即用它来存放要查找的元素 K，从下标为 1 的单元开始存储具体的数据元素。顺序查找时从后向前查找，若最终得到关键字等于 K 的数据元素的位置为 0，则说明查找失败，否则查找成功。

2. 算法描述

基于上述思想可以给出顺序查找算法，见算法 8-1。

【算法 8-1】

```
int SeqSearch(SqList R,KeyType K,int n)
{//在查找表 R[1…n]中顺序查找关键字为 K 的数据元素，n 为查找表元素个数
    int i;
    R[0].key=K;              //设置哨兵
    for(i=n;R[i].key!=K;i--);  //从表后往前找
    return i;                //若 i 为 0，查找失败，否则成果，返回下标
}
```

3. 算法分析

在算法中监视哨 R[0]的作用是为了在 for 循环中省去判定防止下标越界的条件 $i \geq 1$，从而节省比较时间。假设对查找表的记录实施查找的概率相同，即 $p_i=1/n$，在查找表中查找第 i 个记录成功时的比较次数 $c_i=n-i+1$，则对查找表实施顺序查找在查找成功时的 ASL 为：

$$ASL_{succ}=\sum_{i=1}^{n}p_ic_i=\sum_{i=1}^{n}\frac{1}{n}\times(n-i+1)=\frac{n+1}{2}$$

即在等概率的情况下，查找成功时的平均查找长度约为表长的一半。若待查找记录不在表中，则需要进行 n+1 次比较后才可确定查找失败，因此顺序查找在查找不成功时的平均查找长度为 n+1。

顺序查找的方法虽然简单，但查找效率比较低，即查找所需的时间较长。顺序查找对查找表的结构无任何要求，无论是用数组还是用链表来存放数据元素，也无论数据元素之间是否按关键字有序，其都适用。

8.2.2　二分查找

1. 基本思想

二分查找（binary search）也称为折半查找，它是查找一个已排序的文件的最好方法，其

前提条件是要求查找表中的记录按关键字有序。它不像顺序查找那样用待查找记录与查找表中的记录逐个比较，而是以跳跃的方式进行查找，当一次查找的记录不是所要查找的记录时，可以确定待查找记录在查找表中的范围，然后在缩小了的查找范围中继续查找，直到找到或找不到该记录为止。

若 n 个记录是有序的，则对给定值 K 进行二分查找的基本思想是：首先取查找表中间位置上的记录的关键字和给定值 K 进行比较，若相等，则查找成功；若给定值比中间位置上的记录的关键字小，则说明所查记录可能在表的左半部分；若给定值比中间位置上的记录的关键字大，则说明所查记录可能在表的右半部分。然后取要查的记录可能在表的左或右半部分作为新的查找范围，再进行二分查找……。可以看出，经过一次关键字的比较就缩小了一半的查找范围。如此反复下去，直到查找成功或查找区间内没有待查找记录即查找失败为止。

2．算法描述

假设查找表中有 n 个记录，变量 Low 和 High 分别指向查找表当前查找范围的上界和下界，变量 Mid 指向该范围的中间位置即 Mid=(Low+High)/2，初始值 Low=1，High=n，则折半查找的算法描述如算法 8-2 所示。

【算法 8-2】

```
int BinSearch(SqList R,int n,KeyType K)
{//在有序表 R[1…n]中进行二分查找，成功返回该记录在表中的位置；否则返回 0
    int Low=1,High=n,Mid;
    while(Low<=High){
        Mid=(Low+High)/2;
        if(R[Mid].key==K)
            return Mid;//查找成功，返回其下标位置
        else if(R[Mid].key<K)
            Low=Mid+1;//取右边部分
        else
            High=Mid-1;//取左边部分
    }
    return 0;
}
```

【例 8-1】 假设存在已排序数列{12,23,29,35,41,54,64,76,82}，当给定关键字 K 的值为 76 时，采用二分查找法查找的过程如下所示。

（1）令 Low=1，High=9，则 Mid=(Low+High)/2=(1+9)/2=5。用图表示如下：

12，23，29，35，41，54，64，76，82

Low　　　　　Mid　　　　　High

（2）因 k=76，R[Mid].key=41<76，则 Low=Mid+1=6，High=9，Mid=(6+9)/2=7，用图表示如下：

12，23，29，35，41，54，64，76，82

Low Mid　　High

（3）因 k=76，R[Mid].key=64<76，则 Low=Mid+1=8，High=9，Mid=(8+9)/2=8，用图表示如下：

12，23，29，35，41，54，64，76，82

         ↑ ↑ ↑

Low Mid High

  此时，R[Mid].key=76，与给定值 K 相等，查找成功，它在查找表中的位置为 8。

  3．算法分析

  在二分查找的过程中，每经过一次比较，查找范围都要缩小一半，这个过程通常可用一棵二叉树来描述，具体方法是：将第一次进行比较的排在中间位置的记录关键字作为二叉树的根结点，将排在其前面的记录关键字作为左子树的结点，排在后面的记录关键字作为右子树的结点。对于各个子树来说也是一样的，前半部分的中间记录关键字作为左子树的根结点，后半部分的中间记录关键字作为右子树的根结点，并且左子树关键字小于根结点，右子树关键字大于根结点，由此可得到一棵二叉树，称为描述二分查找的判定树（decision tree）或比较树（comparison tree），如图 8-1 所示。

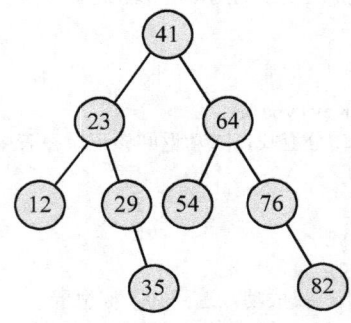

图 8-1　折半查找过程对应的二叉判定树

  在例 8-1 中，查找时首先要进行比较的记录是 R[5]，因此该二叉判定树的根结点为 41。若 x==R[5].key，则查找成功；若 x＜R[5].key，则沿着根结点的左子树继续下层结点的比较；若 x＞R[5].key，则沿着根结点的右子树继续下层结点的比较。所以一次成功的查找所需的比较次数最多不超过对应的二叉判定树的深度。例如，查找关键字为 12 的记录所走的路径为 41－23－12，比较 3 次。一次不成功的查找所需的比较次数也不会超过对应的二叉判定树的深度。如查找关键字为 82 的记录所走的路径为 41－64－76－82，比较 4 次。由二叉树的性质可知，判定树的深度为 $\lfloor \log_2 n \rfloor + 1$，因此，折半查找在查找成功与不成功时和给定值进行比较的关键字次数最多不超过 $\lfloor \log_2 n \rfloor + 1$。

  为了讨论方便，我们在求折半查找的 ASL 时，可以将二叉树的第 $\lfloor \log_2 n \rfloor + 1$ 层上的结点补齐，使之成为一棵满二叉树。由于增加这些结点后，不增加二叉判定树的深度，所以，不影响讨论结果。这样，二叉判定树的结点个数 n 与树的深度 h 的对应关系为

    $n = 2^h - 1$

则有

    $h = \lfloor \log_2 n \rfloor + 1$

  由满二叉树的特征可知，树中层次为 1 的结点数有 1 个，层次为 2 的结点数有 2 个，层次为 3 的结点数有 4 个，层次为 h 的结点数有 2^{h-1} 个。假设查找表中每个记录的查找概率相等，即 $p_i = 1/n$，则折半查找在查找成功时的 ASL_{succ} 为

$$ASL_{succ}=\sum_{i=1}^{n}p_ic_i=\frac{1}{n}\times[(1\times1)+(2\times2)+(3\times4)+\cdots+(h\times2^{h-1})]=\frac{n+1}{n}\times\log_2(n+1)-1$$

$$\approx\log_2(n+1)-1$$

通过以上的分析可见，折半查找的效率较高，但它只适用于顺序存储的有序表，这就要求在组织查找表时，查找表中的记录必须按照关键字有序进行排列。

另外，二分查找是一种递归查找方法，请读者自行设计二分查找的递归算法。

8.2.3 分块查找

分块查找又称为索引顺序查找，是顺序查找的一种改进，其性能介于顺序查找和二分查找之间。分块查找将查找表分成若干个块，每一块中的元素存储顺序是任意的，然后再对每个块建立一个索引项，并将这些索引项顺序存储，形成一个索引表，如图 8-2 所示。

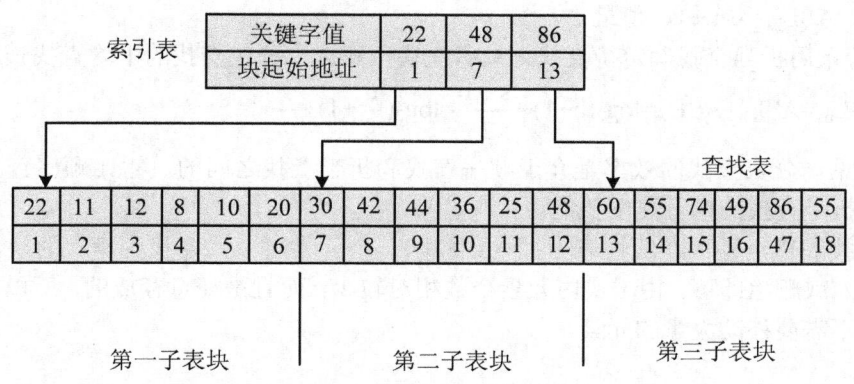

图 8-2 分块查找表结构示意图

将查找表中的 18 个记录分成三个子表(R1,R2,…,R6), (R7,R8,…,R12), (R13,R14,…,R18)，每个子表为一块。索引表按关键字值递增（或递减）顺序排列，由若干个表项组成，每个表项包括两部分内容：关键字项和指针项。关键字项中存放对应块中的最大关键字值，指针项中存放对应块中第一个记录在查找表中的位置序号（指针）。查找表可以是有序表，也可以是分块有序。分块有序是指第二个子表块中所有记录的关键字均大于第一个子表块中的最大关键字，第三子表块中的所有记录的关键字均大于第二个子表块中的最大关键字，依此类推，所以索引表一定是按关键字项有序排列的。

分块查找的基本思想是：首先用待查给定值 K 在索引表查找，因为索引表是按关键字项有序排列的，可采用二分查找或顺序查找以确定待查记录在哪一块中，然后在已确定的块中进行顺序查找，当查找表是有序表时，在块中也可用二分查找。

例如，在图 8-2 中，如果给定值 K=36，则先用 K 和索引表各关键字进行比较，因为 22＜K＜48，则关键字为 36 的记录如果存在，必定在第二个子表块中，然后从第二个子表块的第一个记录的位置序号 7 开始，按记录顺序查找，直到确定第 10 个记录是要找的记录为止，查找成功。又如当 K=26 时，则仍在第二个子表中查找，自第 7 个记录起按记录顺序查找至第 12 个记录，每个记录的关键字和 K 比较都不相等，则查找失败。

由于分块查找的过程是分两步进行的，所以在查找表中查找一个待查找记录的 ASL 为：

$$ASL_{bs}=ASL_b+ASL_w$$

其中：ASL_b 是在索引表中查找记录所在块的平均查找长度；ASL_w 是在块中查找待查找记录的平均查找长度。

假设将长度为 n 的查找表均匀地分成 b 块，每块含有 s 个记录，即 $\lfloor n/s \rfloor$，再假设查找表中查找每一个记录的概率相等，则查找索引表的概率为 1/b，在块中查找待查找记录的概率为 1/s。

（1）若采用顺序查找确定待查找记录所在块，那么，分块查找的平均查找长度为：

$$ASL_{bs}=ASL_b+ASL_w=\sum_{i=1}^{b}\frac{1}{b}\times i+\sum_{j=1}^{s}\frac{1}{s}\times j=\frac{b+1}{2}+\frac{s+1}{2}=\frac{1}{2}\times(\frac{n}{s}+s)+1$$

所以，分块查找的平均查找长度不仅与查找表的 n 有关，而且和每一块中的记录个数 s 有关。所以在给定了长度为 n 的查找表的前提下，每块中的记录个数 s 是可变的。容易证明，当 $s=\sqrt{n}$ 时，$ASL_{bs}=\sqrt{n}+1$，值最小。

（2）若采用折半查找确定待查找记录所在块，那么，分块查找的平均查找长度为：

$$ASL_{bs}=ASL_b+ASL_w=\log_2(b+1)+\frac{s+1}{2}=\log_2(\frac{n}{s}+1)+\frac{s}{2}$$

由此可见，分块查找的效率是介于顺序查找和折半查找之间的。它比顺序查找的执行速度要快，比折半查找的执行速度要慢。

分块查找的优点是：在线性表中插入或删除一个元素时，只要找到相应的块，然后在该块内进行插入或删除即可。由于块内元素个数相对较少，而且是任意存放的，所以插入或删除比较容易，不需要移动大量的元素。

8.3　动态查找表

在静态查找表中有常用的三种查找方法，其中又以二分查找效率较高。但是二分查找要求表中数据元素按关键字有序，并且不能使用链表做存储结构，当记录比较多，单个记录比较大时，这种移动操作带来的代价也是很大的，甚至会抵消二分查找法带来的优点，所以二分查找比较适合不需要插入记录的静态查找表。若要对动态查找表进行高效率的查找，可采用下面介绍的几种特殊的二叉树或树作为表的组织形式。不妨将它们统称为树表，下面将分别讨论在这些树表上进行查找的方法。

8.3.1　二叉排序树

1. 二叉排序树的定义

二叉排序树（binary sort tree）又称二叉查找树（binary search trees），其定义是：二叉排序树或者是空树，或者是满足下列性质的二叉树：

（1）若它的左子树不空，则左子树上所有结点的值都小于其根结点的值；

（2）若它的右子树不空，则右子树上所有结点的值都大于其根结点的值；

（3）它的左、右子树分别也是一棵二叉排序树。

上述定义是以递归的方式来定义二叉排序树，按此定义可知，二叉排序树实际上是增加了限制条件的特殊二叉树。这限制条件的实质就是一棵二叉排序树中任一个结点的值都大于其左子树上所有结点的值，而小于其右子树上所有结点的值，如图 8-3 所示。

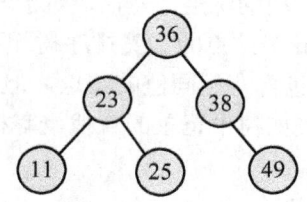

图 8-3　二叉排序树

根据二叉排序树的定义，我们可以推出它的一个重要性质：按照中序遍历一棵二叉排序树所得到的结点序列是一个递增序列，如图 8-3 所示的二叉排序树的中序序列为 {11,23,25,36,38,49}，它是一个递增有序序列，"排序树"的名称由此而来。

二叉排序树也可用二叉链表作为其存储结构，数据结点类型可定义如下：

```
typedef struct Node{
    KeyType key;                    //记录关键字项
    ItemType otherinfo;             //记录其他数据
    struct Node *lchild,*rchild;    //左右孩子指针
}BSTNode,*BSTree;
```

2.　二叉排序树的查找

在二叉排序树上进行查找的过程与二分查找的查找过程类似，也是一个逐步缩小查找范围的过程。二叉排序树上的查找过程为：

（1）若二叉排序树为空，查找失败；

（2）若二叉排序树非空，则将给定值 K 与二叉排序树的根结点的关键字值相比较：

① 若相等，则查找成功，结束查找过程；

② 若 K 小于根结点的关键字，则继续在根的左子树中查找，转向（1）；

③ 若 K 大于根结点的关键字，则继续在根的右子树中查找，转向（1）。

基于上述思想可以给出二叉排序树的查找操作算法，见算法 8-3。

【算法 8-3】

```
int SearchBST(BSTree T,KeyType K,BSTree *q)
{//在二叉排序树 T 中，查找关键字值 K。找到将该结点指针赋给 q 返回，函数返回 1
 //若未找到，q 返回查找过程中最后结点指针，函数返回 0
    BSTree p,f;
    p=T;f=NULL;//f 为 p 的双亲，初始为空
    if(p==NULL)return 0;//二叉排序树为空，查找失败
    while(p){
        if(K==p->key){*q=p;return 1;}//找到
        else if(K<p->key){f=p;p=p->lchild;}//若小于，则走左子树
        else {f=p;p=p->rchild;}//若大于，则走右子树
    }
    *q=f;return 0;//p 为空未找到，将最后结点指针返回
}
```

在二叉排序树上的查找与二分查找相似，在二叉排序树上查找其关键字等于给定值 k 的结点的过程，恰好是走了一条从根结点到该结点的路径的过程，与给定值 k 的比较次数等于其路径长度加 1，它不会超过二叉排序树的深度。然而，对于一个长度为 n 的查找表，采用二分查找时的判定树是唯一的，而含有 n 个结点的二叉排序树却不是唯一的。如图 8-4 所示的两棵具有 5 个结点的二叉排序树，它们包含有相同值的结点，但图 8-4（a）所示的树的深度为 3，图 8-4（b）所示的树的深度为 5。假如树中记录的查找概率相等，从平均查找长度来看，查找成功时图 8-4（a）所示的树的 ASL 为：

$$ASL_a = \frac{1 \times 1 + 2 \times 2 + 3 \times 2}{5} = \frac{11}{5}$$

而图 8-4（b）所示的树的 ASL 为：

$$ASL_b = \frac{1 \times 1 + 2 \times 1 + 3 \times 1 + 4 \times 1 + 5 \times 1}{5} = \frac{15}{5}$$

因此，含有 n 个结点的二叉排序树的平均查找长度跟二叉排序树的树形有关。最坏的情况是类似图 8-4（b）所示的单分支二叉排序树，它的平均查找长度和单链表上的顺序查找相似，其 ASL 值为 $(n+1)/2$。当然最好的情况是二叉排序树的树形与二分查找的判定树相同，其 ASL 值为 $\log_2 n$。

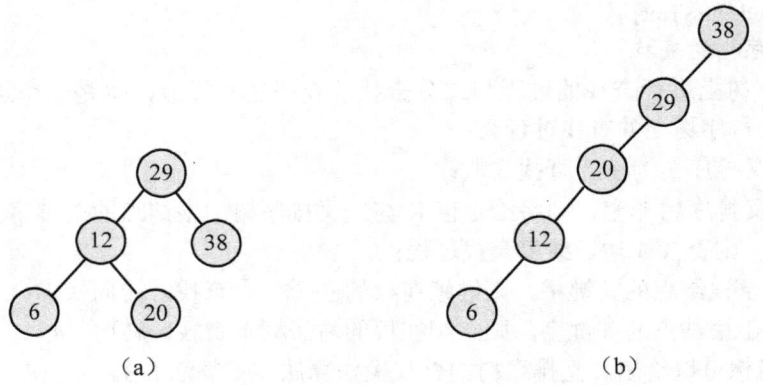

图 8-4　不同形态的二叉排序树

3. 二叉排序树的插入和创建

二叉排序树是一种动态查找表，可以在查找失败时向二叉排序树中插入一个新结点。在二叉排序树中插入新结点，要保证插入后仍满足二叉排序树的定义。其插入过程如下：

（1）若二叉排序树 T 为空，则为待插入的关键字 K 申请一个新的结点，并作为根结点插入；

（2）若二叉排序树 T 不为空，则将关键字 K 和根结点的关键字值比较：

① 若二者相等，则说明二叉排序树中已有此关键字 K，无需插入；

② 若 K 小于根结点关键字值，则为 K 申请一个新结点，并将其插入到根的左子树中；

③ 若 K 大于根结点关键字值，则为 K 申请一个新结点，并将其插入到根的右子树中。

（3）在左右两棵子树中的插入过程与在整个树中的插入过程相同。

基于上述思想，可以给出二叉排序的插入操作算法，见算法 8-4。

【算法 8-4】

```
void InsertBST(BSTree *T,BSTNode e)
```

```
{
        BSTree p=NULL,q=NULL;
        if(*T==NULL){//作为根结点插入
                p=(BSTree)malloc(sizeof(BSTNode));
                p->key=e.key;p->otherinfo=e.otherinfo;
                p->lchild=p->rchild=NULL;*T=p;
        }
        else{
                if(!SearchBST(*T,e.key,&q))//若 T 中无 e.key，则将其作为 q 孩子插入
                {
                        p=(BSTree)malloc(sizeof(BSTNode));
                        p->key=e.key;p->otherinfo=e.otherinfo;
                        p->lchild=p->rchild=NULL;
                        if(e.key<q->key)q->lchild=p;//作为 q 的左孩子插入
                        else q->rchild=p;//作为 q 的右孩子插入
                }
        }
}
```

对于插入操作，总是先查找后插入，即查找不成功，再进行插入。新插入的结点一定是一个新添加的叶子结点，并且是查找不成功时查找路径上访问的最后一个结点的左孩子或右孩子。

创建一棵二叉排序树的过程实际上是不断地向当前二叉排序树中插入新结点的过程，即从空树的状态起，每读入一个元素，就是为其分配一个新结点，然后将新结点插入到当前二叉排序树中。

【例 8-2】对于给定的关键字序列为{12,14,18,15,20,9}，则二叉排序树的生成过程如图 8-5 所示。

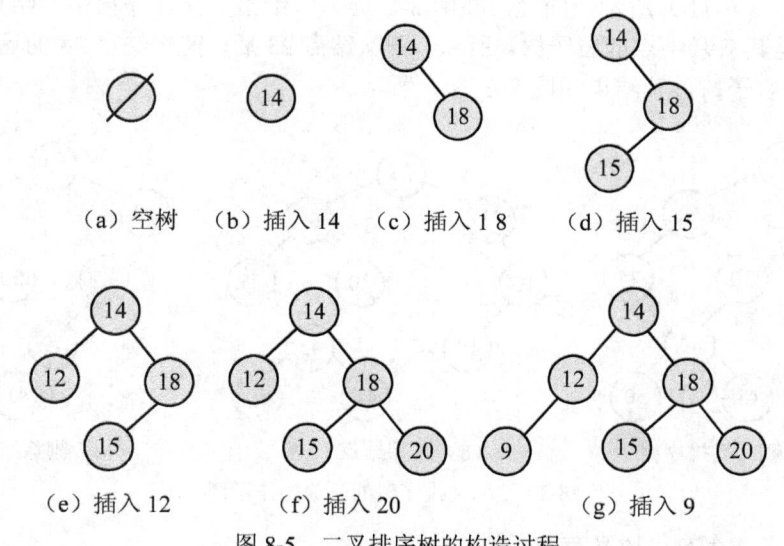

（a）空树　（b）插入 14　（c）插入 18　（d）插入 15

（e）插入 12　　（f）插入 20　　（g）插入 9

图 8-5　二叉排序树的构造过程

对于同一数组，输入的次序不同，得到的二叉排序树也不同。但所有这些二叉排序树的

中序遍历序列是相同的，即为这组数的递增有序序列。也就是说，一个无序序列通过构造一棵二叉排序树而变成一个有序序列，构造树的过程即为对无序序列进行排序的过程。构造二叉排序树的目的并非为了排序，而是用它来加速查找，这是因为在一个有序的集合上查找通常比在无序集合上查找更快。因此，人们又常将二叉排序树称为二叉查找树。

4. 二叉排序树的删除

从二叉排序树中删除一个结点，不能把以该结点为根的子树都删去，只能删除该结点，并且还要保证删除后所得的二叉树仍然是二叉排序树。若要删除的结点是叶子结点，则删除它后不会影响其余结点之间的关系，也不会破坏二叉排序树的结构。但若要删除的结点还有子孙结点，则必须在删除该结点后将其子孙结点连接到剩余的二叉排序树中，并保持二叉排序树的性质。

假设被删结点为 p，其双亲结点为 f，则删除操作的过程可按 p 结点的孩子结点的数目分为以下三种情况。

（1）p 结点为叶子结点。

若要删除的是叶子结点，则直接将其删除即可，只需将被删除结点的双亲结点的相应指针域改为空指针。

（2）p 结点只有左子树或右子树。

此时可再分两种情况：

① p 结点为双亲结点的左孩子。删除 p 结点后，直接将它的左子树或右子树变为其双亲 f 结点的左子树。

② p 结点为双亲结点的右孩子。删除 p 结点后，直接将它的左子树或右子树变为其双亲 f 结点的右子树。

例如，在图 8-6（a）中给出了一棵二叉排序树，其中结点 10 只有一棵子树，且它是其双亲结点的左子树。所以，删除结点 10 后，需将结点 10 的这棵子树变为其双亲结点 25 的左子树，其结果如图 8-6（b）所示。同理，在图 8-6（a）中给出二叉排序树中，结点 23 也只有一棵子树，且它是其双亲结点的右子树。所以，删除结点 23 后，需将结点 23 的这棵子树变为其双亲结点 10 的右子树，其结果如图 8-6（c）所示。

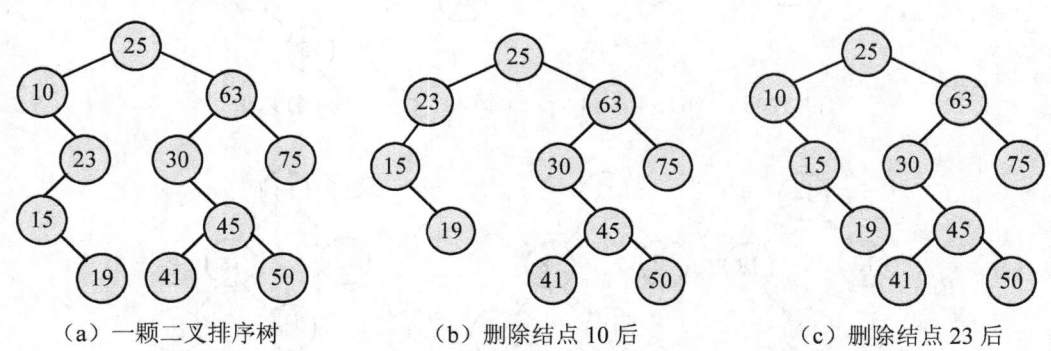

（a）一颗二叉排序树　　　　（b）删除结点 10 后　　　　（c）删除结点 23 后

图 8-6　二叉排序树的删除操作示例

（3）p 结点既有左子树又有右子树。

原理：若能找到某个结点来替代要删除的结点，将其转换为情况（1）或（2），则问题就得到解决。

删除二叉排序树中的一个结点相当于删除该二叉排序树的中序遍历序列中的一个元素，所以，可以用该二叉排序树的中序遍历序列中 p 结点的直接前驱或直接后继结点来替代 p 结点。而中序遍历序列中 p 结点的直接前驱是 p 结点的左子树中最右下结点；中序遍历序列中 p 结点的直接后继结点是 p 结点的右子树中最左下结点。

假定用 p 结点的左子树最右下结点来替代 p 结点，则删除 p 结点的方法是：用 p 结点的左子树最右下结点与 p 结点互换，然后删除互换后的 p 结点，这样就将情形（3）转换为情形（1）或（2）。因为，互换后的 p 结点要么是叶子结点，要么是只有一棵左子树的结点，否则它就不可能是最右下结点。

例如，若要删除图 8-7（a）中的结点 25，首先找到结点 25 的左子树中最右下结点，即为结点 23，将结点 25 和结点 23 互换，然后再删除结点 25，此时结点 25 最多有一棵子树，按照情况（2）中方法删除即可。图 8-7 给出了其删除过程。

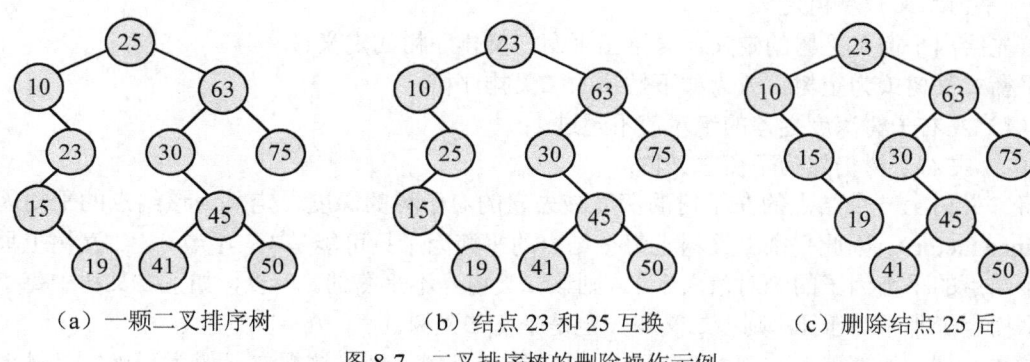

（a）一颗二叉排序树　　　　（b）结点 23 和 25 互换　　　　（c）删除结点 25 后

图 8-7　二叉排序树的删除操作示例

基于上述删除操作思想可以给出二叉排序树的删除操作算法，见算法 8-5。

【算法 8-5】

```
void DeleteBST(BSTree T,KeyType K,BSTree e)
{
    BSTree q,s,ps,pc;
    q=T;ps=NULL;pc=NULL;//ps 指向 q 的双亲
    while(q){//查找 K 结点，使 q 指向该结点，ps 则指向其双亲
        if(K==q->key)break;//找到
        else if(K<q->key){ps=q;q=q->lchild;}//若小于，走左子树
        else{ps=q;q=q->rchild;}//若大于，走右子树
    }
    if(!q)return;//没有找到
    e->key=q->key;e->otherinfo=q->otherinfo;//保存要删除结点
    if(q->lchild&&q->rchild){//要删除的结点有两棵子树，转换为（1）、（2）情形
        s=q->lchild;ps=q;
        while(s->rchild){ps=s;s=s->rchild;}//找到左子树最右下结点
        q->key=s->key;q->otherinfo=s->otherinfo;q=s;//q、s 值互换，q 指向 s 所指向结点
    }
    if(q->lchild)pc=q->lchild;//pc 指向 q 的孩子结点，最多只有 1 个孩子
    else pc=q->rchild;
```

```
            if(q==T)T=pc;//要删除的是根结点
            else if(q==ps->lchild)ps->lchild=pc;//q 是 ps 的左孩子
            else ps->rchild=pc;//q 是 ps 的右孩子
            free(q);
     }
```

8.3.2　平衡二叉树

从上节的讨论可知，二叉排序树的操作效率与其高度有关，在构造二叉排序树的过程中不对其高度加以控制，它的高度主要是受到插入次序的影响。由于数据集是动态变化的，插入次序是由问题决定的，并不确定，所以二叉排序树的高度就具有不确定性，通常它的形态总不匀称（单支结点较多）。如果在构造过程中，能够找到一种方法对其高度加以控制，一旦发现其形态变差，就加以校正，使其保持较匀称状态，1962 年，G.M.Adel'son-Vel'sky 和 E.M.Landis 共同提出了平衡二叉树（balanced binary tree）的概念。

1. 平衡二叉排序树定义

首先给出平衡二叉树的定义，再给出平衡二叉排序树的定义。

平衡二叉树或为空树，或为如下性质的二叉排序树：

（1）左右子树深度之差的绝对值不超过 1；

（2）左右子树仍然为平衡二叉树。

将二叉树上一个结点的左子树的深度减去它的右子树的深度，定义为该结点的平衡因子（balance factor）。因此平衡二叉树上每个结点的平衡因子只可能是 1、-1 或 0。二叉树上只要有一个结点的平衡因子的绝对值大于 1，则该二叉树是不平衡的。所以，如果二叉树中每个结点的平衡因子小于等于 1，则该二叉树一定是平衡二叉树。

如果一棵二叉树既是二叉排序树，又是平衡二叉树，则称这棵二叉树为平衡二叉排序树（balance binary sort trees），如图 8-8（a）所示就是一棵平衡二叉排序树。

平衡二叉排序树的类型定义与二叉排序树的类型定义基本相同，仅多了一个平衡因子域，其类型定义如下：

```
        typedef struct Node{
            KeyType key;                    //记录关键字项
            ItemType otherinfo;             //记录中的其他数据
            int bf;                         //平衡因子
            struct Node *lchild,*rchild;    //左右孩子指针
        }BBSTNode,*BBSTree;
```

在图 8-8 中给出了两棵二叉排序树，每个结点旁边所标注数字是以结点为根的二叉树中，左子树与右子树的高度之差，这个数字就是平衡因子。在图 8-8（b）所示的二叉树中，其平衡因子的绝对值大于 1，因而不是一棵平衡二叉树。

2. 平衡二叉树算法思想

一般情况下，只有新插入结点的祖先结点的平衡因子受影响，以这些祖先结点为根的子树才有可能失衡。下层的祖先结点恢复平衡，将使上层的祖先恢复平衡，因此应该调整最下面的失衡子树。因为平衡因子为 0 的祖先不可能失衡，所以从新插入结点开始向上，遇到的第一个平衡因子不等于 0 的祖先结点为第一个可能失衡的结点，如果失衡，则应该调整以该结点为根的子树。失衡的情况不同，调整的方法也不同。失衡类型及相应的调整方法可归纳为以下四种。

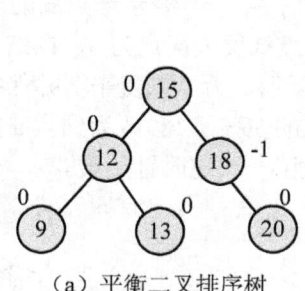

（a）平衡二叉排序树　　　　　　（b）非平衡二叉排序树

图 8-8　平衡二叉树示例

（1）LL 型平衡旋转法。

在图 8-9 中 aR 表示结点 a 的右子树，bL 表示结点 b 的左子树，bR 表示结点 b 的右子树，并且 aR、bL、bR 深度相同。假设最低层失衡点为 a，在结点 a 的左子树的左子树上插入新结点 x，导致失衡，如图 8-9（b）所示。为了恢复平衡并保持二叉排序树的特性，可将结点 a 改为结点 b 的右孩子，结点 b 原来的右孩子 bR 改为结点 a 的左孩子，如图 8-9（c）所示。这相当于以结点 b 为轴，对结点 a 做了一次顺时针旋转。

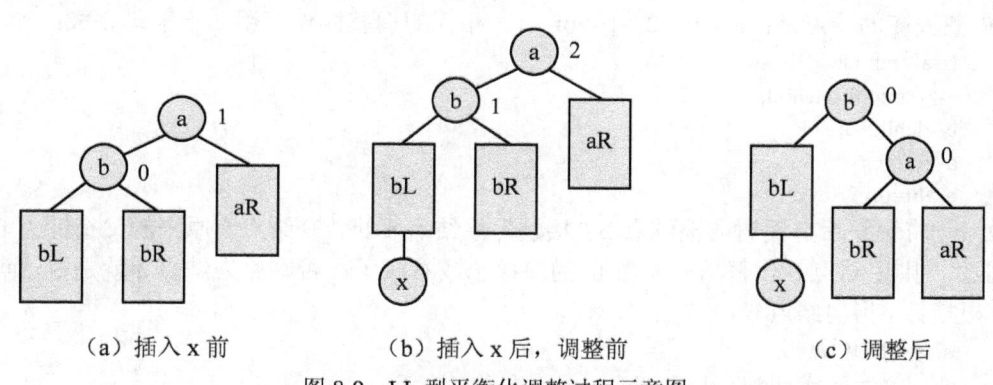

（a）插入 x 前　　　　　（b）插入 x 后，调整前　　　　　（c）调整后

图 8-9　LL 型平衡化调整过程示意图

为了便于描述，这里用图中表示结点的字母来表示指向该结点到的指针。LL 型失衡的特点是：a->bf=2，b->bf=1。相应的调整操作可用如下语句完成：

```
b=a->lchild;
a->lchild=b->rchild;
b->rchild=a;
a->bf=0;
a->bf=0;
```

最后，将调整后二叉树的根结点 b "接到" 原结点 a 处。令结点 a 原来的父指针为 fa，如果 fa 非空，则用结点 b 代替结点 a 做 fa 的左孩子或右孩子；否则原来结点 a 就是根结点，此时应令根指针 t 指向结点 b：

```
if(fa==NULL)t=b;
else if(a==fa->lchild)fa->lchild=b;
else fa->rchild=b;
```

（2）RR 型平衡旋转法。

RR 型与 LL 型对称。在图 8-10 中 aL 表示结点 a 的左子树，bL 表示结点 b 的左子树，bR 表示结点 b 的右子树，并且 aL、bL、bR 深度相同。假设最低层失衡点为 a，在结点 a 的右子树的右子树上插入新结点 x，导致失衡，如图 8-10（b）所示。为了恢复平衡并保持二叉排序树的特性，可将结点 a 改为结点 b 的左孩子，结点 b 原来的左孩子 bL 改为结点 a 的右孩子，如图 8-9（c）所示。这相当于以结点 b 为轴，对结点 a 做了一次逆时针旋转。

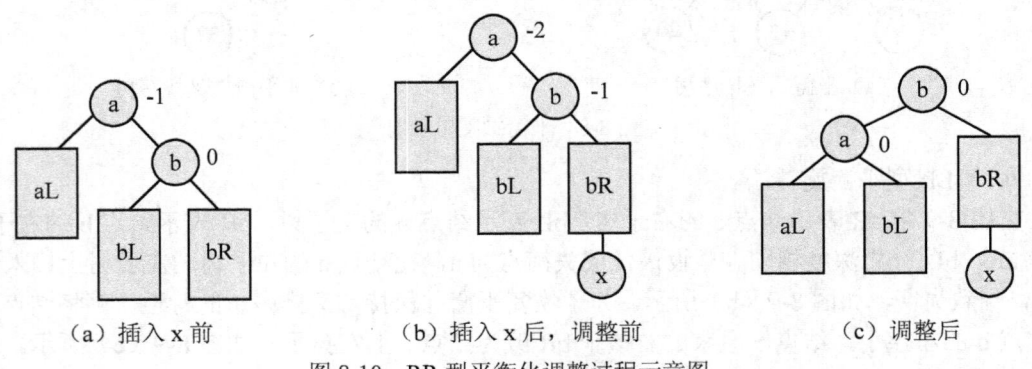

（a）插入 x 前　　　　　（b）插入 x 后，调整前　　　　　（c）调整后

图 8-10　RR 型平衡化调整过程示意图

RR 型失衡的特点是：a->bf=-2，b->bf=-1。相应的调整操作可用如下语句完成：

```
b=a->rchild;
a->rchild=b->lchild;
b->lchild=a;
a->bf=0;
a->bf=0;
```

最后，将调整后二叉树的根结点 b "接到" 原结点 a 处。令结点 a 原来的父指针为 fa，如果 fa 非空，则用结点 b 代替结点 a 做 fa 的左孩子或右孩子；否则原来结点 a 就是根结点，此时应令根指针 t 指向结点 b：

```
if(fa==NULL)t=b;
else if(a==fa->lchild)fa->lchild=b;
else fa->rchild=b;
```

（3）LR 型平衡旋转法。

在图 8-11 中 bL 是 b 结点的左孩子，cL、cR 分别表示 c 结点的左、右孩子，aR 表示 a 结点的右孩子，cL 与 cR 深度相同，bL 与 aR 深度相同，且 bL、aR 的深度比 cL、cR 的深度大 1。

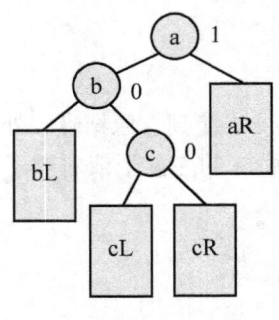

图 8-11　插入 x 前

假设最低层失衡点为 a，在结点 a 的左子树的右子树上插入新结点 x，导致失衡，如图 8-12
（a）和如 8-13（a）所示。其中图 8-12（a）是在 c 结点的左子树上插入，图 8-13（a）是在 c
结点的右子树上插入，这两种插入对树的调整方法相同，只是调整后 a、b 的平衡因子不同。
为了恢复平衡并保持二叉排序树特性，可首先将结点 b 改为结点 c 的左孩子，而结点 c 原来的
左孩子 cL 改为结点 b 的右孩子；然后将结点 a 改为结点 c 的右孩子，结点 c 原来的右孩子 cR
改为结点 a 的左孩子，如图 8-12（c）和图 8-13（c）所示。这相当于对结点 b 做了一次逆时针
旋转，对结点 a 做了一次顺时针旋转。

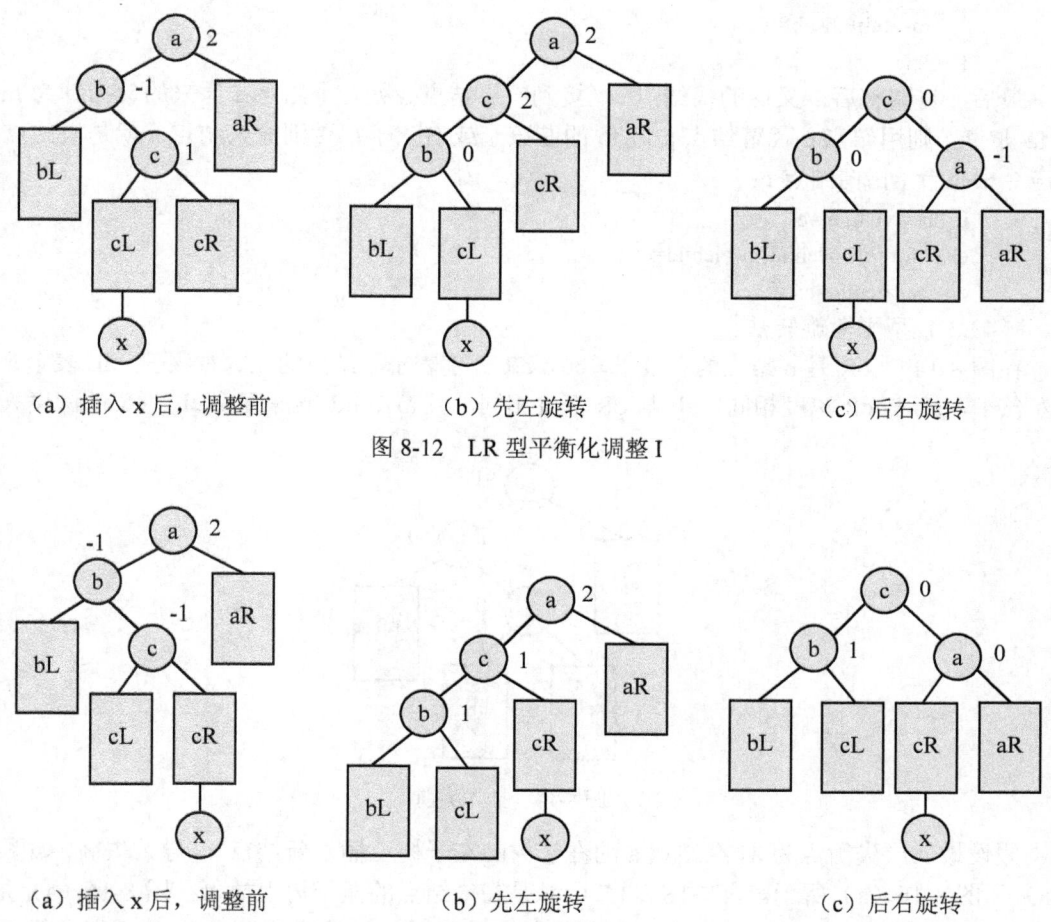

（a）插入 x 后，调整前　　　　　　（b）先左旋转　　　　　　　　（c）后右旋转

图 8-12　LR 型平衡化调整 I

（a）插入 x 后，调整前　　　　　　（b）先左旋转　　　　　　　　（c）后右旋转

图 8-13　LR 型平衡化调整 II

除了上面提到的两种情况外，还有一种情况是 b 的右子树为空，c 本身就是插入的新结点
x，此时，cL、cR、bL、aR 均为空。在这种情况下，对树的调整方法仍然相同，只是调整后 a、
b 的平衡因子均为 0。

LR 型失衡的特点是：a->bf=2，b->bf=-1。相应的调整操作可用如下语句完成：

```
b=a->lchild;c=b->rchild;
b->rchild=c->lchild;
a->lchild=c->rchild;
c->lchild=b;c->rchild=a;
```

然后针对上述三种不同情况，修改 a、b、c 的平衡因子：

```
if(x->key<c->key){    //在 c 结点的左子树下插入
    a->bf=-1;b->bf=0;c->bf=0;
}
if(x->key>c->key){    //在 c 结点的右子树下插入
    a->bf=0;b->bf=1;c->bf=0;
}
if(x->key==c->key){   //c 本身就是新插入的结点 x
    a->bf=0;b->bf=0;
}
```

最后，将调整后二叉树的根结点 c "接到" 原结点 a 处。令结点 a 原来的父指针为 fa，如果 fa 非空，则用结点 c 代替结点 a 做 fa 的左孩子或右孩子；否则原来结点 a 就是根结点，此时应令根指针 t 指向结点 c：

```
if(fa==NULL)t=c;
else if(a==fa->lchild)fa->lchild=c;
else fa->rchild=c;
```

（4）RL 型平衡旋转法。

在图 8-14 中 bR 是 b 结点的右孩子，cL、cR 分别表示 c 结点的左、右孩子，aL 表示 a 结点的左孩子，cL 与 cR 深度相同，aL 与 bR 深度相同，且 aL、bR 的深度比 cL、cR 的深度大 1。

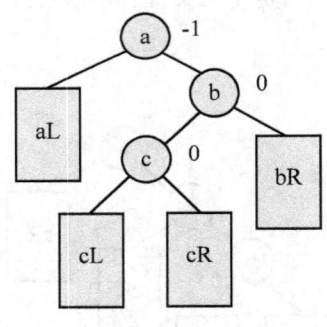

图 8-14　插入 x 前

假设最低层失衡点为 a，在结点 a 的右子树的左子树上插入新结点 x，导致失衡，如图 8-15（a）和图 8-16（a）所示。其中图 8-15（a）是在 c 结点的左子树上插入，图 8-16（a）是在 c 结点的右子树上插入，这两种插入对树的调整方法相同，只是调整后 a、b 的平衡因子不同。为了恢复平衡并保持二叉排序树特性，可首先将结点 b 改为结点 c 的右孩子，而结点 c 原来的右孩子 cR 改为结点 b 的左孩子；然后将结点 a 改为结点 c 的左孩子，结点 c 原来的左孩子 cL 改为结点 a 的右孩子，如图 8-15（c）和图 8-16（c）所示。这相当于对结点 b 做了一次顺时针旋转，对结点 a 做了一次逆时针旋转。

除了上面提到的两种情况外，还有一种情况是 b 的左子树为空，c 本身就是插入的新结点 x，此时，cL、cR、bR、aL 均为空。在这种情况下，对树的调整方法仍然相同，只是调整后 a、b 的平衡因子均为 0。

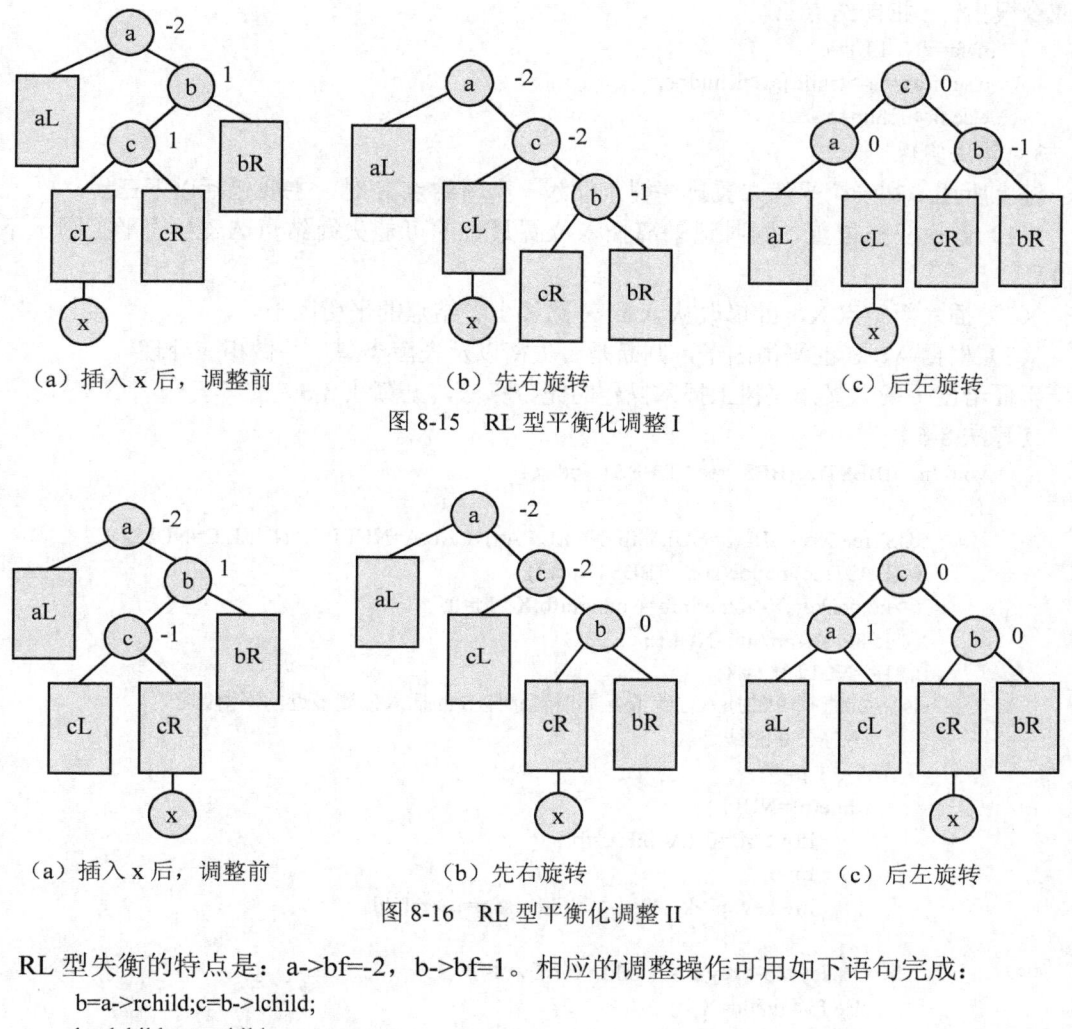

（a）插入 x 后，调整前　　　　　（b）先右旋转　　　　　（c）后左旋转

图 8-15　RL 型平衡化调整 I

（a）插入 x 后，调整前　　　　　（b）先右旋转　　　　　（c）后左旋转

图 8-16　RL 型平衡化调整 II

RL 型失衡的特点是：a->bf=-2，b->bf=1。相应的调整操作可用如下语句完成：

```
b=a->rchild;c=b->lchild;
b->lchild=c->rchild;
a->rchild=c->lchild;
c->lchild=a;c->rchild=b;
```

然后针对上述三种不同情况，修改 a、b、c 的平衡因子：

```
if(x->key<c->key){    //在 c 结点的左子树下插入
    a->bf=0;b->bf=-1;c->bf=0;
}
if(x->key>c->key){    //在 c 结点的右子树下插入
    a->bf=1;b->bf=0;c->bf=0;
}
if(x->key==c->key){    //c 本身就是新插入的结点 x
    a->bf=0;b->bf=0;
}
```

最后，将调整后二叉树的根结点 c "接到" 原结点 a 处。令结点 a 原来的父指针为 fa，如果 fa 非空，则用结点 c 代替结点 a 做 fa 的左孩子或右孩子；否则原来结点 a 就是根结点，此时应令根指针 t 指向结点 c：

```
if(fa==NULL)t=c;
else if(a==fa->lchild)fa->lchild=c;
else fa->rchild=c;
```

3. 算法实现

综上所述，在一个平衡二叉排序树上插入一个新结点 X 时，主要包括以下三步：

（1）查找应插位置，同时记录离插入位置最近的可能失衡结点 A（A 的平衡因子不等于 0）。

（2）插入新结点 X，并修改从 A 到 X 路径上各结点的平衡因子。

（3）根据 A、B 的平衡因子，判断是否失衡以及失衡类型，并做相应处理。

下面给出平衡二叉排序树上插入操作的完整算法，见算法 8-6。

【算法 8-6】

```
void InsertBBSTree(BBSTree *T,BBSTNode e)
{
        BBSTree X=NULL,p=NULL,fp=NULL,FA=NULL,A=NULL,B=NULL,C=NULL;
        X=(BBSTree)malloc(sizeof(BBSTNode));
        X->key=e.key;X->otherinfo=e.otherinfo;X->bf=0;
        X->lchild=X->rchild=NULL;
        if(*T==NULL)*T=X;
        else{//先查找 S 的插入位置 fp，同时记录距 S 的插入位置最近的平衡因子
            //不等于 0 的结点 A
            A=*T;p=*T;
            while(p!=NULL){
                if(p->bf!=0){A=p;FA=fp;}
                fp=p;
                if(e.key<p->key)p=p->lchild;else p=p->rchild;
            }
            if(e.key<fp->key)fp->lchild=X;//插入结点 S
            else fp->rchild=X;
            if(e.key<A->key){//确定结点 B，并修改 A 的平衡因子
                B=A->lchild;A->bf=A->bf+1;}
            else {B=A->rchild;A->bf=A->bf-1;}
            p=B;//修改结点 B 到结点 S 的路径上各结点的平衡因子（原来为 0）
            while(p!=X){
                if(e.key<p->key){p->bf=1;p=p->lchild;}
                else {p->bf=-1;p=p->rchild;}
            }
            if(A->bf==2&&B->bf==1){//LL 型
                B=A->lchild;A->lchild=B->rchild;B->rchild=A;
                A->bf=0;B->bf=0;
                if(FA==NULL)*T=B;
                else if(A==FA->lchild)FA->lchild=B;
                else FA->rchild=B;
            }
            else if(A->bf==2&&B->bf==-1){//LR 型
```

```
        B=A->lchild;C=B->rchild;B->rchild=C->lchild;
        A->lchild=C->rchild;C->lchild=B;C->rchild=A;
        if(X->key<C->key){A->bf=-1;B->bf=0;C->bf=0;}
        else if(X->key>C->key){A->bf=0;B->bf=1;C->bf=0;}
        else {A->bf=0;B->bf=0;}
        if(FA==NULL)*T=C;
        else if(A==FA->lchild)FA->lchild=C;
        else FA->rchild=C;
    }
    else if(A->bf==-2&&B->bf==-1){//RR 型
        B=A->rchild;A->rchild=B->lchild;B->lchild=A;
        A->bf=0;B->bf=0;
        if(FA==NULL)*T=B;
        else if(A==FA->lchild)FA->lchild=B;
        else FA->rchild=B;
    }
    else if(A->bf==-2&&B->bf==1){//RL 型
        B=A->rchild;C=B->lchild;B->lchild=C->rchild;
        A->rchild=C->lchild;C->lchild=A;C->rchild=B;
        if(X->key<C->key){A->bf=0;B->bf=-1;C->bf=0;}
        else if(X->key>C->key){A->bf=1;B->bf=0;C->bf=0;}
        else {A->bf=0;B->bf=0;}
        if(FA==NULL)*T=C;
        else if(A==FA->lchild)FA->lchild=C;
        else FA->rchild=C;
    }
    }
}
```

8.3.3　B-树

与二叉排序树相比，B-树是一种平衡多叉排序树，所谓平衡是指所有叶子结点都在同一层上，从而可避免出现像二叉排序树那样的分支退化现象，多叉则指多于二叉。

B-树中所有结点的孩子结点的最大值称为 B-树的阶，B-树的阶通常用 m 表示，从查找效率考虑，要求 m≥3。

1. B-树的定义

B-树的定义：一棵 m 阶的 B-树，或者为空树，或者是满足下列要求的 m 叉树：

（1）树中每个结点至多有 m 棵子树。

（2）若根结点不是叶子结点，则至少有两个孩子结点。

（3）除根结点之外，其他结点至少有⌈m/2⌉个孩子结点（符号"⌈ ⌉"表示上取整）。

（4）所有的叶子结点都在树的同一层次上。

（5）每个结点的结构为：

n	A_0	K_1	A_1	K_2	A_2	⋯	K_n	A_n

其中：n 为该结点中的关键字个数，除根结点外，其他结点的 n 满足 $\lceil m/2 \rceil -1 \le n \le m-1$（当该结点为根时满足 $2 \le n \le m-1$）。K_i（$1 \le i \le n$）为该结点的关键字，且满足 $K_i < K_{i+1}$（$1 \le i \le n-1$），即关键字递增有序。A_i（$0 \le i \le n$）为该结点的孩子结点指针，且满足 A_{i-1}（$1 \le i \le n$）指针所指结点的关键字均小于 K_i。如：A_0 所指结点的关键字均小于 K_1，A_n 所指结点的关键字均大于 K_n。

图 8-17 所示为一棵包含 20 个关键字的 5 阶 B-树。

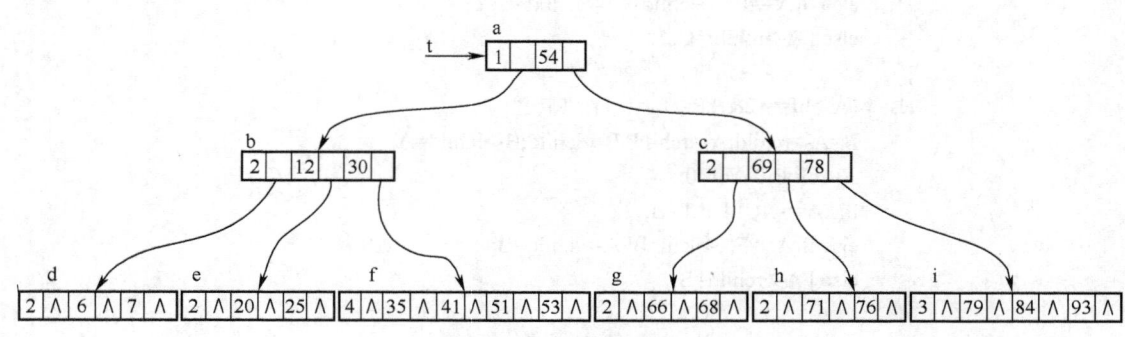

图 8-17　一棵 5 阶的 B-树

由于 B-树左右子树的深度相同，所以可避免出现像二叉排序树那样的分支退化现象；另外，由于 B-树的深度一般情况下，较二叉排序树的深度低，因此 B-树是一种较二叉排序树动态查找效率更高的树型结构。

2. B-树的查找

B-树的查找类似于二叉排序树的查找，所不同的是 B-树每个结点上是多关键字的有序表，在 B-树上查找数据元素 x 的方法是：从根结点开始，将 x.key 与各结点的 K_i 逐个进行比较，若找到 x.key=K_i，则查找成功，返回该结点以及关键字在结点中的位置；否则分三种情况进行处理：

（1）若 x.key<K_1，则沿着指针 A_0 所指的子树继续查找；

（2）若 K_i<x.key<K_{i+1}，则沿着指针 A_i 所指的子树继续查找；

（3）若 x.key>K_n，则沿着指针 A_n 所指的子树继续查找。

如果直到叶子结点也未找到相等的关键字，则说明树中没有对应的关键字，查找失败。如在图 8-17 中查找关键字为 93 的元素。首先，从 t 指向的根结点 a 开始，结点 a 中只有一个关键字 54，且 93 大于它，因此，按 a 结点指针域 A_1 到结点 c 去查找，结点 c 有两个关键字，而 93 也都大于它们，应按 c 结点指针域 A_2 到结点 i 去查找，在结点 i 中顺序比较关键字，找到关键码 K_3 等于 93，查找成功。

为了叙述方便，我们将 B-树的结点类型定义如下：

```
typedef struct BTNode{
    int keynum;                //结点中关键字的个数，即结点的大小
    struct BTNode *parent;     //指向双亲结点
    KeyType key[m+1];          //关键字向量，0 号单元未用
    struct BTNode *nptr[m+1];  //子树指针向量
    RecType *rptr[m+1];        //记录指针向量
}BTNode,*BTree;
```

这样，B-树的查找算法描述如算法 8-7 所示。

【算法 8-7】

```
int BTreeSearch(BTree T,KeyType x,BTree *p)
{//在 m 阶 B-树 T 上查找关键字 x，若查找成功，则返回 x 在结点中的位置及结点指针*p；
 //否则，返回 0 及最后一个查找不到 x 的结点指针*p
    BTree q;
    int i;
    *p=q=T;
    while(q!=NULL){
        *p=q;
        q->key[0]=x;                    //设置哨兵
        for(i=q->keynum;x<q->key[i];i--)    //在*q 中查找 x
            if (i>0 && q->key[i]==x)        //查找成功，返回 i 和 p
                return i;
        q=q->nptr[i];                    //沿 q 的第 i 个子树继续向下搜索
    }
    return(0);
}
```

B-树的查找是由两个基本操作交叉进行的过程，即：

（1）在 B-树上查找结点。

（2）在结点中查找关键字。

这是因为通常 B-树是存储在外存上的，操作（1）就是通过在磁盘上相对定位，将结点信息读入内存，然后再对结点中的关键字有序表进行顺序查找或二分查找。由于在磁盘上读取结点信息比在内存中进行关键字查找耗时多，所以，在磁盘上读取结点信息的次数，即 B-树的层次数是决定 B-树查找效率的首要因素。

在最坏情况下，待查找关键字是包含在 B-树的最大层的结点中。那么，含有 n 个关键字的 m 阶 B-树的最大深度是多少呢？可按二叉平衡树进行类似分析。首先，讨论 m 阶 B-树应具有的最少结点数。

根据 B-树定义：第一层至少有 1 个结点；第二层至少有 2 个结点；由于除根结点外的每个非终端结点至少有 $\lceil m/2 \rceil$ 棵子树，则第三层至少有 $2\lceil m/2 \rceil$ 个结点……；依此类推，第 k+1 个非终端结点至少有 $2(\lceil m/2 \rceil)^{k-1}$ 个结点；而 k+1 层的结点为叶子结点。若 m 阶 B-树有 n 个关键字，则叶子结点即查找不成功的结点为 n+1，由此有：

$$n+1 \geq 2(\lceil m/2 \rceil)^{k-1}$$

即：

$$k \leq \log_{\lceil m/2 \rceil}(\frac{n+1}{2})+1$$

这就是说，在含有 n 个关键字的 B-树上进行查找时，从根结点到关键字所在结点的路径上涉及的结点数不超过 $\log_{\lceil m/2 \rceil}(\frac{n+1}{2})+1$。

3. B-树的插入

在 m 阶的 B-树上插入关键字的方法是：首先在 B-树中查找关键字 k，若找到，则说明该关键字已经存在，不能插入（假定不插入相同的关键字），直接返回；否则将关键字 k 插入到查找失败时的某个结点时分为两种情况：

（1）若该结点的关键字个数小于 m-1（即该结点的分支小于 m），则说明该结点还有空位置，直接将关键字 k 插入到该结点的合适位置上（即满足插入后结点上的关键字序列仍然有序）。

（2）若该结点的关键字个数等于 m-1，则说明该结点已没有空位置，要插入就要"分裂"该结点。

结点分裂的方法是：以中间关键字为界把结点分裂为两个结点，并把中间关键字向上插入到双亲结点上，若双亲结点未满则把它插入到双亲结点的合适位置上，若双亲结点已满则按同样的方法继续向上分裂。这个向上分裂的过程可一直进行到根结点的分裂，此时 B-树的高度将增 1。

由于 B-树的插入过程或者是直接在叶结点上插入，或者是从叶结点向上的分裂过程，所以新结点插入后仍将保持所有叶结点都在同一层上的特点。

下面以一实例来说明 B-树的插入过程。

【例 8-3】已知关键字序列{51,25,70,82}，要求依次插入关键字 39、55、60、69，建立一棵 3 阶 B-树。

具体建立过程如图 8-18 所示，建立一棵 3 阶 B-树的步骤如下：

（1）在初始序列中插入 39，如图 8-18（b）所示，这时结点的关键字个数小于 3，不分裂。

（2）再插入 55，这时结点的关键字个数等于 3，要进行分裂。结点分裂前的状态如图 8-18（c）所示，结点分裂后的状态如图 8-18（d）所示。

（3）再插入 60，这时结点的关键字个数小于 3，不分裂。再插入 69，这时结点的关键字个数等于 3，要进行分裂。结点分裂前的状态如图 8-18（e）所示，而具体的结点分裂过程如图 8-18（f）所示，这时，结点要进行 2 次分裂。

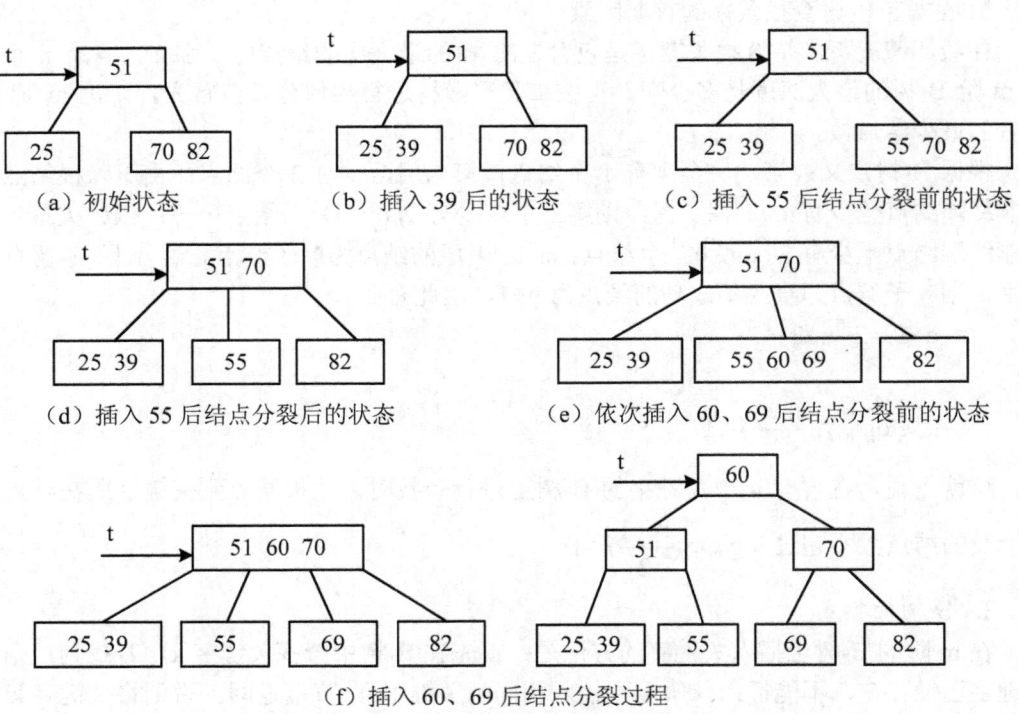

图 8-18　在 3 阶 B-树上插入结点及结点分裂过程示意图

B-树的插入算法由读者自己完成。

利用 m 阶 B-树的插入操作,可以从空树开始,将一组关键字依次插入到 m 阶 B-树中,从而生成一棵 m 阶的 B-树。

4. B-树的删除

在 B-树上删除一个关键字 k 的过程分为两步:一是利用前述的 B-树的查找算法找出关键字 k 所在的结点;二是在该结点中进行删除关键字 k 的操作,这时分为两种情况:

(1)删除最底层结点中的关键字。

① 若结点中关键字个数大于 $\lceil m/2 \rceil -1$,直接删除。

假设有关键字序列{86,73,91,25,39,49,72,103,115,155},构造的 3 阶 B-树如图 8-19(a)所示,则在图 8-19(c)所示的 B-树中,删除关键字 39 后的 3 阶 B-树的状态如图 8-19(d)所示。

② 若结点中关键字个数等于 $\lceil m/2 \rceil -1$,删除后结点中关键字个数小于 $\lceil m/2 \rceil -1$,不满足 B-树定义,需调整。也有两种情况如下所示:

● 若该结点的左(或右)兄弟结点中关键字个数大于 $\lceil m/2 \rceil -1$,则将该结点的左(或右)邻兄弟结点中最大(或最小)关键字上移到双亲结点中,同时将双亲结点中大于(或小于)且紧靠上移关键字的关键字下移到被删除关键字的结点中,这样删除关键字后该结点以及它的左(或右)兄弟结点都仍然满足 B-树的定义。例如在图 8-19(a)所示的 3 阶 B-树中,删除关键字 155,这时,需要将左邻兄弟结点中的最小关键字 103 上移到父结点中,而将父结点中的关键字 91 下移至这个结点中,调整后其最终状态如图 8-19(b)所示。

● 若该结点和其相邻兄弟的关键字个数均等于 $\lceil m/2 \rceil -1$,这时需要把被删除关键字 k 所在结点与其左(或右)兄弟结点以及双亲结点中分割二者的关键字合并成一个结点。如果因此使双亲结点中的关键字个数小于 $\lceil m/2 \rceil -1$,则依次类推。例如在图 8-19(d)所示的 3 阶 B-树中,删除关键字 49,这时,需要将该结点与其左兄弟结点中的关键字合并,但合并后它的父结点不满足 3 阶 B-树的定义,因此又要对父结点进行合并,得到的最终状态如图 8-19(e)所示。

(2)删除非底层结点中的关键字。

若所删除关键字非底层结点中的关键字 K_i(1≤i≤n),则可以指针 A_i 所指子树中的最小关键字 K_{min} 来代替被删除关键字 K_i 所在的位置(这时,A_i 所指子树中的最小关键字 K_{min} 一定是在叶结点上),然后,再删除关键字 K_{min},即转为(1)的情形。

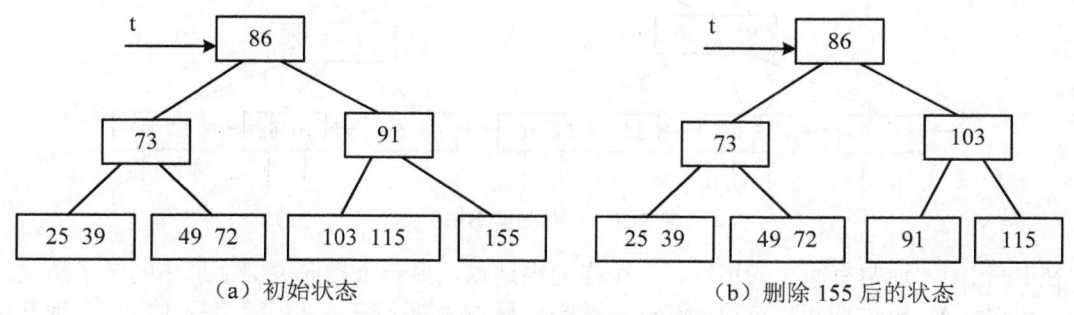

(a)初始状态   (b)删除 155 后的状态

图 8-19 B-树的删除过程示意图

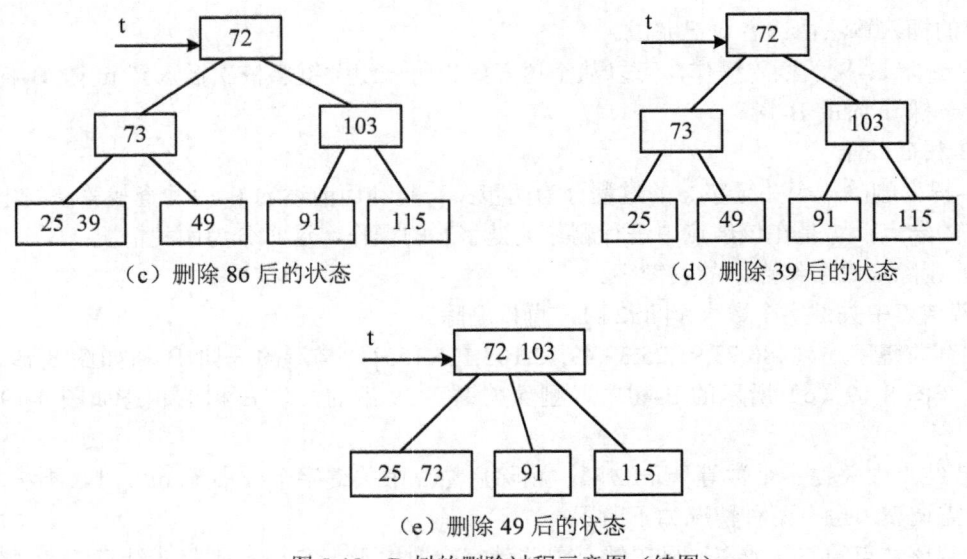

（c）删除 86 后的状态   （d）删除 39 后的状态

（e）删除 49 后的状态

图 8-19   B-树的删除过程示意图（续图）

B-树的删除算法由读者自己完成。

8.3.4   B+树

前面所学的 B-树对于组织大型文件系统是很有用的，而 B+树则是 B-树的一种变形树。它与 B-树最显著的不同是，B+树只在叶子结点中存储记录（或记录指针）。在 B+树中，所有的非终端结点可以看成是索引部分，非终端结点中的关键字是作为"分界关键字"，用来界定某一关键字的记录所在的子树。如图 8-20 所示为一棵 5 阶 B+树。通过对比可以发现一棵 m 阶的 B+树和 m 阶的 B-树的差异在于：

（1）如果一个结点有 n 棵子树，则它含有 n 个关键字。

（2）所有的叶子结点中包含了全部记录的关键字信息以及这些关键字记录的指针，而且叶子结点按关键字的大小从小到大顺序链接。

（3）所有的非终端结点可以看成是索引部分，结点中仅含有其子树的根结点中最大（或最小）关键字。

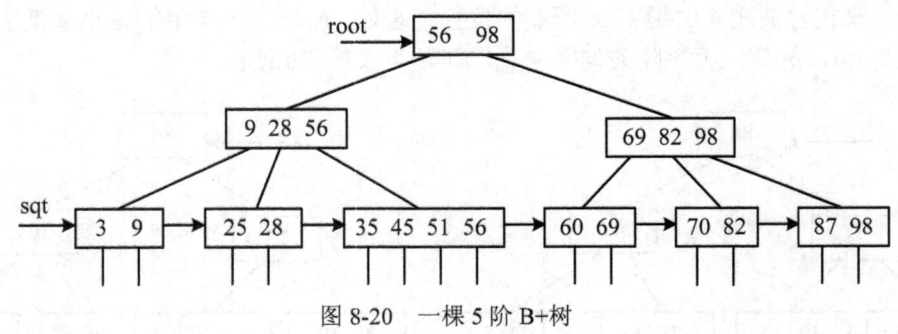

图 8-20   一棵 5 阶 B+树

在 B+树中，通常有两个头指针，一个指向根结点，另一个指向关键字最小的叶子结点。因此，可以对 B+树进行两种查找运算：一种是从最小关键字开始进行顺序查找，另一种是从根结点开始，进行随机查找。

在 B+树上进行随机查找时，若非终端结点上的关键字等于给定值 k，查找并不终止，而是继续向下直到叶子结点，因为只有叶子结点中才存储有记录（或记录指针）。因此，在 B+树上进行查找，不管成功与否，每次都是走了一条从根到叶子结点的路径。

在 B+树上插入关键字时，仅在叶子结点上进行。当结点中的关键字个数大于 m 时要分裂成两个结点，他们所含关键字的个数均为 $\lceil (m+2)/2 \rceil$。并且，他们的双亲结点中应同时包含这两个结点中的最大关键字。

在 B+树上删除关键码也仅在叶子结点进行。当叶子结点中的最大关键字被删除时，其在非终端结点中的值可以作为一个"分界关键字"存在。若因为删除而使结点中关键字的个数少于 $\lceil m/2 \rceil$ 时，其兄弟结点的合并过程亦和 B-树类似。

8.4 哈希表查找

哈希表查找法不同于前面介绍的几种查找方法。本节讨论哈希表查找的基本概念、哈希函数的构造方法和冲突解决方法。

8.4.1 哈希表的基本概念

前面讨论的各种查找方法都建立在比较关键字的基础之上。由于记录的存储位置与关键字之间不存在确定的关系，因此在查找过程中要根据给定值，与查找表中记录的关键字进行若干次的比较判断，最后确定查找表中是否存在关键字等于给定值的记录，以及查找成功时该记录在查找表中的位置。这些查找方法的效率取决于在查找过程中进行比较的次数。但总的来说，查找速度较慢，查找时要与大量无关数据进行比较。

理想的情况是不经过任何比较，依据关键字直接得到其对应的数据元素的位置，即一次存取便能得到所查找的记录。如果我们在记录关键字与记录存储位置之间建立一个确定的对应关系，使得每个关键字都映射到查找表中的一个确定位置上，这样在查找时，就可以根据对应关系直接找到给定值在查找表中的位置。我们把记录的关键字和该记录的存放位置之间的这种映射关系称为哈希函数（或 Hash 函数），而按照此思想建立的查找表称为哈希表（或称 Hash 表、杂凑表、散列表）。因此可以说，哈希表是通过哈希函数来确定记录存放位置的一种特殊表结构。

哈希表查找法的基本思想是：

设置一个长度为 m 的表 A，用一个函数 H 把查找表中 n 个记录的关键字唯一地转换成 [0,m-1] 范围内的数值，即对于集合中任意记录的关键字 K_i，有：

$$0 \leq H(K_i) \leq m-1，（1 \leq i \leq n）$$

这样就可以利用函数 H 将数据集合中的记录映射到表 A 中，$H(K_i)$ 便是 K_i 在表中的存储位置。H 就是表与记录关键字之间映射关系的函数，即哈希函数。

当然，我们可以用给定关键字和所采用的哈希函数直接在给定表中进行查找操作。然而由于集合中各记录关键字的取值可能在一个很大的范围，所以即使当集合中的记录个数不是很多时，我们也很难选取一个合适的哈希函数。

在构造哈希表时，常存在这样的问题：对于任意不同的两个关键字 K_i 和 K_j（i≠j），在

$K_i \neq K_j$（$i \neq j$）时却产生了 $H(K_i)=H(K_j)$ 的现象，我们把这种现象称为哈希冲突。通常把这种具有不同关键字而具有相同哈希地址的数据元素称为"同义词"，由同义词引起的冲突称为同义词冲突。在构造哈希表时，同义词冲突通常是很难避免的。

尽管冲突是不可避免的，但我们在构建哈希表时，还是希望能找到尽可能产生均匀映射的哈希函数，从而尽可能地降低发生冲突的概率。因此，哈希表查找方法需要解决以下三个方面的问题：

（1）确定哈希表的空间范围，即哈希函数的值域。

（2）构造一个合适的哈希函数。所选函数要求尽可能计算简单、地址集中、大致分布均匀，对于所有可能的元素，该函数的值均在地址空间范围内，并且出现冲突的可能性尽量小。

（3）制定解决冲突的方案。

8.4.2　哈希函数构造方法

哈希函数的构造方法很多，那么如何构造一个"好"的哈希函数呢？通常，一个"好"的哈希函数在设计时，需要考虑以下几个方面的因素：

（1）构造比较简单，计算方便，时间效率高。

（2）通过哈希函数能够将哈希表中各关键字尽可能均匀地映射到内存的连续地址区间中去，即哈希函数值的均匀性要好。这里所谓的"均匀"就是指发生冲突的可能性最小。

（3）在构造哈希表时一定要使用主关键字，不能使用次关键字。

以上几个方面在实际应用中往往是矛盾的。为了保证哈希函数值的均匀性比较好，其哈希函数值的计算就必然要复杂；反之，如果哈希函数值的计算比较简单，则其均匀性就比较差。因此，在构造哈希函数时，要根据具体情况，选择一个比较合理的方案。下面介绍几种比较常用的、计算比较简单的哈希函数构造方法。

1. 除留余数法

除留余数法是一种最为简单，也最常用的构造哈希函数的方法，它是用数据元素关键字 K 除以一个合适的不大于哈希表长度 m 的正整数 p 所得的余数作为哈希地址。除留余数法的哈希函数 H(K) 为：

$$H(K)=K \bmod p（p \leqslant m）$$

用该方法产生的哈希函数的好坏取决于 p 值的选取。例如，若表长度为 m=52，可选 p=51，当 K=128 时，则有 H(K)=128 mod 51=26。

又如，p 取奇数比取偶数好，因为当 p 取偶数时得到的哈希地址总是将奇数关键字映射到哈希表的奇数地址区间，将偶数关键字映射到哈希表的偶数地址区间，这样就会增加冲突发生的机会。

实践证明，当 p 取小于哈希表长度 m 的一个质数或者是不包含小于 20 的质因子的合数时，可以大大减少冲突出现的可能性。

2. 直接定址法

直接定址法是以数据元素关键字 K 本身或关键字的某个线性函数作为哈希地址的方法，即：

$$H(K)=K \text{ 或 } H(K)=a*K+b$$

其中，a 和 b 为常数。

例如，对某个地区各个年龄的人口进行统计，建立一个由年龄和该年龄的人数组成的哈希表，其中关键字设为年龄，则可构造哈希函数为 H(K)=K，这样可建立如表 8-1 所示的哈希表。

表 8-1　直接定址法哈希函数示例

哈希地址	01	02	03	…	18	…
年　　龄	1	2	3	…	18	…
人　　数	560	850	493	…	791	…

若要查找该地区年龄为 18 岁的人有多少，则只需查表的第 18 项即可。

这种哈希函数计算简单，并且哈希地址数与哈希表中的关键字数相同，因而所映射的哈希地址不会发生冲突。但是，此种哈希函数有可能造成内存单元的大量浪费。

3. 数字分析法

数字分析法是取数据元素关键字中某些取值比较均匀的数字位作为哈希地址的方法。在所有数据元素的关键字都已知的情况下，可以对关键字中每一位的取值分布情况做出分析，从而把一个很大的关键字取值区间转化为一个较小的关键字取值区间。

例如，要构造一个数据元素个数 n=80、哈希表长度 m=100，关键字值均为 8 位的哈希表。不失一般性，这里只取其中的 8 个关键字进行分析，为了叙述方便，采用①、②、③、④、⑤、⑥、⑦、⑧对关键字的各位进行编号，如下所示：

```
       ①   ②   ③   ④   ⑤   ⑥   ⑦   ⑧
K₁=6   1   3   1   7   6   0   2
K₂=6   1   3   2   6   8   7   5
K₃=6   2   7   3   9   6   2   8
K₄=6   1   3   4   3   6   3   4
K₅=6   2   7   0   6   8   1   6
K₆=6   2   3   4   6   9   7   9
K₇=7   1   3   8   1   2   6   2
K₈=6   1   3   9   4   2   2   0
```

分析上面 8 个关键字的每一位值的分布情况可知，第①、②、③位出现了 2 个不同的数字，第⑥位出现了 3 个不同的数字，这 4 位取值较集中，不宜作为哈希地址，剩余的第④位出现了 8 个不同的数字，第⑤、⑧位出现了 7 个不同的数字，第⑦位出现了 6 个不同的数字，因而这 4 位的数字分布比较均匀，可以根据存储空间的大小来决定取这 4 位中的两位、三位或者四位作为哈希地址。假如选取第④位和第⑤位组成哈希函数值，则可得到如下的哈希地址：

$$H(k_1)=17 \qquad H(k_2)=26 \qquad H(k_3)=39 \qquad H(k_4)=43$$
$$H(k_5)=06 \qquad H(k_6)=72 \qquad H(k_7)=81 \qquad H(k_8)=94$$

由于数据元素的关键字值在构造哈希函数时并不知道，因此数字分析法的应用受到一定的限制。

4. 平方取中法

平方取中法是将关键字值平方后，再根据存储空间的大小来决定选取中间的某几位（选取方法可参考数字分析法）来作为哈希地址的方法。

5. 折叠法

折叠法是将关键字从左到右分成位数相等的几部分，最后一部分位数可以短些，然后将这几部分叠加求和，并根据哈希表表长，取后几位作为哈希地址。

具体来说有两种叠加方法：

（1）移位法是将分割后的每一部分的最低位对齐，然后相加。

（2）间界叠加法是从一端向另一端沿分割界来回折叠，然后对齐相加。

设关键字 key=234312465298，设哈希表长为三位数，则可将关键字分成 234、312、465、298 四个部分。那么采用上述两种方法计算哈希地址如下：

	移位法：		间界叠加法：
	234		234
	312		213
	465		465
+)	298	+)	892
	1309		1804
	Hash(k)=309		Hash(k)=804

在关键字位数较多，且每一位上数字的分布基本均匀时，利用折叠法，可以得到比较均匀的哈希地址。

6. 随机数法

所谓随机数法是指选择一个随机函数，取关键字的随机函数值作为其哈希地址，即：

$$H(K)=random(K)$$

其中 random 为随机函数。

通常在哈希表中的关键字长度不等时，采用此方法构造哈希函数比较合适。

在实际中需要根据不同的情况采用不同的哈希函数，并且往往可能是上述多种构造结合使用，构造出实用的哈希函数。通常构造哈希函数需要考虑下列因素：

（1）计算哈希函数所需的时间。

（2）关键字的长度。

（3）哈希表的大小。

（4）关键字的分布情况。

（5）记录的查找概率。

8.4.3　哈希冲突解决方法

解决哈希冲突的方法有许多，其基本思想是当哈希冲突出现时，通过哈希冲突函数（设为 $H_p(K)$（p=1,2,…,m-1））产生一个新的哈希地址使 $H_p(K_i) \neq H_p(K_j)$，从而为冲突元素找到另一个存储位置。

设哈希表的地址范围是 0～（m-1），在处理冲突的过程中可能得到一系列哈希地址 H_i（i=1,2,…,k；$H_i \in [0,m-1]$），即在第一次冲突时，经过冲突处理得到一个新的 H_1，如果仍有冲突，再经过冲突处理求得另一个新的哈希地址 H_2……依次类推，直到求得某个 H_i 不再冲突为止。

哈希冲突函数通常是一组，这是因为哈希冲突函数产生的哈希地址仍可能有哈希冲突问题，此时再用下一个哈希冲突函数得到新的哈希地址，一直到不存在哈希冲突为止。这样就把要存储的 n 个数据元素通过哈希函数映射到 m 个连续内存单元中，从而完成哈希表的构造。

【例 8-4】建立数据元素集合 a 的哈希表。a={17,46,88,79,62,95,39,54}，并比较 m 取值不同时的哈希冲突情况。

分析：数据元素集合 a 中共有 8 个数据元素，数据元素的关键字为两位整数，如果取内存单元个数 m=100，即内存单元区间为 00～99，则在 m 个内存单元中可以存放 n 个数据元素。如果取 H(K)=K，则当 $K_i \neq K_j$（$i \neq j$）时一定有 $H(K_i) \neq H(K_j)$。但由于在这 100 个内存单元中只存储了 8 个数据元素，因而造成内存单元的大量浪费。

当然，我们可以适当减少内存单元个数。如取 m=12 时，构造哈希函数为：

H(K)=K mod m

则有：

H(17)=5	H(46)=10	H(88)=4	H(79)=7
H(62)=2	H(95)=11	H(39)=3	H(54)=6

这时，未发生哈希冲突，数据元素在哈希表中的存储映像如下：

哈希地址	0	1	2	3	4	5	6	7	8	9	10	11
关键字			62	39	88	17	54	79			46	95

如果取内存单元个数 m=13，仍取哈希函数 H(K) 为 H(K)=K mod m，则有：

H(17)=4	H(46)=7	H(88)=10	H(79)=1
H(62)=10	H(95)=4	H(39)=0	H(54)=2

这时 H(62)= H(88)=10，H(17)= H(95)=4，因此发生了哈希冲突。

从上例可知，虽然哈希冲突很难避免，但发生哈希冲突的可能性却有大有小。哈希冲突主要与以下几个因素有关：

（1）与装填因子有关。所谓装填因子是指哈希表中已存入的数据元素个数 n 与哈希地址空间大小 m 的比值，即 n/m。当装填因子越小，哈希表中空闲单元的比例就越大，存储空间的利用率就越低；装填因子越大，哈希表中空闲单元的比例就越小，存储空间的利用率就越高。为了既兼顾减少哈希冲突的发生，又兼顾提高存储空间的利用率，通常将装填因子控制在 0.6～0.9 范围内。

（2）与所采用的哈希函数有关。若哈希函数选择得当，就可使哈希地址尽可能均匀地分布在哈希地址空间上，从而减少冲突的发生。

下面介绍目前解决哈希冲突的方法，主要分为开放定址法和链表法两大类。

1．开放定址法

开放定址法解决冲突的思路是：由关键字得到的哈希地址发生冲突时，就按照一个探测序列，逐个去探测在哈希表中的其他存储单元，直到找到给定关键字或找到一个空的存储单元为止。

按照形成探测序列的方法不同，可将开放定址法分为线性探测法、平方探测法、伪随机数法、双哈希函数探测法等。

（1）线性探查法。

线性探查法是从发生冲突的哈希地址（设为 d）开始，依次探查 d 的下一个地址（当到达地址为 m-1 的哈希表尾时，下一个探查的地址是表首地址 0），直到找到一个空闲存储单元为止。线性探查法的数学递推公式描述为：

$$\begin{cases} d_0 = H(K) \\ d_i = (d_{i-1} + 1) \bmod m \quad (1 \leqslant i \leqslant m-1) \end{cases}$$

其中：H(K)为哈希函数，m 为哈希表的长度。

线性探查法容易产生堆积问题，这是由于当连续出现若干个同义词后，设第一个同义词占用单元 d，这连续的若干个同义词将占用哈希表的 d，d+1，d+2，…内存单元，随后任何 d+1，d+2，…单元上的哈希映射都会由于前边的堆积问题而产生冲突。

（2）平方探查法。

设发生冲突的哈希地址为 d，则平方探查法的探查序列为 $d+2^0$，$d+2^1$，$d+2^2$，…，平方探查法的数学递推公式描述为：

$$\begin{cases} d_0 = H(K) \\ d_i = (d_{i-1} + 2^{i-1}) \bmod m \quad (1 \leqslant i \leqslant m-1) \end{cases}$$

其中：H(K)为哈希函数，m 为哈希表的长度。

由于平方探查法的探查跨步很大，所以可避免出现堆积问题。

（3）伪随机数法。

设发生冲突的地址为 d，则伪随机数法的探查序列为：$d+R_i$。R_i 为一伪随机数序列。伪随机数法的数学递推公式描述为：

$$\begin{cases} d_0 = H(K) \\ d_i = (d_{i-1} + R_i) \bmod m \quad (1 \leqslant i \leqslant m-1) \end{cases}$$

其中：H(K)为哈希函数，m 为哈希表的长度，R_i 为伪随机数序列。例如，R 可以取一个伪随机数序列 3，9，33，155 等。

由于伪随机数法的探查跨步是随机的，所以也可避免出现堆积问题。

（4）双哈希函数探测法。

设发生冲突的哈希地址为 d，则双哈希函数探测法的数学递推公式描述为：

$$\begin{cases} d_0 = H(K) \\ d_i = (d_{i-1} + i * ReH(K)) \bmod m \quad (1 \leqslant i \leqslant m-1) \end{cases}$$

其中：H(K)和 ReH(K)是两个哈希函数，m 为哈希表的长度。

双哈希函数探测法是先用第一个函数 H(K)对关键字计算哈希地址，一旦产生地址冲突，再用第二个函数 ReH(K)确定移动的步长因子，最后，通过步长因子序列由探测函数寻找空的哈希地址。

例如，H(K)=a 时产生地址冲突，就计算 ReH(K)=b 时，探测的地址序列：$d_1=(a+1×b) \bmod m$，$d_2=(a+2×b) \bmod m$，…，$d_{m-1}=(a+(m-1)×b) \bmod m$。

【例 8-5】在 0～10 的哈希地址空间中对关键字序列{6,23,41,56,75,14,69,93}构造哈希表，选取如下哈希函数：

H(K_i)=K_i mod 11

并采用开放定址法处理冲突，其中求下一个地址的函数为：

d_0=H(K_i)

d_i=(d_{i-1}+(3* K_i mod 10)+1) mod 12 （i=1，2，…）

解：针对关键字序列，本题的哈希表构造过程如下：

1）$H(6)=6 \bmod 11=6$

2）$H(23)=23 \bmod 11=1$

3）$H(41)=41 \bmod 11=8$

4）$H(56)=56 \bmod 11=1$（冲突）

这时 $d_0=1$，$d_1=(d_0+(3*56 \bmod 10)+1) \bmod 12=10$

5）$H(75)=75 \bmod 11=9$

6）$H(14)=14 \bmod 11=3$

7）$H(69)=69 \bmod 11=3$（冲突）

这时 $d_0=3$，$d_1=(d_0+(3*69 \bmod 10)+1) \bmod 12=11$

8）$H(93)=93 \bmod 11=5$

这样，构造的哈希表如表 8-2 所示。

表 8-2　用开放定址法构造的哈希表

哈希地址	0	1	2	3	4	5	6	7	8	9	10	11
关键字		23		14		93	6		41	75	56	69

2. 链表法

链表法解决哈希冲突的基本思想是：如果没有发生哈希冲突，则直接存放该数据元素；如果发生了哈希冲突，则把发生哈希冲突的数据元素另外存放在单链表中。

【例 8-6】设关键字序列为 {16,74,60,43,54,90,46,31,29,88,77,66,55}。要求构造哈希函数采用除留余数法，解决冲突采用链表法。

设计分析：由于关键字序列共有 13 个数据元素，可选取哈希表的内存单元个数 m=13，因而可构造如下哈希函数：

$$H(K)=K \bmod 13$$

则每个关键字对应的哈希地址分别为：

3，9，8，4，2，12，7，5，3，10，12，1，3

采用链表法处理冲突，所构造的哈希表存储结构如图 8-21 所示。

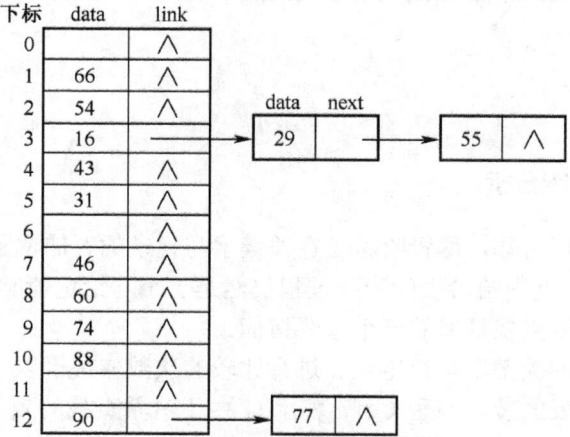

图 8-21　用链表法解决冲突的哈希表

8.4.4　哈希表的查找过程

哈希表的查找过程与哈希表的创建过程是一致的。当查找数据元素的关键字为 k 时，通过哈希函数 H(k)计算哈希地址 h=H(k)。若该地址上没有记录，则查找失败；若该地址上记录的关键字等于 k，则查找成功；否则，按照解决冲突的方法重复计算处理冲突后的下一个哈希地址 h_i，继续查找；直到某个地址上记录为空或者记录的关键字等于 k 为止。如果记录为空，则查找失败；否则，查找成功。

下面以线性探测再散列为例，给出哈希表的查找算法，见算法 8-8。

【算法 8-8】

```
#define NULLKEY -1          //根据关键字类型，定义标识空记录的关键字
#define m 20                //哈希表长度
typedef int KeyType;
typedef struct{
    KeyType key;            //记录的关键字项
    OtherType otherinfo;    //记录的其他数据项
}RecType;
typedef RecType HashTable[m];
int hash(KeyType K){        //哈希函数
    return K %m;
}
int HashSearch(HashTable hTable,KeyType K){
//在哈希表 hTable 上查找关键字为 K 的元素，成功返回下标，否则为-1
    int h0,i,hi;
    h0=hash(K);
    if(hTable[h0].key==NULLKEY)return -1;
    else if(hTable[h0].key==K)return h0;
    else{//用线性探测再散列解决冲突
        for(i=1;i<m-1;i++){
            hi=(h0+i)%m;
            if(hTable[hi].key==NULLKEY)return -1;
            else if(hTable[hi].key==K)return hi;
        }
        return -1;
    }
}
```

8.4.5　哈希表的性能分析

从哈希表的查找过程可知，尽管哈希表在关键字与记录的存储位置之间建立了直接映像，但由于"冲突"的产生，使得哈希表的查找过程仍然是一个与给定值 k 进行比较的过程。所以查找长度仍是衡量哈希表查找效率的一个重要指标。

查找过程中哈希表的关键字与给定值 k 进行比较的次数取决于以下三个因素：哈希函数、解决冲突的方法及哈希表的装填因子（用 a 表示）。由于哈希查找的效率分析比较复杂，在此，仅给出相关结论。

（1）线性探测法构造的哈希表的平均查找长度为：

$$S_{succ} \approx \frac{1}{2} \times (1 + \frac{1}{1-a})$$

$$S_{fail} \approx \frac{1}{2} \times (1 + \frac{1}{(1-a)^2})$$

（2）平方探测法、伪随机数法、双哈希函数探测法构造的哈希表的平均查找长度为：

$$S_{succ} \approx -\frac{1}{a} \times \ln(1-a)$$

$$S_{fail} \approx \frac{1}{1-a}$$

（3）链表法构造的哈希表的平均查找长度为：

$$S_{succ} \approx 1 + \frac{a}{2}$$

$$S_{fail} \approx a + e^{-a}$$

习题8

一、选择题

1. 顺序查找法适合于存储结构为_____的线性表。

    A．散列存储   B．顺序存储或链式存储

    C．压缩存储   D．索引存储

2. 若查找每个记录的概率均等，则在具有 n 个记录的连续顺序文件中采用顺序查找法查找一个记录，其平均查找长度 ASL 为_____。

    A．(n-1)/2   B．n/2   C．(n+1)/2   D．n

3. 对线性表进行二分查找时，要求线性表必须_____。

    A．以顺序方式存储

    B．以链接方式存储

    C．以顺序方式存储，且结点按关键字有序排序

    D．以链接方式存储，且结点按关键字有序排序

4. 当在一个有序的顺序存储表上查找一个数据时，即可用折半查找，也可用顺序查找，但前者比后者的查找速度_____。

    A．必定快   B．不一定   C．在大部分情况下要快 D．取决于表递增还是递减

5. 采用二分查找方法查找长度为 n 的线性表时，每个元素的平均查找长度为_____。

    A．$O(n^2)$ B．$O(n\log_2 n)$ C．$O(n)$ D．$O(\log_2 n)$

6. 当采用分块查找时，数据的组织方式为_____。

    A．数据分成若干块，每块内数据有序

    B．数据分成若干块，每块内数据不必有序，但块间必须有序，每块内最大（或最小）的数据组成索引块

C．数据分成若干块，每块内数据有序，每块内最大（或最小）的数据组成索引块

D．数据分成若干块，每块（除最后一块外）中数据个数需相同

7．有一个有序表为{1,3,9,12,32,41,45,62,75,77,82,95,100}，当二分查找值为 82 的结点时，_____次比较后查找成功。

A．1　　　　　　B．2　　　　　　C．4　　　　　　D．8

8．二叉树为二叉排序树的充分必要条件是其任一结点的值均大于其左孩子的值、小于其右孩子的值。这种说法_____。

A．正确　　　　　　B．错误

9．如果要求一个线性表既能较快的查找，又能适应动态变化的要求，则可采用_____查找法。

A．分块查找　　　　　　　　　　B．顺序查找

C．折半查找　　　　　　　　　　D．基于属性

10．分别以下列序列构造二叉排序树，与用其他三个序列所构造的结果不同的是_____。

A．(100,80, 90, 60, 120,110,130)　　　B．(100,120,110,130,80, 60, 90)

C．(100,60, 80, 90, 120,110,130)　　　D．(100,80, 60, 90, 120,130,110)

11．下图所示的 4 棵二叉树，_____是平衡二叉树。

A.　　　　　　B.　　　　　　C.　　　　　　D.

12．散列表的平均查找长度_____。

A．与处理冲突方法有关而与表的长度无关

B．与处理冲突方法无关而与表的长度有关

C．与处理冲突方法有关且与表的长度有关

D．与处理冲突方法无关且与表的长度无关

13．设哈希表长 m=14，哈希函数 H(key)=key%11。表中已有 4 个结点：

addr (15)=4;　　addr (38)=5;　　addr (61)=6;　　addr (84)=7

如用二次探测再散列处理冲突，关键字为 49 的结点的地址是_____。

A．8　　　　　　B．3　　　　　　C．5　　　　　　D．9

14．设有一组记录的关键字为{19,14,23,1,68,20,84,27,55,11,10,79}，用链地址法构造散列表，散列函数为 H(key)=key mod 13，散列地址为 1 的链中有_____个记录。

A．1　　　　　　B．2　　　　　　C．3　　　　　　D．4

15．下列关于杂凑查找说法不正确的有_____个。

（1）采用链地址法解决冲突时，查找一个元素的时间是相同的。

（2）采用链地址法解决冲突时，若插入规定总是在链首，则插入任一个元素的时间是相同的。

（3）用链地址法解决冲突易引起聚集现象。

（4）用哈希法不易产生聚集。

  A. 1   B. 2   C. 3   D. 4

16. 设哈希表长为 14，哈希函数是 H(key)=key%11，表中已有数据的关键字为 15，38，61，84，现要将关键字为 49 的结点加到表中，用二次探测再散列法解决冲突，则放入的位置是_____。

  A. 8   B. 3   C. 5   D. 9

17. 将 10 个元素散列到 100000 个单元的哈希表中，则_____产生冲突。

  A. 一定会   B. 一定不会   C. 仍可能会

18. 解决散列法中出现的冲突问题常采用的方法是_____。

  A. 数字分析法、除余法、平方取中法

  B. 数字分析法、除余法、线性探测法

  C. 数字分析法、线性探测法、多重散列法

  D. 线性探测法、多重散列法、链地址法

19. 采用线性探测法解决冲突问题，所产生的一系列后继散列地址_____。

  A. 必须大于等于原散列地址

  B. 必须小于等于原散列地址

  C. 可以大于或小于但不能等于原散列地址

  D. 大小没有具体限制

20. 对查找表的查找过程中，若被查找的数据元素不存在，则把该数据元素插入到集合中。这种方式主要适合于_____。

  A. 静态查找表   B. 动态查找表

  C. 静态查找表与动态查找表   D. 两种表都不适合

二、填空题

1. 顺序查找法的平均查找长度为_____；折半查找法的平均查找长度为_____；哈希表查找法采用链接法处理冲突时的平均查找长度为_____。

2. 在各种查找方法中，平均查找长度与结点个数 n 无关的查找方法是_____。

3. 顺序查找 n 个元素的顺序表，若查找成功，则比较关键字的次数最多为_____次；当使用监视哨时，若查找失败，则比较关键字的次数为_____。

4. 折半查找的存储结构仅限于_____，且是_____。

5. 在顺序表(8,11,15,19,25,26,30,33,42,48,50)中，用二分（折半）法查找关键码值 20，需做的关键码比较次数为_____。

6. 假设在有序线性表 A[1…20]上进行折半查找，则比较一次查找成功的结点数为_____，则比较两次查找成功的结点数为_____，则比较三次查找成功的结点数为_____，则比较四次查找成功的结点数为_____，则比较五次查找成功的结点数为_____，平均查找长度为_____。

7. 一个无序序列可以通过构造一棵_____树而变成一个有序序列，构造树的过程即为对无序序列进行排序的过程。

8. 二叉排序树的查找长度不仅与_____有关，也与二叉排序树的_____有关。

9. 平衡二叉树又称_____，其定义是_____。

10. 哈希表是通过将查找码按选定的_____和_____，把结点按关键字转换为地址进行存储的线性表。哈希方法的关键是_____和_____。一个好的哈希函数其转换地址应尽可能_____，而且函数运算应尽可

能_____。

11．在哈希函数 H(key)=key%p 中，p 值最好取_____。

12．假定有 k 个关键字互为同义词，若用线性探测再散列法把这 k 个关键字存入散列表中，至少要进行_____次探测。

13．_____法构造的哈希函数肯定不会发生冲突。

14．动态查找表和静态查找表的重要区别在于，前者包含有_____和_____运算，而后者不包含这两种运算。

15．在散列存储中，装填因子α的值越大，则_____；α的值越小，则_____。

三、应用题

1．假定对有序表(3,4,5,7,24,30,42,54,63,72,87,95)进行折半查找，试回答下列问题：

（1）画出描述折半查找过程的判定树；

（2）若查找元素 54，需依次与那些元素比较？

（3）若查找元素 90，需依次与那些元素比较？

（4）假定每个元素的查找概率相等，求查找成功时的平均查找长度。

2．已知一组关键字{49,38,65,97,76,13,27,44,82,35,50}，画出由此生成的二叉排序树。

3．对下面的 3 阶 B-树，依次执行下列操作，画出各步操作的结果。

① 插入 90　　② 插入 25　　③ 插入 45　　④ 删除 60

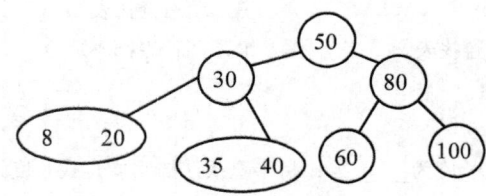

4．设哈希表的地址范围为 0～17，哈希函数为 H(key)=key%16。用线性探测法处理冲突，输入关键字序列(10,24,32,17,31,30,46,47,40,63,49)，构造哈希表，试回答下列问题：

① 画出哈希表的示意图。

② 若查找关键字 63，需要依次与哪些关键字进行比较？

③ 若查找关键字 60，需要依次与哪些关键字比较？

④ 假定每个关键字的查找概率相等，求查找成功时的平均查找长度。

5．设有一组关键字{9,01,23,14,55,20,84,27}，采用哈希函数 H(key)=key mod 7，表长为 10，用开放定址法的二次探测再散列方法 $H_i=(H_{i-1}(key)+d_i)$ mod 10（$d_i=1^2,2^2,3^2,\cdots$）解决冲突。要求：对该关键字序列构造哈希表，并计算查找成功的平均查找长度。

四、编程题

1．已知顺序表 A 长度为 n，试写出将监视哨设在高端的顺序查找算法。

2．若线性表中各结点的查找概率不等，则可用如下策略提高顺序查找的效率：若找到指定的结点，则将该结点和其前驱结点交换，使得经常被查找的结点尽量位于表的前端。试对线性表的链式存储结构写出实现上述策略的顺序查找算法（查找时必须从表头开始向后扫描）。

3．有递增排序的顺序线性表 A[n]，写出利用二分查找算法查找元素 K 的递归算法。若找到则给出其位置序号，若找不到则其位置号为 0。

4．已知关键字序列为 {PAL,LAP,PAM,MAP,PAT,PET,SET,SAT,TAT,BAT}，试为它们设计一个散列函数，将其映射到区间[0···n-1]上，要求碰撞尽可能少。这里 n=11,13,17,19。

5．设计一个算法，求出指定结点在给定的二叉排序树中所在的层数。

6．设计一个算法，以求出给定二叉排序树中值为最大的结点。

7．假设散列函数为 H(k)=k % 11，采用链地址法处理冲突，设计算法：

（1）输入一组关键字(09,31,26,19,01,13,02,11,27,16,05,21)构造散列表。

（2）查找值为 x 的元素。若查找成功，返回其所在结点的指针，否则返回 NULL。

第 9 章 排序

排序是数据处理中经常使用的一种重要操作。在现实生活中，人们会经常遇到排序，比如：对学生成绩按总分高低进行排序、对学生按学号大小进行排序、对图书馆的图书按各学科进行归类排序等。同样，排序也是计算机程序设计中的一个非常重要的操作，在计算机软件设计中，占有极其重要的地位。通过本章的学习，读者应该掌握以下内容：
- 排序的基本概念；
- 插入排序；
- 交换排序；
- 选择排序；
- 归并排序；
- 基数排序。

9.1 排序的相关术语与概念

排序就是把一组无序的数据（记录）序列按关键字重新排列成有序序列的过程。换句话说，排序就是重排一组记录，使其按关键字递增（或递减）的顺序排序。

1. 排序的稳定性

对于某种排序算法，如果用它来对一个待排数据序列按照某一关键字进行排序，排序后使相同关键字的数据记录之间的原始输入顺序在排序前后保持不变，则称这种排序算法是稳定的（stable）。反之，则称这种排序算法是不稳定的（unstable）。排序算法的稳定性取决于算法本身，而不取决于待排序的记录序列。

2. 内排序和外排序

排序分为两类：内排序和外排序。内排序（internal sort）是指当待排序记录的数量不是太大时，将待排序的记录全部调入内存中进行排序的过程。若待排序记录的数量庞大，无法一次装入内存，只能分批导入内存排好序后再分批导出到外部存储器如磁盘，这种涉及内外存储器数据交换的排序过程称为外排序（external sort）。

本章主要介绍内部排序，依照排序所采用的不同策略，可分为插入排序、交换排序、选择排序、归并排序和基数排序。

3. 排序算法性能标准

一个排序算法的好坏，一般应从以下三个方面综合衡量：

（1）时间复杂度：它主要用于分析记录关键字的比较次数和记录的移动次数。

（2）空间复杂度：用于分析算法中使用的内存辅助空间的多少。

（3）稳定性：用于分析算法是否稳定。在有些特定应用中，就要求排序算法必须是稳定的。

内部排序方法很多，很难提出一种最好的排序方法，所以要分析每种方法各自的优缺点，针对具体问题，选择最合适的方法。

4．排序过程

由于排序过程是将无序的记录序列通过记录关键字的比较和记录的位置移动，使序列有序，所以内部排序过程有两种基本操作：

（1）比较两个关键字的大小；

（2）将记录从一个位置移到另一个位置。

第一种操作对大多数排序方法都是必须的，第二种操作则要看记录序列的存储方式。

5．排序记录的三种存储方式

（1）若待排序记录存放在一组连续的存储地址上，类似于线性表的顺序存储结构，那么排序过程中记录的移动显然是必须的。

（2）若待排序记录采用链表形式存储，则记录之间的次序关系是由链表指针指示的，那么排序过程中仅需修改指针，而不需要移动记录。

（3）若待排序记录存放在一组连续的存储地址上，同时另外增加一组存储记录地址的向量，使用这些地址向量来指示各个记录在序列中的位置，那么排序过程中只需调整地址向量中这些记录的"地址"，而不必移动记录。排序结束后再按照地址向量中的值调整记录序列。

一般来说，第一种方式比较适用于记录较小的情况，当记录较大时，则后两种方式是非常有效的。

在本章中，若无特别说明，均假定待排序的记录序列采用一个顺序表结构来存储，并且假定是按关键字的递增（或非递减）序排序。在后面所学的各种排序算法中，均将排序记录的数据结构定义为：

```
typedef struct{
    KeyType key;        //关键字
    ItemType item1;     //数据元素的其他数据项
}RecType;
```

为了简单起见，假设记录的关键字是一些可直接用比较运算符进行比较的类型，如整型、字符型、实型等。在实际应用中，若关键字类型没有可直接使用的比较运算符，则可事先定义宏或函数来完成比较运算。

9.2　插入排序

插入排序的基本思想是：从初始有序的数据子序列开始，不断地把新的数据元素插入到已排列有序的子序列的合适位置上，使子序列中数据元素的个数不断增多，当子序列等于整个序列时，插入排序算法结束。常用的插入排序有直接插入排序和希尔排序两种。

9.2.1　直接插入排序

直接插入排序的基本思想是：依次将待排序的每一个记录按其关键字大小，插入到已排好序的子序列中，使之仍然是有序的，直至所有记录都插入完为止。

设待排序的 n 个记录存放在数组 R 中，开始排序时，我们认为序列中的第一个记录 R[0]已排好序，它组成了排序的初始序列，然后将未排序的第一个记录 R[1]与 R[0]进行比较，若 R[1]＜R[0]，则交换这两条记录的位置，从而将 R[1]插入到已排好序的子序列中，形成一个新的有序子序列。这样，每插入一个记录，有序部分将增加一个记录。依此类推，当所有未排序的记录全部插入后，整个序列就变成一个有序序列。

按照上述思想，我们用一个示例来说明直接插入排序的过程。

【例 9-1】设待排序记录的关键字序列为{15,9,11,36,28,42}，对其进行直接插入排序。

对待排序记录的直接插入排序过程如图 9-1 所示。在图中，字体为黑体的记录为本次待插入的记录，在[ ]内的则为已排好序的有序关键字序列，标有下划线的则表示记录关键字在本次排序中后移了一个位置。

```
初始关键字序列：　[15]　  9　    11　   36　   28　   42
第 1 次排序：　　  [9　   15]　  11　   36　   28　   42
第 2 次排序：　　  [9　   11　   15]　  36　   28　   42
第 3 次排序：　　  [9　   11　   15　   36]　  28　   42
第 4 次排序：　　  [9　   11　   15　   28　   36]　  42
第 5 次排序：　　  [9　   11　   15　   28　   36　   42]
```

图 9-1　直接插入排序示例

一般来说，在对第 i 个待排序记录 R[i]进行插入时，记录 R[0]，R[1]，…，R[i-1]已经排好序，因此可以用记录 R[i]的关键字分别与记录 R[0]，R[1]，…，R[i-1]的关键字进行比较，找出相应的位置 j，然后将记录 R[i]插入到位置 j，第 j 个位置之后的记录顺序后移一个位置。但是更有效的方法是在找出记录插入位置的过程中完成记录的移动操作。具体方法是：先将待插入记录 R[i]保存在一个临时变量中，然后将记录 R[i]的关键字依次与记录 R[i-1]，R[i-2]，…，R[0]的关键字进行比较，若有序部分的记录 R[j]的关键字大于 R[i]的关键字，则 R[j]后移一个位置；否则查找过程结束，j+1 即为 R[i]的插入位置。

1. 算法描述

根据上述排序思想，假设待排序记录是顺序存放在 R[0]，R[1]，…，R[n-1]中，则直接插入排序的算法描述如算法 9-1 所示。

【算法 9-1】

```
void InsertSort(RecType R[],int n)
{//用直接插入排序法对 R[n]进行排序
    int i,j;
    RecType temp;
    for(i=0;i<=n-2;i++)
    {
        temp=R[i+1]; //保存 i+1 的值
        j=i;          //i 是有序部分最大数组下标
        while(temp.key<=R[j].key && j>-1)
        {
            R[j+1]=R[j];
```

```
                    j--;
                }
                R[j+1]=temp;
            }
        }
```

2. 算法分析

（1）从空间复杂度来看，直接插入排序仅需要一个记录的附加空间。所以其空间复杂度为 O(1)。

（2）从运行的时间复杂度上来看，在该算法中，其基本操作是关键字大小的比较和移动记录。最好的情况是原始数据元素已全部排好序，关键字间比较的次数为最小值 n-1，移动记录的次数为 0。最坏的情况是原始数据元素反序排列，相应关键字间相互比较的次数达到最大值 $\sum_{i=0}^{n-2}(i+2)=(n+2)(n-1)/2$，记录间移动次数也为最大值 $\sum_{i=0}^{n-2}i=n(n-1)/2$。在随机情况下，即初始关键字序列出现各种排列的概率相同，可取上述两种情况下的最小值和最大值的平均值，即所需进行关键字间的比较次数和移动次数约为 $n^2/2$，综上所述，直接插入排序的时间复杂度为 $O(n^2)$。

（3）从稳定性来看，直接插入排序算法是一种稳定的排序算法。

9.2.2 希尔排序

从直接插入排序可以得到两点结论：一是原始序列越接近有序，其时间复杂度越接近 O(n)；二是 n 值较小时，效率也比较高。而希尔排序（shell sort）正是 D.L.Shell 于 1959 年采用这两点结论对直接插入排序进行改进后得到的一种分组插入排序方法，该方法也被称为"缩小增量排序"（diminishing increment sort）。

希尔排序的基本思想是：把待排序的数据元素分成若干个小组，对同一个小组内数据元素用直接插入法排序；小组个数逐次减少；当完成了所有数据元素都在同一个组内的排序后，排序过程结束。

具体做法是：先取一个合适的整数 d_1（$1 \leq d_1 < n$，n 为序列长度），如 n/2 作为第一个增量，把序列中的全部记录分成 d_1 个小组，每组中的各个记录在序列中的位置增量为 d_1，即将位置增量为 d_1 的记录放在一个小组中。先在各组内进行直接插入排序；然后，再取第二个合适的增量 d_2（$1 \leq d_2 < d_1$），如 $d_1/2$，重复上述的分组和排序，直至所取的增量 $d_t=1$（$1=d_t < d_{t-1} < \cdots < d_2 < d_1$），即所有记录放在同一组进行直接插入排序为止。

希尔排序的具体过程可以通过下列的例子来进行说明。

【例 9-2】设有 8 个待排序的记录，关键字分别为 {29,13,18,2,15,7,4,31}，增量序列的取值选择为 $d_1=(int)(n/2)$，$d_i=(int)(d_{i-1}/2)$，对其进行希尔排序。

对待排序的记录进行希尔排序的过程如图 9-2 所示，在这里分别设 $d_1=4$、$d_2=2$ 和 $d_3=1$。

第一趟排序时，$d_1=4$，整个序列被划分成 4 组：(29,15)，(13,7)，(18,4)，(2,31)，依次对各组记录进行直接插入排序，得到第一趟排序结果。

第二趟排序时，$d_2=2$，这个序列被划分成 2 组：(15,4,29,18)，(7,2,13,31)，对各组内的记录仍然进行直接插入排序，得到第二趟排序结果。

第三趟排序时，$d_3=1$，整个序列为一组，进行直接插入排序后，其结果则为一个有序的记录序列。

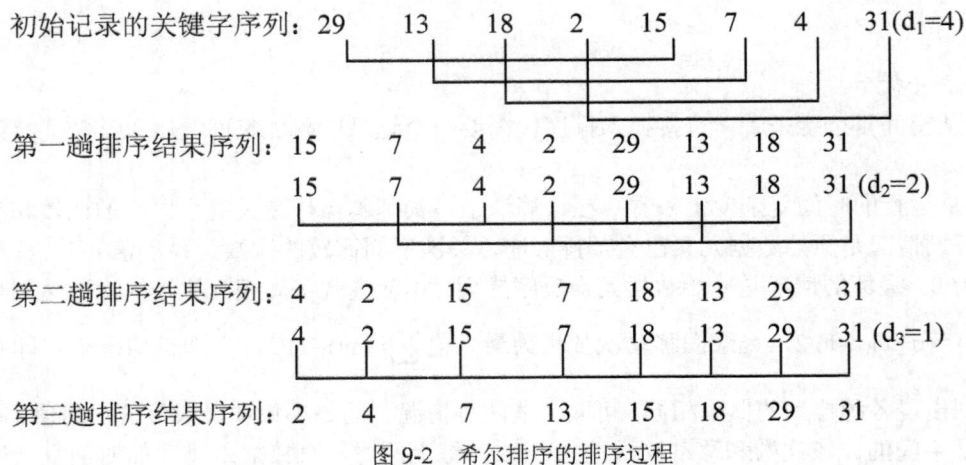

图 9-2 希尔排序的排序过程

1. 算法描述

【算法 9-2】

```
void ShellInsert(RecType *r,int dk,int n)
{
    int i,j;
    RecType temp;
    for(i=dk;i<n;++i)
        if(r[i].key<r[i-dk].key) //将 r[i]插入有序子表
        {
            temp=r[i];
            r[i]=r[i-dk];
            for(j=i-2*dk;j>-1 && temp.key<r[j].key;j-=dk)
                r[j+dk]=r[j];      //记录后移
            r[j+dk]=temp;          //插入到正确位置
        }
}
void ShellSort(RecType *L,int dlta[],int t,int n)/*希尔排序*/
{//按增量序列 dlta[t-1] 对顺序表 L 做希尔排序
    int k;
    for(k=0;k<t;k++)
        ShellInsert(L,dlta[k],n); //一趟增量为 dlta[k] 的插入排序
}
```

2. 算法分析

（1）希尔排序的实质是先将整个序列按间隔的增量序列分成几个子表分别进行直接插入排序，待整个序列基本有序，再对整个序列进行一次直接插入排序，这样就可以减少记录关键字间的比较次数和移动记录的次数。因此，增量序列的确定是关键。

（2）确定一种最好的增量序列在数学上仍然是一个难题，但是到目前为止，已经得出一些局部的结论。如果采用希尔增量，则时间复杂度为 $O(n^2)$；如果采用的增量序列形如 $(2k-1,\cdots,7,5,3,1)$，则时间复杂度为 $O(n^{1.5})$。

（3）一般来说，如果增量序列中的值没有除 1 之外的公因子，或者至少相邻两个增量序列中的值没有除 1 之外的公因子，则这样的增量序列是最好的。增量序列不管如何选取，必须保证最后一个增量的值为 1。

（4）从所需的附加空间来看，除了交换用的暂存变量外，希尔排序不需要任何附加空间，所以其空间复杂度为 $O(1)$。

（5）希尔排序方法是不稳定的。

9.3 交换排序

利用交换数据元素的位置进行排序的方法称为交换排序。常用的交换排序方法有冒泡排序法和快速排序法。快速排序法是一种分区交换排序方法。

9.3.1 冒泡排序

冒泡排序是一种最简单的交换排序方法。假设 n 个待排序记录存放在数组 R[0]～R[n-1] 中，其基本思想是：

（1）首先将 R[0]的关键字与 R[1]的关键字进行比较，若为逆序（即 R[0].key＞R[1].key），则交换这两个记录，然后再比较 R[1]和 R[2]的关键字，以此类推，直到比较 R[n-2]与 R[n-1] 的关键字后为止。这样的过程称为一趟冒泡排序，其结果是将关键字最大的记录调整到 R[n-1] 位置上。

（2）然后进行第 2 趟冒泡排序，即对前 n-1 个记录进行同样操作，使关键字次大的记录被安置在倒数第 2 个位置上，即第 n-2 个记录的位置。

（3）依次进行第 3，4，…，n-1 趟冒泡排序。一般地，将 i 趟最大关键字的记录安置在第 n-i 个位置上。

整个冒泡排序过程总共需要 n-1 趟冒泡排序，其结果是关键字较小的记录好比水中气泡逐趟向上起泡，而关键字较大的记录就像石块往下沉，每趟总有一块"最大"的石头沉到水底（或者说每趟总有一个"最小"的气泡浮到水面），故形象地称之为冒泡排序。

下面以一示例来说明冒泡排序的过程。

【例 9-3】假设记录的关键字序列为 {58,32,41,83,25,74,12}，对其进行冒泡排序。

对待排序的记录关键字采用冒泡排序法递增排序的过程是：首先首次比较交换的排序过程，如图 9-3 所示。在图 9-3 中，方括号[]中的元素为本次冒出的元素。

1. 算法描述

根据冒泡排序的思想和示例可知，经过若干趟冒泡排序后，待排序记录可能已经有序，则在下一趟排序时就没有记录需要交换位置，因而我们可以在算法中设计一个 flag 变量来"记下"每一趟排序是否有交换动作，若无交换则表明数据元素已全部排好序，可以提前结束排序过程，具体的算法描述如算法 9-3 所示。

初始记录的关键字序列：　58　　32　　41　　83　　25　　74　　12

第 1 次比较后：　32　　58　　41　　83　　25　　74　　12

第 2 次比较后：　32　　41　　58　　83　　25　　74　　12

第 3 次比较后：　32　　41　　58　　83　　25　　74　　12

第 4 次比较后：　32　　41　　58　　25　　83　　74　　12

第 5 次比较后：　32　　41　　58　　25　　74　　83　　12

这样可以得到：

第 1 趟排序结果序列：　32　　41　　58　　25　　74　　12　[83]

然后重复前面的比较步骤，依次可得如下序列：

第 2 趟排序结果序列：　32　　25　　41　　58　　12　[74]　83

第 3 趟排序结果序列：　25　　32　　41　　12　[58]　74　83

第 4 趟排序结果序列：　25　　32　　12　[41]　58　74　83

第 5 趟排序结果序列：　25　　12　[32]　41　58　74　83

第 6 趟排序结果序列：　12　[25]　32　41　58　74　83

最后结果序列：　[12]　25　　32　　41　58　74　83

图 9-3　冒泡排序过程示例

【算法 9-3】

```
void BubbleSort(RecType R[],int n)
{//对 R[0]～R[n-1]进行冒泡排序*/
    int i,j,flag;
    RecType temp;
    for(i=1;i<n;i++)//n 个记录一共执行 n-1 趟
    {
        flag=0;
        for(j=0;j<n-i;j++)//一趟冒泡排序过程
        {
            if(R[j].key>R[j+1].key)
            {
                temp=R[j];
                R[j]=R[j+1];
                R[j+1]=temp;
                flag=1;//发生交换 flag 置 1
            }
        }
        if(flag==0)break;//若无交换，则退出
    }
}
```

2. 算法分析

（1）在最好的情况下，初始记录的关键字序列已按递增序排列，这时只需进行 1 趟排序，循环 n-1 次，每次循环都因没有交换动作而退出，由于没有发生记录的移动，比较次数为 n-1，移动次数为 0。这时冒泡排序算法的时间复杂度为 O(n)。

（2）在最坏的情况下，初始记录的关键字序列全部按递减序排列，则要进行 n-1 趟排序，而在进行第 i 趟排序时，总有 R[i].key>R[i+1].key，所以要进行 n-i 次记录的交换，那么整个排序过程需进行 $\sum_{i=1}^{n-1}(n-i) = n(n-1)/2$ 次关键字比较和 3n(n-1)/2 次交换，因此，总的时间复杂度为 O(n^2)。

（3）从所需的附加空间来看，冒泡排序在交换记录时需要一个记录大小的缓存，即需要一个记录的附加空间，所以其空间复杂度为 O(1)。

（4）冒泡排序是稳定的，并且它特别适用于记录基本有序的集合。

9.3.2 快速排序

快速排序（quick sort）是对冒泡排序的一种改进。由 C.A.R.Hoare 在 1962 年提出。它的基本思想是：通过一趟排序将要排序的数据分割成独立的两部分，其中一部分的所有数据都比另外一部分的所有数据小，然后再按此方法对这两部分数据分别进行快速排序，整个排序过程可以递归进行，以此达到整个数据变成有序序列。

假设要排序的数组是 R[0]，…，R[n-1]，一趟快速排序的算法是：

（1）设置两个变量i、j，排序开始时：i=0，j=n-1；

（2）以第一个数组元素作为关键数据，赋值给 T（枢轴记录），即 T=R[0]；

（3）从 j 开始向前搜索，即由后开始向前搜索(j--)，找到第一个小于 T 的值 R[j]，将值为 T 的项与 R[j]交换；

（4）从 i 开始向后搜索，即由前开始向后搜索(i++)，找到第一个大于 T 的 R[i]，将值为 T 的项与 R[i]交换；

（5）重复第（3）、（4）步，直到i=j 第（3），（4）步中没找到符合条件的值，即 3 中 R[j]不小于 T，4 中 R[i]不大于 T 时改变 j、i 的值，使得 j=j-1，i=i+1，直至找到为止。找到符合条件的值，进行交换时 i、j 指针位置不变。另外，i==j 这一过程一定正好是 i++或 j--完成时，此时令循环结束。

【例 9-4】设待排序记录的关键字序列为{58,62,21,36,72,10,22,89}，对其进行快速排序。

依照快速排序算法，对待排序记录的关键字序列，进行第一趟快速排序的过程如图 9-4 所示。

当对待排序序列进行一趟快速排序后，可采用同样的方法分别对子序列继续进行快速排序，直到各个子序列的记录个数都为 1 为止。这样就完成了整个待排序序列的快速排序过程。对于上述例子，快速排序的过程如图 9-5 所示。

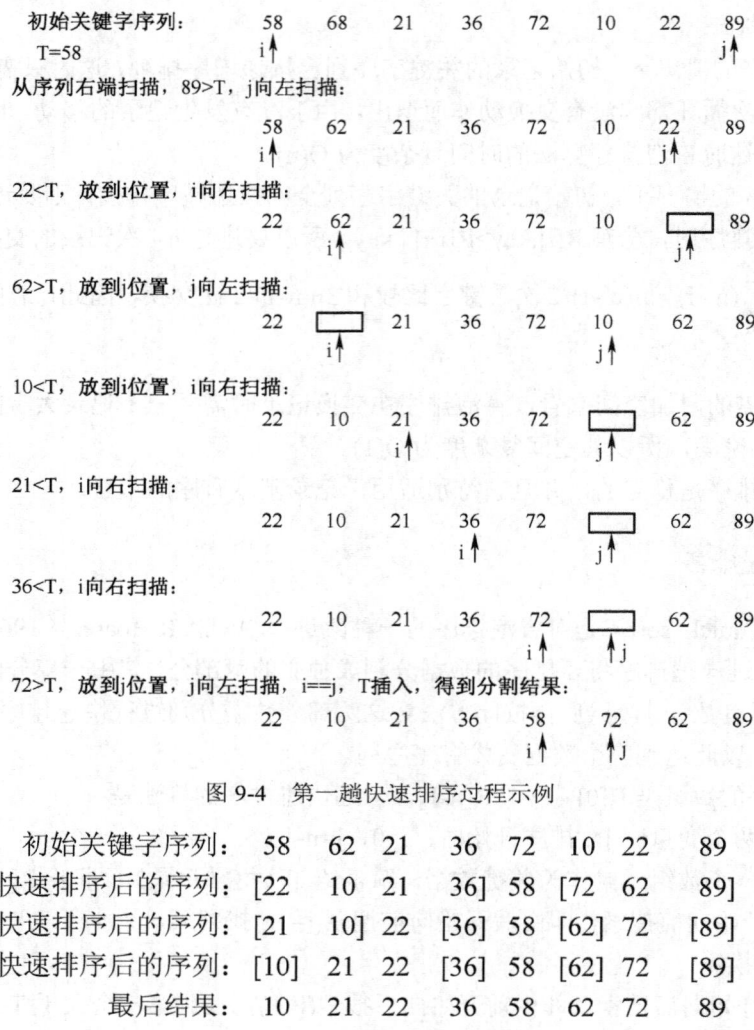

初始关键字序列： 58 68 21 36 72 10 22 89
T=58

从序列右端扫描，89>T，j向左扫描：

58 62 21 36 72 10 22 89

22<T，放到i位置，i向右扫描：

22 62 21 36 72 10 ☐ 89

62>T，放到j位置，j向左扫描：

22 ☐ 21 36 72 10 62 89

10<T，放到i位置，i向右扫描：

22 10 21 36 72 ☐ 62 89

21<T，i向右扫描：

22 10 21 36 72 ☐ 62 89

36<T，i向右扫描：

22 10 21 36 72 ☐ 62 89

72>T，放到j位置，j向左扫描，i==j，T插入，得到分割结果：

22 10 21 36 58 72 62 89

图 9-4　第一趟快速排序过程示例

初始关键字序列： 58 62 21 36 72 10 22 89
第一趟快速排序后的序列：[22 10 21 36] 58 [72 62 89]
第二趟快速排序后的序列：[21 10] 22 [36] 58 [62] 72 [89]
第三趟快速排序后的序列：[10] 21 22 [36] 58 [62] 72 [89]
最后结果： 10 21 22 36 58 62 72 89

图 9-5　快速排序示例

1. 算法描述

假设待排序序列为$(R_0,R_1,\cdots,R_{n-1})$，其算法思路是：

（1）以第一个关键字 R_0 为控制字，将$[R_0,R_1,\cdots,R_{n-1}]$分成两个子区，使左区所有关键字小于等于 R_0，右区所有关键字大于等于 R_0，最后控制字居两个子区中间的适当位置。在子区内数据尚处于无序状态。

（2）将右区首、尾指针（记录的下标号）保存入栈，对左区进行与第（1）步相似的处理，又得到它的左子区和右子区，控制字居中。

（3）重复第（1）、（2）步，直到左区处理完毕。然后退栈对一个个右子区进行相似的处理，直到栈空。

在每趟具体实现时，每次交换一对记录需要进行三次记录移动（赋值）的操作。在排序过程中对枢轴记录的赋值是多余的，因为只有在一趟排序结束时，即 i=j 时，枢轴记录才找到自己的最后位置，因此可以先将"枢轴"记录暂存在 T 中，排序过程中只做 R[i]或 R[j]的单项移动，直至一趟排序结束后再将枢轴记录移至正确位置上。

快速排序算法见算法 9-4。

【算法 9-4】

```
int s[n][2];//辅助栈 s，n 为排序记录的长度
int Hoare(RecType r[],int l,int h)
{//快速排序每趟处理
    int i,j; RecType x;
    i=l;j=h;x=r[i];
    do{
        while(i<j && r[j].key>=x.key)j--;
        if(i<j)
        {       r[i]=r[j];i++;       }
        while(i<j && r[i].key<=x.key)i++;
        if (i<j)
        {       r[j]=r[i];j--;       }
    }while(i<j);
    r[i]=x;
    return i;
}
void QuickSort1(RecType r[],int n)
{//快速排序非递归
    int l=0,h=n-1,tag=1,top=0,i;
    do{
        while(l<h)
        {   i=Hoare(r,l,h);top++;
            s[top][0]=i+1;s[top][1]=h;
            h=i-1;
        }//tag=0 表示栈空
        if (top==0)tag=0;
        else
        {
            l=s[top][0];h=s[top][1];top--;
        }
    }while(tag==1);//栈不空继续循环
}
```

递归形式的快速排序算法如算法 9-5 所示。

【算法 9-5】

```
void QuickSort2(RecType r[],int l,int h)
{//快速排序递归调用，l=0，h=n-1
    int i;
    if(l<h)
    {
        i=Hoare(r,l,h);//划分两个区
        QuickSort2(r,l,i-1);//对左分区快速排序
        QuickSort2(r,i+1,h);//对右分区快速排序
    }
}
```

2．算法分析

（1）快速排序就平均性能而言，是最好的内部排序。基准记录若选择得当，每次划分若能使左右两个区长度相等，则这是最佳的情况，此时划分的次数为 $\log_2 n$，总的比较次数为 $n\log_2 n$，其时间复杂度为 $O(n\log_2 n)$，若初始记录序列按关键字有序或基本有序时，快速排序将蜕变为冒泡排序，其时间复杂度为 $O(n^2)$。

（2）当待排序记录完全无序时，快速排序性能最好；当待排序记录有序或基本有序时，快速排序蜕变为冒泡排序，这是最坏的情况。

（3）快速排序非递归算法需要堆栈来实现，栈中存放待排序记录序列的首尾位置，一般情况下需要栈空间 $O(\log_2 n)$，在最坏情况下，需要的栈空间为 $O(n)$。

（4）快速排序方法是不稳定的。

9.4   选择排序

选择排序的基本思想是：每次从待排序记录中选出关键字最小（或最大）的记录，顺序放到已排序记录序列的最前（或最后），直到全部记录排序完成为止。常用的选择排序有直接选择排序和堆排序两种。堆排序是一种基于完全二叉树的排序。

9.4.1   直接选择排序

直接选择排序的基本思想是：每次从待排序记录中选出关键字最小的记录，把它与第一个记录进行交换，这样一次操作过程称为一趟直接选择排序；然后在余下的记录中再选出关键字最小的记录与第二个记录进行交换。依此类推，直至所有记录排序完成。

按照上述思想，我们用一个例子来说明直接选择排序的过程。

【例 9-5】设待排序记录的关键字序列为{58,62,21,36,72,10,22}，对其进行直接选择排序。对待排序记录的直接选择排序过程如图 9-6 所示,图中[]内的为已排好序的记录的关键字。

```
初始关键字序列：   58   62   21   36   72   10   22
    第 1 趟排序：  [10]  58   62   21   36   72   22
    第 2 趟排序：  [10   21]  58   62   36   72   22
    第 3 趟排序：  [10   21   22]  58   62   36   72
    第 4 趟排序：  [10   21   22   36]  58   62   72
    第 5 趟排序：  [10   21   22   36   58]  58   72
    第 6 趟排序：  [10   21   22   36   58   62]  72
      最后结果：  [10   21   22   36   58   62   72]
```

图 9-6   直接选择排序示例

1．算法描述

从图 9-6 所示的直接选择排序过程，我们可以设计算法 9-6 来描述直接选择排序。

【算法 9-6】

```
void SelectSort(RecType R[],int n)
{//直接选择排序
```

```
int i,j,k; RecType temp;
for(i=0;i<n-1;i++)
{
        k=i;//设第 i 个记录关键字最小
        for(j=i+1;j<n;j++)//查找关键字最小的记录
            if(R[j].key<R[k].key)
                k=j;//记住最小记录的位置
        if (k!=i)//当最小记录的位置不为 i 时进行交换
        {
                temp=R[k]; R[k]=R[i]; R[i]=temp;
        }
}
```

2. 算法分析

（1）在直接选择排序过程中，所需进行记录移动的操作次数较少。当初始序列是递增时，移动记录次数达到最小为 0 次；当初始序列是递减时，移动记录次数最大为 3(n-1)次。

（2）无论初始序列如何排列，所需进行关键字间的比较次数相同，均为 n(n-1)/2 次，故总的时间复杂度为 $O(n^2)$。

（3）直接选择排序方法是不稳定的。

9.4.2 堆排序

我们知道，在直接选择排序过程中，开始为找出关键字最小的记录，需要比较 n-1 次，然后再找出关键字次小的记录要对剩下的 n-1 个记录进行 n-2 次比较。而在这 n-2 次比较中，有许多比较可能在前面的 n-1 次比较中已经做过了，但由于前一趟排序时没有保存这些在以后的各次排序中还有用的比较结果，所以后一趟排序必须重复执行这些比较操作，这就大大增加了时间开销。

1. 堆定义

堆排序（heap sort）是 J.Williomss 针对直接选择排序所存在的上述问题而提出的一种改进方法，可以在寻找当前待排序记录中最小关键字记录的同时，也保存本趟排序过程中所产生的其他比较信息供下次排序使用。

首先介绍堆的基本概念。

堆（heap）是具有 n 个元素的序列 $R(R_1,R_2,\cdots,R_n)$，相应的关键字序列为$(k_1,k_2,\cdots,k_n)$，它满足如下关系：

$$\begin{cases} k_i \leqslant k_{2i} & （当 2i \leqslant n） \\ k_i \leqslant k_{2i+1} & （当 2i+1 \leqslant n） \end{cases} 或 \begin{cases} k_i \geqslant k_{2i} & （当 2i \leqslant n） \\ k_i \geqslant k_{2i+1} & （当 2i+1 \leqslant n） \end{cases}，其中：i=1,2,\cdots n/2$$

前者称为小根堆，这时根结点为最小元素；后者称为大根堆，这时根结点为最大元素。如图 9-7（a）所对应的元素序列{7,6,4,5,2,3,1}组成一个大根堆，图 9-7（b）所对应的元素序列{1,4,3,5,6,7,9}组成一个小根堆。

用一个向量存储序列 "$k_1,k_2,\cdots,k_n$"，则该序列可以看作一棵顺序存储的、以 k_1 为根结点的完全二叉树，这时 k_i 与 k_{2i}、k_{2i+1} 的关系就是双亲与其左、右孩子之间的关系。如果对完全二叉树按照从上到下、从左到右的顺序将各个结点进行编号，如此得到的序列正好和堆的结构相一致，因此，通常用完全二叉树来直观地描述一个堆。如图 9-7 所示正是上述两个堆的完全二叉树的表示形式和它们的存储结构。这时，根结点是元素序列中值最小或最大的元素。

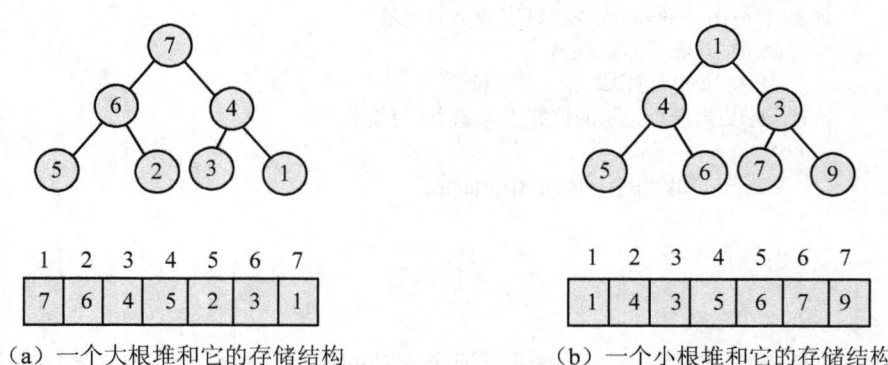

（a）一个大根堆和它的存储结构　　　　　　　（b）一个小根堆和它的存储结构

图 9-7　堆的示例及存储结构

由堆的定义可以推知，堆具有如下性质：

（1）大根堆的根结点是堆中值最大的元素，小根堆的根结点是堆中值最小的元素，堆的根结点元素称为堆顶元素。

（2）对于大根堆，从根结点到每个叶子结点路径上的元素组成的序列都是递减有序的；对于小根堆，从根结点到每个叶子结点路径上的元素组成的序列都是递增有序的。

（3）堆中任一子树也是堆。

2. 堆排序

堆排序就是利用堆顶元素的关键字值最小（或最大）的性质，从当前待排序列中依次选取关键字最小（或最大）的记录来进行选择排序的一种方法。其基本思想是：

（1）对一组待排序数据序列，按照堆的定义，创建成一个堆，这时根结点（堆顶元素）具有最小（或最大）值。

（2）取出堆顶记录插入有序区并把剩余记录重新调整成一个新堆。

（3）不断重复执行第（2）步，直到全部记录均插入有序区为止。

由此可知，在堆排序过程中，关键是做好两方面工作：

（1）如何将给定的待排序记录构成一个初始堆。

（2）取出堆顶元素后，如何将剩余记录调整成一个新堆。

现在，先考虑堆的调整。设当前所使用的堆为大根堆，假设输出堆顶元素后，以堆中最后一个元素替代之。此时，整棵完全二叉树就失去了堆的性质，不再是一个堆，但根结点的左右子树均为堆，子树的根为子树中的极大值，因此可从根结点开始，自上而下进行调整。将堆顶元素同左、右子树根中较大者进行比较，若小于该子树根结点的值，则堆顶结点与该子树根结点交换；可能因为交换又破坏了该子树的堆的性质，则重复上述调整过程，最坏的情况是直至调整到叶子才结束。这种自堆顶向下调整建堆的过程称为结点向下"筛选"。

例如，如图 9-8 所示，给出了堆顶极大值的输出及堆的调整过程。

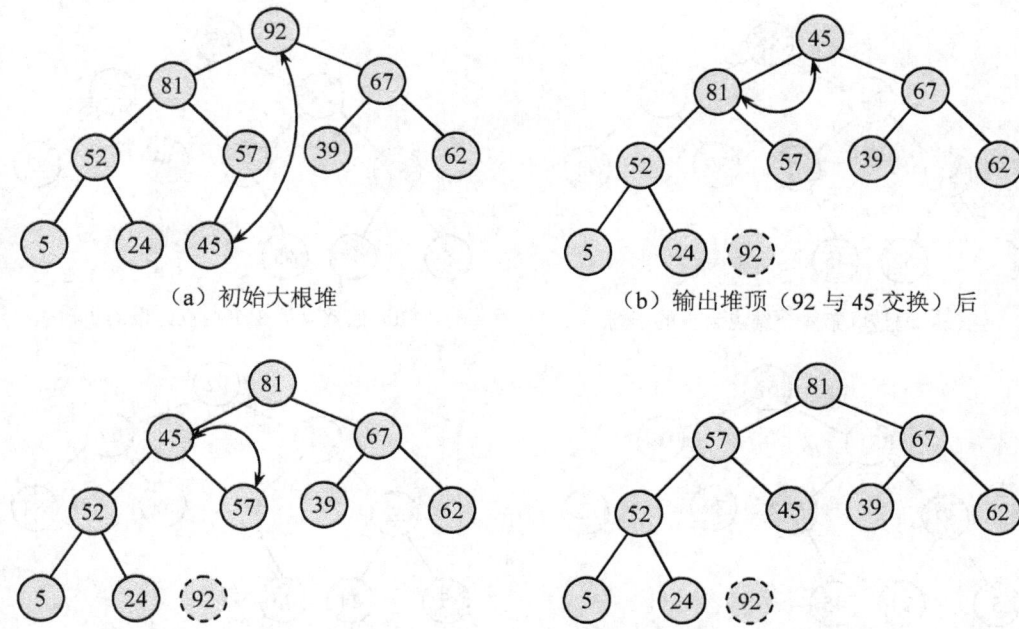

（a）初始大根堆　　　　　　　　　（b）输出堆顶（92 与 45 交换）后

（c）向下调整（45 与 81 交换）后　　（d）再调整（45 与 57 交换）后新堆

图 9-8　输出堆顶元素并调整新建堆的过程示例

接下来，再考虑初始堆的构造方法。实际上，从一个无序序列建造初始堆的过程就是一个反复"筛选"的过程。若将 n 个待排序记录的关键字序列看成一棵完全二叉树，则所有的叶子结点所对应的子二叉树（只有一个根结点）一定为堆。因此，只需从最后分支结点（第 $\lfloor n/2 \rfloor$ 个）开始，依次将以 k 个（k=$\lfloor n/2 \rfloor$，$\lfloor n/2 \rfloor$-1，$\lfloor n/2 \rfloor$-2，…，1）分支结点为根的子树调整为堆；当 k=1 时，最终得到的完全二叉树所对应的序列就是一个堆。

例如，若初始关键字序列为(67,24,62,52,45,39,92,5,81,57)，则将其构造为一个初始大根堆的过程如图 9-9 所示。

根据前面的分析，为了使排序结果按关键字递增有序排列，则在堆排序的算法中先建一个"大根堆"，将堆顶元素与序列中最后一个记录交换，然后对序列中前 n-1 个记录进行"筛选"，重新调整为一个"大根堆"，如此反复直至排序结束。

由此，给出堆排序的实现算法见算法 9-7。其中，函数 HeapAdjust()为堆的"筛选"算法；而函数 HeapSort()则给出了反复调用筛选函数来实现堆排序的过程。

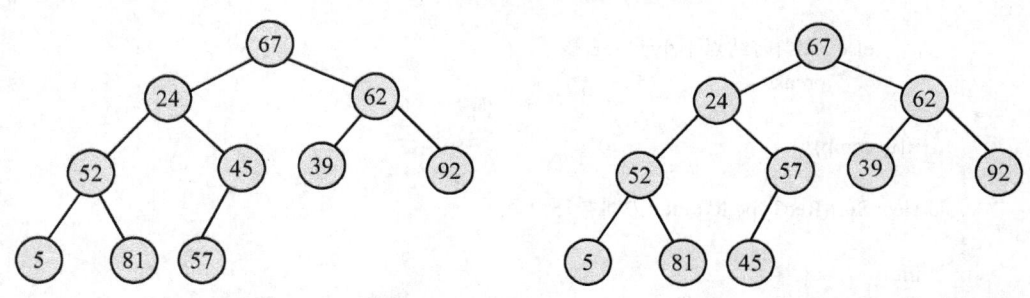

（a）无序序列对应的完全二叉树　　（b）调整以第 5 个结点为根的子树

图 9-9　构造初始大根堆的过程示例

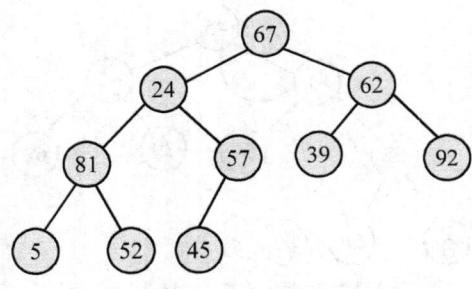

（c）调整以第 4 个结点为根的子树

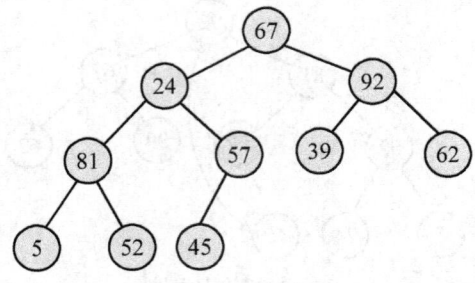

（d）调整以第 3 个结点为根的子树

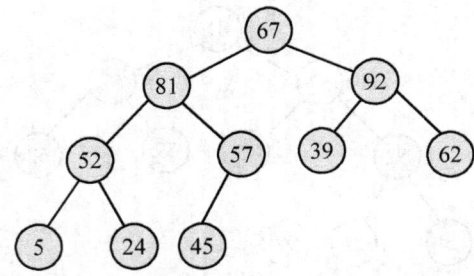

（e）调整以第 2 个结点为根的子树

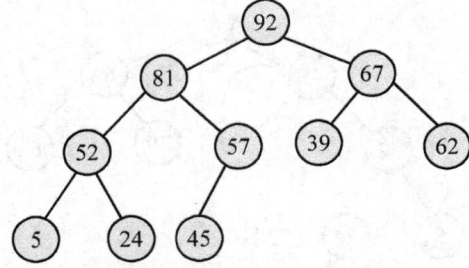

（f）调整以第 1 个结点为根的子树

图 9-9 　构造初始大根堆的过程示例（续图）

【算法 9-7】

```
void HeapAdjust(RecType R[],int l,int m)//堆排序筛选
{//l 表示开始筛选的结点，m 表示待排序的记录个数
    int i,j;
    RecType temp;
    i=l;
    j=2*i+1;      //计算 R[i]的左孩子位置
    temp=R[i];  //将 R[i]保存在临时单元中
    while(j<=m-1)
    {
        if(j<m-1 && R[j].key<R[j+1].key)
            j++; //选择左右孩子中最大者，即右孩子
        if(temp.key<R[j].key)//当前结点小于左右孩子的最小者
        {
            R[i]=R[j];i=j;j=2*i+1;
        }
        else   //当前结点不小于左右孩子
            break;
    }
    R[i]=temp;
}
void HeapSort(RecType R[],int n)/*堆排序*/
{
    int j;
    RecType temp;
    for(j=n/2-1;j>=0;j--)/*构建初始堆*/
        HeapAdjust(R,j,n);/*调用筛选算法*/
```

```
for(j=n;j>1;j--)/*将堆顶记录与堆中最后一个记录交换*/
{
    temp=R[0];
    R[0]=R[j-1];
    R[j-1]=temp;
    HeapAdjust(R,0,j-1);/*将 R[0···j-1]调整为堆*/
}
}
```

3．算法分析

（1）堆排序对 n 较大的文件比较有效，记录数 n 较少时不提倡使用。

（2）堆排序运行的时间主要耗费在建初始堆和调整新建堆时的反复"筛选"上。对深度为 k 的堆，HeapAdjust 算法中进行的关键字比较次数不超过 2(k-1)次。n 个结点的完全二叉树的深度为 $\lfloor \log_2 n \rfloor +1$，则调整新建堆时调用 HeapAdjust 过程 n-1 次，总共进行的比较次数不超过 $2 \times (\lfloor \log_2(n-1) \rfloor + \lfloor \log_2(n-2) \rfloor + \cdots + \log_2 2) < 2n \lfloor \log_2 n \rfloor$。因此，堆排序在最坏情况下，其时间复杂度也为 O(nlog₂n)。

（3）堆排序的空间复杂度为 O(1)，即仅需要一个记录大小的辅助空间，供交换元素使用。

（4）堆排序过程中，总是将堆顶记录与最后一个记录进行交换，所以堆排序是不稳定的。

9.5　归并排序

归并排序（merging sort）是通过不断地将两个或两个以上的较小有序序列合并成一个较大的有序序列的一种排序方法。

归并排序的基本思想是：设待排序列长度为 n，初始时把它们看作是 n 个长度为 1 的有序子序列，然后从第一个子序列开始对这些相邻的子序列进行两两合并，得到 $\lceil n/2 \rceil$ 个长度为 2 或 1 的有序子序列。我们将这个过程称为一趟归并排序。然后再继续对这些长度为 2 或 1 的有序子序列进行两两合并，如此重复，直到合并成一个长度为 n 的有序序列为止。

下面以一示例进行说明。

【例 9-7】设待排序记录的关键字序列为 {82,73,71,32,95,16,15,60,56}，对其进行归并排序。

对待排序记录的归并排序过程可用图 9-10 来说明，其中，方括号[]中的元素为待归并的元素。

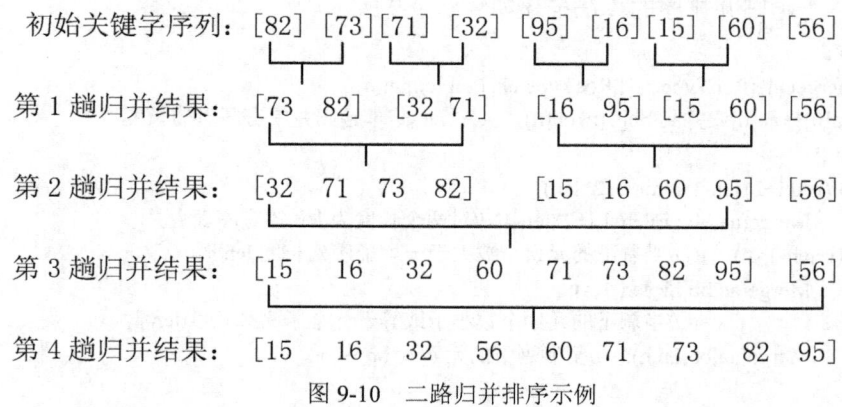

图 9-10　二路归并排序示例

由上述排序过程可知，子序列总是两两归并，所以归并排序也称为二路归并排序。多于二路的归并排序方法与二路归并排序方法类同。

1. 算法描述

（1）相邻两个有序表合并为一个有序表。

二路归并最核心的操作是将一维数组中前后相邻的两个有序序列合并成一个有序序列，其算法见算法 9-8。

【算法 9-8】

```
void Merge(RecType aa[],RecType bb[],int l,int m,int n)
{//将两个有序子序列 aa[l]～aa[m]和 aa[m+1]～aa[n]合并为一个有序序列 bb[l]～bb[n]
    int i,j,k;
    k=l;i=l;j=m+1;//将 i、j、k 分别指向 aa[l]～aa[m]、aa[m+1]～aa[n]、bb[l]～bb[n]首记录
    while(i<=m && j<=n)        //将 aa 中记录由小到大放入 bb 中
        if(aa[i].key<=aa[j].key)
            bb[k++]=aa[i++];
        else
            bb[k++]=aa[j++];
    while(j<=n)        //将剩余的 aa[j]～aa[n]复制到 bb 中
        bb[k++]=aa[j++];
    while(i<=m)        //将剩余的 aa[i]～aa[m]复制到 bb 中
        bb[k++]=aa[i++];
}
```

（2）一趟归并排序。

每一趟排序都是从前到后，依次将相邻的两个有序子序列进行合并，并且除最后一个子序列外，其余每个子序列的长度都相同。设这些子序列的长度为 len，则一趟归并排序的过程为：从 R[1]开始，依次将子序列 R[i]～R[i+len-1]和 R[i+len]～R[i+2len-1]进行归并，每次归并两个子序列后，i 向后移 2len 个位置，即 i=i+2len；若归并扫描到最后，剩下的元素不足两个子序列长度时，分两种情况进行处理：

① 若剩下的元素个数大于一个子序列长度 len 时，则调用 Merge 算法，将一个长度为 len 的子序列和剩下的不足 len 个元素的子序列进行归并。

② 若剩下的元素个数小于或等于一个子序列长度 len 时，则只需将剩下的元素依次复制到归并后的序列中。

综上所述，一趟归并排序的算法描述如算法 9-9 所示。

【算法 9-9】

```
void MergeOne(RecType aa[],RecType bb[],int len,int n)
{//从 aa[0]～aa[n]归并到 bb[0]～bb[n]，其中 len 是本趟归并中有序表的长度
    int i;
    for(i=0;i+2*len-1<=n;i=i+2*len)
        Merge(aa,bb,i,i+len-1,i+2*len-1);//对两个长度为 len 的有序表合并
    if(i+len-1<n)        //当剩下的元素个数大于一个子序列长度 len 时
        Merge(aa,bb,i,i+len-1,n);
    else                //当剩下的元素个数小于或等于一个子序列长度 len 时
        Merge(aa,bb,i,n,n);   //复制剩下的元素到 bb 中
}
```

（3）归并排序的迭代算法。

在开始归并排序时，每个记录可以看成是一个长度为 1 的有序子序列，利用算法 9-9 对这些有序子序列逐趟进行归并，每一趟归并后有序子序列的长度均扩大一倍（最后一个子序列可能例外），当有序子序列的长度与整个记录序列长度相等时，整个记录序列排序结束。因此，这个二路归并排序的迭代算法描述如算法 9-10 所示，其中，aa[n]为初始待排序序列，bb[n]作为辅助空间，与 aa[n]轮流存放某一趟排序结果。排序结束后，aa[n]中为已排好序的记录序列。

【算法 9-10】

```
void MergeSort(RecType aa[],RecType bb[],int n)
{
        int len=1;        //len 是排序序列表的长度
        while(len<n)
        {
                MergeOne(aa,bb,len,n-1);
                MergeOne(bb,aa,2*len,n-1);
                len=4*len;
        }
}
```

（4）归并排序的递归算法。

采用递归实现归并排序的基本思路是：先将整个待排序列划分为两个长度基本相等的子序列，然后分别对两个子序列进行二路归并排序，使两个子序列分别有序，最后再将这两个有序子序列合并成为一个完整的序列，这样就得到了二路归并排序的递归算法，描述如见算法 9-11。

【算法 9-11】

```
void MSort(RecType aa[],RecType bb[],int s,int r)
{
        int m;
        if (s==r)
                bb[s]=aa[s];
        else
        {
                m=(s+r)/2;                //将 aa[r]平分为 aa[s]～aa[m]和 aa[m+1]～aa[r]
                MSort(aa,bb,s,m);         //递归地将 aa[s]～aa[m]归并排序到 bb[s]～bb[m]
                MSort(aa,bb,m+1,r);       //递归地将 aa[m+1]～aa[r]归并到 bb[m+1]～bb[r]
                Merge(bb,aa,s,m,r);       //将 bb[s]～bb[m]和 bb[m+1]～bb[r]归并到 aa[s]～aa[r]
        }
        for (m=s;m<=r;m++)                //复制 aa[s]～aa[r]到 bb[s]～bb[r]
                bb[m]=aa[m];
}
```

2．算法分析

（1）设待排序的记录 L 的长度为 n，若有 $n=2^k$，则对 L 进行 $k=\log_2 n$ 遍归并；对于任意的 n，需进行 $\lceil \log_2 n \rceil$ 遍归并。每遍归并的比较次数不超过 n，故总的比较次数为 $O(n\log_2 n)$。

（2）实现归并排序需和待排记录等数量的辅助空间，故其空间复杂度为 $O(n)$。

（3）归并排序的最大特点是，它是一种性能好且稳定的排序方法。

9.6　基数排序

基数排序（radix sort）是一种借助于多关键字排序的思路，对具有单一逻辑的关键字进行排序的方法。这种排序方法不进行关键字之间的比较，而是利用由关键字拆分出的各个组成成分所影射的数字位数作为排序的依据。由于基数排序法需要使用一批桶，故这种排序方法又称为桶排序。

一般来讲，任何关键字的值都可以看成是由若干个"位"或部分组成的，例如：5 位十进制数字可以看成由个位数、十位数、百位数、千位数和万位数五个位组成。"位"也可能不是数字，比如说字符串类型的关键字的每一位都是字符，甚至有可能是一些枚举类型的数据，但本书讨论位的类型仅是数字这样的较简单类型的情况。

假设待排序记录的个数为 n，各记录的关键字位数为 d，每一位可以有 r 种取值。如果记录的关键字位数不够 d 位，那么就将其补够 d 位，并使关键字的值在补够位数后不变。此时可以把关键字看成是一个 d 元组，即 $R[i].key=(k_i^d,k_i^{d-1},\cdots,k_i^1)$。例如：4 位十进制数字 X 就可以看成是一个 d 为 4，r 为 10 的关键字，因此 X 可以用四元组(X_4,X_3,X_2,X_1)来表示，并且有 $X=X_1+X_2\times10+X_3\times100+X_4\times1000$。如果有一个 2 位十进制数，则在高位补上两个 0 就可将其看成是一个 4 位十进制数，而它的大小没有发生改变，因此也可以被看成是 d 为 4，r 为 10 的关键字。

基数排序的基本思想是：设待排序的数据元素关键字是 d 位 r 进制整数（不足 d 位的关键字在高位补 0），设置 r 个桶，令其编号分别为 0，1，2，…，r-1，然后执行如下步骤：

（1）将每一个关键字按最低位对齐。

（2）按关键字最低位的数值（如第一位即 k_i^1 的值）从小到大依次将各记录分配到 r 个缓存（也称为桶）中，每个缓存对应 r 个位的可能取值中的一个，再按桶号从小到大和进入桶中数据元素的先后次序收集分配在各桶中的数据元素，从而形成数据元素集合的一个新的排列，我们称这样的一次排序过程为一趟基数排序。

（3）对上一趟基数排序得到的数据序列按关键字次低位的数值（比如第二位即 k_i^2 的值）从小到大依次把各记录分配到 r 个缓存中，每个缓存对应 r 个位的可能取值中的一个，然后按照桶号从小到大和进入桶中数据元素的先后次序收集分配在各桶中的数据元素。

（4）如此不断重复上述过程，当完成了第 d 趟基数排序后，就得到了排好序的数据元素序列。

这种方法由于是从最低位（比如 k_i^1）开始比较，然后再不断地进行分配和收集操作来实现从最低位到最高位（比如 k_i^d）的排序，故也称为最低位优先法（least significant digit first，LSD）。相反，如果排序顺序是从最高位到最低位，则称为最高位优先法（most significant digit first，MSD）。

分析基数排序算法思想可知，由于要求进出桶中的数据元素序列满足先进先出的原则，因此这里所说的桶实际上就是队列。队列有顺序队列和链式队列，因而在实现基数排序算法时，有基于顺序队列和链式队列两种不同的实现方法。

【例 9-8】设待排序记录的关键字序列为{23,679,145,256,432,331,527}，对其进行基数排序。

采用上述基数排序算法对待排序记录的关键字序列进行链式基数排序的过程如图 9-11 所示。

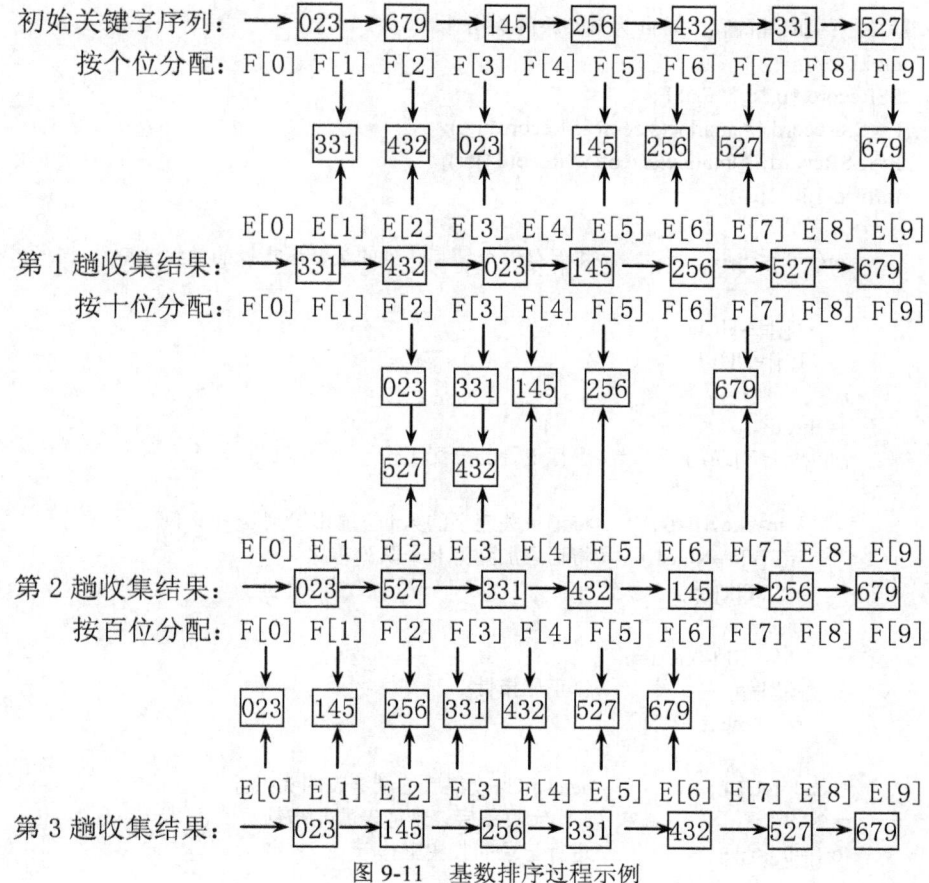

图 9-11　基数排序过程示例

1. 算法描述

根据基数排序原理，待排序的数据序列一般宜采用链式队列存储结构，这时的基数排序称为链式基数排序。在链式基数排序中，将 n 个待排序记录采用单链表存储结构以方便记录的移动，并设一个链式数组来管理所有的缓存（即桶），并用 F[i]保存队列的头指针，它指向第一个进入该桶的记录，用 E[i]保存队列的尾指针，它指向最后一个进入该桶的记录，并通过不断地"分配"与"收集"操作来实现排序，所谓"分配"是指按特定位把关键字相同的数据依次存入同一个链式队列中，"收集"则是将各链式队列按先后顺序链接起来。下面对待排序记录的数据类型做如下改造：

```
#define D 4            //关键字项数
typedef struct RecordType{
    char key[D+1];    //关键字
    struct RecordType *next;
}SSRecord,*LinkList;
```

这样，基数排序的算法描述如算法 9-12 所示。其中 head 是指向待排序记录的队列的头指针。

【算法 9-12】

```
void RadixSort(SSRecord **head,int d,int r)
{//对一个 d 位 r 进制的数进行基数排序，head 待排序数组成的单链表头指针的指针
```

```
                //最后结果组成单链表，head 为该结果的头指针
            int i,j,k;
            SSRecord *p,*q,**F,**E;
            F=(SSRecord **)malloc(sizeof(SSRecord*)*r);
            E=(SSRecord **)malloc(sizeof(SSRecord*)*r);
            for(i=d-1;i>-1;i--)
            {
                for(j=0;j<r;j++)            //将保存各个缓存队列的头、尾指针的数组清空
                {
                    F[j]=NULL;
                    E[j]=NULL;
                }
                p=*head;
                while(p!=NULL)              //进行记录的分配工作
                {
                    k=p->key[i]-'0';        //将记录关键字的第 i 位值影射到 0～r 之间
                    if(F[k]==NULL)          //将记录加到第 k 个队列末尾
                        F[k]=p;
                    else
                        E[k]->next=p;
                    E[k]=p;                 //修正尾指针
                    p=p->next;
                }
                *head=NULL;                 //head 作为收集后记录链表的头指针
                q=NULL;                     //q 作为收集后记录链表的尾指针
                for(j=0;j<r;j++)            //进行记录的收集工作
                {
                    if(F[j]!=NULL)          //若第 j 个链式队列不空，则收集到 head 链表中
                    {
                        if(*head!=NULL)
                            q->next=F[j];
                        else
                            *head=F[j];
                        q=E[j];             //修改收集链表的尾指针
                    }
                }
                q->next=NULL;
            }
        }
```

2. 算法分析

（1）在基数排序的过程中，对于待排序记录个数为 n，各记录的关键字位数为 d，每一位可以有 r 种取值的待排序序列，需要进行 d 趟分配和收集，在每趟分配和收集过程中，所有桶初始化的时间复杂度是 $O(r)$，分配的时间复杂度为 $O(n)$，收集的时间复杂度为 $O(r)$，因此链式基数排序的时间复杂度为 $O(d(n+r))$。

（2）需要的辅助空间为 2r 个链表指针及 n 个指针域空间。

（3）基数排序是稳定排序。

9.7　各种排序方法比较

1. 各种排序方法的性能

综合本章讨论的各种内部排序方法，可将各种方法的性能归纳成如表 9-1 所示。

表 9-1　各种排序方法的性能比较

方法	平均时间	最坏所需时间	附加空间	稳定性
直接插入排序	$O(n^2)$	$O(n^2)$	$O(1)$	稳定
希尔排序	$O(n^{1.3})$		$O(1)$	不稳定
直接选择排序	$O(n^2)$	$O(n^2)$	$O(1)$	不稳定
堆排序	$O(n\log_2 n)$	$O(n\log_2 n)$	$O(1)$	不稳定
冒泡排序	$O(n^2)$	$O(n^2)$	$O(1)$	稳定
快速排序	$O(n\log_2 n)$	$O(n^2)$	$O(n\log_2 n)$	不稳定
归并排序	$O(n\log_2 n)$	$O(n\log_2 n)$	$O(n)$	稳定
基数排序	$O(d(n+r))$	$O(d(n+r))$	$O(n+r)$	稳定

从上表可以得出如下综合结论：

（1）从平均时间复杂度来看，快速排序性能最好，但快速排序在最坏情况下的时间性能却不如堆排序和归并排序。就堆排序和归并排序而言，当 n 较大时，归并排序所需时间最省，但需要的辅助空间最多。

（2）从稳定性来看，直接插入排序、冒泡排序、归并排序和基数排序方法是稳定的，而希尔排序、快速排序以及堆排序等时间复杂度较好的排序方法是不稳定的。一般来说，排序过程中的"比较"只在"相邻两个记录的关键字之间"进行的排序方法是稳定的。

（3）当序列中的记录，"基本有序"或 n 值较小时，直接插入排序是最佳的排序方法，因此常与其他排序方法，如快速排序、归并排序、堆排序结合使用。

2. 排序方法的选择

实际工作中，必须根据不同的情况，选取不同的排序方法。下面列出几种选择方法，仅供参考：

（1）如果待排序记录的数目 n 较大、关键字分布比较均匀且对算法的稳定性不做要求时，宜选择快速排序法。

（2）如果待排序记录的数目 n 较大、关键字分布可能出现正序或逆序情况且对算法的稳定性不做要求时，宜选择堆排序或归并排序。

（3）如果待排序记录的数目 n 较大、内存空间较大且要求算法稳定时，宜选择归并排序。

（4）如果待排序记录的数目 n 较小、对排序的稳定性不做要求时，宜采用选择排序；若关键字不接近逆序，也可采用直接插入排序。

（5）如果待排序记录的数目 n 较大、关键字基本有序或分布比较均匀且要求算法稳定时，宜选择插入排序。

（6）如果 n 比较小（如小于 50），可以采用直接插入或直接选择排序。直接插入排序法在序列基本有序的情况下优于直接选择排序法，但记录的移动次数较多。

（7）如果 n 较大，则应采用时间复杂度为 O(nlog$_2$n)一级的排序算法，如快速排序、堆排序或归并排序。快速排序是目前基于比较的内部排序中被认为最好的方法，当待排序的关键字是随机分布时，快速排序的平均时间最短；但堆排序的辅助空间少于快速排序，且不会出现快速排序可能出现的最坏情况；而归并排序则是稳定的。

（8）如果在待排序记录基本有序的情况下，则应采用直接插入、冒泡或快速排序为宜。当待排序序列长度较大而关键字位数较小时，采用基数排序也是不错的选择。因为基数排序不是基于"比较"操作来实现排序功能的。

总之，本章讨论的所有排序方法中，没有任何一种排序方法是绝对最优的。因此，在使用时需要根据不同情况适当选用，甚至可将多种方法结合起来使用。

一、选择题

1. 下列内部排序算法中：

    A．快速排序   B．直接插入排序   C．二路归并排序   D．简单选择排序

    E．起泡排序   F．堆排序

（1）其比较次数与序列初态无关的算法是_____。

（2）不稳定的排序算法是_____。

（3）在初始序列已基本有序（除去 n 个元素中的某 k 个元素后即呈有序，k<<n）的情况下，排序效率最高的算法是_____。

（4）排序的平均时间复杂度为 O(nlog$_2$n)的算法是_____，为 O(n^2)的算法是_____。

2. 设有 1000 个无序的元素，希望用最快的速度挑选出其中前 10 个最大的元素，最好选用_____排序法。

    A．起泡排序   B．快速排序   C．堆排序   D．基数排序

3. 对一组数据(84,47,25,15,21)排序，数据的排列次序在排序的过程中的变化为

    （1）84 47 25 15 21   （2）15 47 25 84 21

    （3）15 21 25 84 47   （4）15 21 25 47 84

则采用的排序是_____。

    A．选择   B．冒泡   C．快速   D．插入

4. 一组记录的关键字为(46,79,56,38,40,84)，则利用堆排序的方法建立的初始堆为_____。

    A．79,46,56,38,40,84   B．38,40,56,79,46,84

    C．84,79,56,46,40,38   D．84,56,79,40,46,38

5. 下列排序算法中_____排序在一趟结束后不一定能选出一个元素放在其最终位置上。

    A．选择   B．冒泡   C．归并   D．堆

6. 一组记录的关键字为(46,79,56,38,40,84)，则利用快速排序的方法，以第一个记录关键字为基准得到的一次划分结果为_____。

    A．38,40,46,56,79,84   B．40,38,46,79,56,84

    C．40,38,46,56,79,84   D．40,38,46,84,56,79

7. 下列排序算法中，在待排序数据已有序时，花费时间反而最多的是_____排序。

    A．冒泡　　　　　　B．希尔　　　　　　C．快速　　　　　　D．堆

8. 一组记录的关键字为(25,48,16,35,79,82,23,40,36,72)，其中含有 5 个长度为 2 的有序表，按归并排序的方法对该序列进行一趟归并后的结果为_____。

    A．16,25,35,48,23,40,79,82,36,72

    B．16,25,35,48,79,82,23,36,40,72

    C．16,25,48,35,79,82,23,36,40,72

    D．16,25,35,48,79,23,36,40,72,82

9. 就平均性能而言，目前最好的内排序方法是_____排序法。

    A．冒泡　　　　　　B．希尔插入　　　　C．交换　　　　　　D．快速

10. 排序方法中，从未排序序列中依次取出元素与已排序序列（初始时为空）中的元素进行比较，将其放入已排序序列的正确位置上的方法，称为_____。

    A．希尔排序　　　　B．起泡排序　　　　C．插入排序　　　　D．选择排序

11. 排序方法中，从未排序序列中挑选元素，并将其依次放入已排序序列（初始时为空）的一端的方法，称为_____。

    A．希尔排序　　　　B．归并排序　　　　C．插入排序　　　　D．选择排序

12. 下列排序算法中，占用辅助空间最多的是_____。

    A．归并排序　　　　B．快速排序　　　　C．希尔排序　　　　D．堆排序

13. 若用冒泡排序方法对序列{10,14,26,29,41,52}从大到小排序，需进行_____次比较。

    A．3　　　　　　　　B．10　　　　　　　　C．15　　　　　　　　D．25

14. 快速排序方法在_____情况下最不利于发挥其长处。

    A．要排序的数据量太大　　　　　　　　B．要排序的数据中含有多个相同值

    C．要排序的数据个数为奇数　　　　　　D．要排序的数据已基本有序

15. 下列四个序列中，哪一个是堆_____。

    A．75,65,30,15,25,45,20,10　　　　　　B．75,65,45,10,30,25,20,15

    C．75,45,65,30,15,25,20,10　　　　　　D．75,45,65,10,25,30,20,15

16. 有一组数据(15,9,7,8,20,-1,7,4)，用堆排序的筛选方法建立的初始堆为_____。

    A．-1,4,8,9,20,7,15,7　　　　　　　　B．-1,7,15,7,4,8,20,9

    C．-1,4,7,8,20,15,7,9　　　　　　　　D．A、B、C 均不对

二、填空题

1. 若待排序的序列中存在多个记录具有相同的键值，经过排序，这些记录的相对次序仍然保持不变，则称这种排序方法是_____的，否则称其为_____的。

2. 按照排序过程涉及的存储设备的不同，排序可分为_____排序和_____排序。

3. 直接插入排序用监视哨的作用是_____。

4. 在对一组记录(54,38,96,23,15,72,60,45,83)进行直接插入排序时，当把第 7 个记录 60 插入到有序表时，为寻找插入位置需比较_____。

5. 对 n 个记录的表 r[1…n]进行简单选择排序，所需进行的关键字间的比较次数为_____。

6. 在利用快速排序方法对一组记录(54,38,96,23,15,72,60,45,83)进行快速排序时，递归调用使用的栈所能

达到的最大深度为_____，共需递归调用的次数为_____，其中第二次递归调用是对_____一组记录进行快速排序。

7．在堆排序、快速排序和归并排序中，若只从存储空间考虑，则应首先选取_____方法，其次选取_____方法，最后选取_____方法；若只从排序结果的稳定性考虑，则应选取_____方法；若只从平均情况下排序最快考虑，则应选取_____方法；若只从最坏情况下排序最快并且要节省内存考虑，则应选取_____方法。

8．在插入排序、希尔排序、选择排序、快速排序、堆排序、归并排序和基数排序中，排序是不稳定的有_____。

9．在插入排序、希尔排序、选择排序、快速排序、堆排序、归并排序和基数排序中，平均比较次数最少的排序是_____，需要内存容量最多的是_____。

10．在堆排序和快速排序中，若原始记录接近正序或反序，则选用_____，若原始记录无序，则最好选用_____。

11．在插入和选择排序中，若初始数据基本正序，则选用_____；若初始数据基本反序，则选用_____。

三、应用题

1．设待排序的关键字序列为{12,2,16,30,28,10,16*,20,6,18}，试分别写出使用以下排序方法，每趟排序结束后关键字序列的状态。

① 直接插入排序；

② 希尔排序（增量选取 5，3，1）；

③ 冒泡排序；

④ 快速排序；

⑤ 简单选择排序；

⑥ 堆排序；

⑦ 二路归并排序；

⑧ 基数排序。

2．在冒泡排序过程中，什么情况下关键字会朝与排序相反的方向移动，试举例说明。在快速排序过程中有这种现象吗？

3．对一个具有 7 个记录的文件进行快速排序，请问：

（1）在最好情况下需进行几次比较？并给出一个最好情况初始排列的实例。

（2）在最坏情况下需进行几次比较？为什么？并给出此时的实例。

4．冒泡排序算法是否稳定？为什么？

四、编程题

1．设计一个用链表表示的直接选择排序算法。

2．冒泡排序算法是把大的元素向上移（气泡的上浮），也可以把小的元素向下移（气泡的下沉），请给出上浮和下沉过程交替进行的冒泡排序算法（即双向冒泡排序法）。

3．奇偶交换排序是另一种交换排序。它的第一趟对序列中的所有奇数项 i 扫描，第二趟对序列中的所有偶数项 i 扫描。若 A[i] > A[i+1]，则交换它们。第三趟有对所有的奇数项，第四趟对所有的偶数项……如此反复，直到整个序列全部排好序为止。

4．分别使用队列和栈实现快速排序的非递归算法。

5．有一种简单的排序算法，称为计数排序。这种排序算法对一个待排序的表进行排序，并将排序结果存放到另一个新的表中。必须注意的是，表中所有待排序的关键字互不相同，计数排序算法针对表中的每个记录，扫描待排序的表一趟，统计表中有多少个记录的关键字比该记录的关键字小。假设针对某一个记录，统计出的计数值为 c，那么，这个记录在新的有序表中的合适的存放位置即为 c。

① 给出适用于计数排序的顺序表定义。

② 编写实现计数排序的算法。

③ 对于有 n 个记录的表，关键字比较次数是多少？

④ 与简单选择排序相比较，这种方法是否更好？为什么？

参考文献

[1] 顾泽元，刘文强．数据结构．北京：北京航空航天大学出版社，2011．

[2] 杨勇虎．数据结构（C 语言）．大连：东软电子出版社，2012．

[3] 严蔚敏，李冬梅，吴伟民编著．数据结构（C 语言版）．北京：人民邮电出版社，2011．

[4] 刘振鹏，罗文劫，石强编著．数据结构．第 3 版．北京：中国铁道出版社，2003．

[5] 陈元春，张亮，王勇编著．实用数据结构基础．北京：中国铁道出版社，2007．

[6] 严蔚敏，吴伟民编．数据结构．北京：清华大学出版社，1992．

[7] 王路群．数据结构——C 语言描述．北京：中国水利水电出版社，2007．

[8] 黄刘生．数据结构．北京：经济科学出版社，1999．

[9] 殷成昆，陶永雷，谢若阳编．数据结构（用面向对象方法和 C++描述）．北京：清华大学出版社，1999．

[10] 耿国华编．数据结构．北京：高等教育出版社，2005．

[11] 陈慧南编．数据结构——C 语言描述．西安：西安电子科技大学出版社，2003．

[12] 张选平，雷咏梅编．数据结构．北京：机械工业出版社，2002．

[13] 邓又明，彭志元，刘庆红等编．数据结构．北京：地质出版社，2007．

[14] 朱战立．数据结构．北京：高等教育出版社，2004．

[15] 刘振鹏，张晓莉，郝杰．数据结构．北京：中国铁道出版社，2003．

[16] 苏光奎，李春葆．数据结构导学．北京：清华大学出版社，2002．

[17] 宋宏图．数据结构．北京：科学出版社，2003．

[18] 余绍军．数据结构．长沙：中南大学出版社，2004．

[19] 戚桂杰．数据结构．济南：山东人民出版社，2007．

[20] 周娅，张振宇．重庆：重庆大学出版社，2003．